21 世纪全国应用型本科计算机案例型规划教材

ASP.NET 程序设计与开发

主　编　张绍兵
副主编　季厌浮　　房春英
　　　　吕宗宝
主　审　石　磊

北京大学出版社
PEKING UNIVERSITY PRESS

内 容 简 介

ASP.NET 4.0 是微软公司最新推出的版本，是继 ASP.NET 3.5 之后的又一个突破，ASP.NET+C#的组合也是网站开发采用的主流技术之一。本书从实际出发，由浅入深、循序渐进地介绍了使用 ASP.NET 4.0 和 Visual Studio 2010 环境开发 Web 网站所需的基本技术、关键方法和相关技巧。通过本书的学习，能够使读者掌握 ASP.NET 的各个知识环节，可以有效地培养读者程序设计的能力。

全书共分 10 章，分别介绍了 ASP.NET 4.0 开发技术概述、C#语言基础、ASP.NET 4.0 网站结构与页面框架、ASP.NET 4.0 服务器控件、验证控件和用户控件、ASP.NET 4.0 内置对象、ADO.NET 数据库访问技术、ASP.NET 4.0 数据源控件、ASP.NET 4.0 数据绑定控件等内容。最后通过一个综合实例——影视 DVD 在线浏览与订购网站，将整书的知识结构贯穿起来，使读者能够领略到 ASP.NET 4.0 技术在实际网站开发领域中的应用。本书每章章首均配有知识结构图，章末附有习题，有利于读者拓宽思路并对所学知识进行深化理解。

本书内容丰富、结构清晰、语言简练、图文并茂，具有很强的实用性和操作性，可以作为高等院校计算机及其相关专业的教材，也可以作为自学人员和网站开发人员的参考用书。

图书在版编目(CIP)数据

ASP.NET 程序设计与开发/张绍兵主编. —北京：北京大学出版社，2012.8
(21 世纪全国应用型本科计算机案例型规划教材)
ISBN 978-7-301-21052-9

Ⅰ. ①A… Ⅱ. ①张… Ⅲ. ①网页制作工具—程序设计—高等学校—教材 Ⅳ. ①TP393.092

中国版本图书馆 CIP 数据核字(2012)第 176996 号

书　　　　名：ASP.NET 程序设计与开发
著作责任者：张绍兵　主编
策 划 编 辑：程志强　郑　双
责 任 编 辑：程志强
标 准 书 号：ISBN 978-7-301-21052-9/TP · 1234
出　版　者：北京大学出版社
地　　　址：北京市海淀区成府路 205 号　100871
网　　　址：http://www.pup.cn　http://www.pup6.cn
电　　　话：邮购部 62752015　发行部 62750672　编辑部 62750667　出版部 62754962
电 子 邮 箱：pup_6@163.com
印　刷　者：北京富生印刷厂
发　行　者：北京大学出版社
经　销　者：新华书店
　　　　　　787 毫米×1092 毫米　16 开本　20.5 印张　471 千字
　　　　　　2012 年 8 月第 1 版　2012 年 8 月第 1 次印刷
定　　　价：39.00 元

21世纪全国应用型本科计算机案例型规划教材

专家编审委员会

(按姓名拼音顺序)

信息技术的案例型教材建设

(代丛书序)

刘瑞挺

北京大学出版社第六事业部在 2005 年组织编写了《21 世纪全国应用型本科计算机系列实用规划教材》，至今已出版了 50 多种。这些教材出版后，在全国高校引起热烈反响，可谓初战告捷。这使北京大学出版社的计算机教材市场规模迅速扩大，编辑队伍茁壮成长，经济效益明显增强，与各类高校师生的关系更加密切。

2008 年 1 月北京大学出版社第六事业部在北京召开了"21 世纪全国应用型本科计算机案例型教材建设和教学研讨会"。这次会议为编写案例型教材做了深入的探讨和具体的部署，制定了详细的编写目的、丛书特色、内容要求和风格规范。在内容上强调面向应用、能力驱动、精选案例、严把质量；在风格上力求文字精练、脉络清晰、图表明快、版式新颖。这次会议吹响了提高教材质量第二战役的进军号。

案例型教材真能提高教学的质量吗？

是的。著名法国哲学家、数学家勒内·笛卡儿(Rene Descartes，1596—1650)说得好："由一个例子的考察，我们可以抽出一条规律。(From the consideration of an example we can form a rule.)"事实上，他发明的直角坐标系，正是通过生活实例而得到的灵感。据说是在 1619 年夏天，笛卡儿因病住进医院。中午他躺在病床上，苦苦思索一个数学问题时，忽然看到天花板上有一只苍蝇飞来飞去。当时天花板是用木条做成正方形的格子。笛卡儿发现，要说出这只苍蝇在天花板上的位置，只需说出苍蝇在天花板上的第几行和第几列。当苍蝇落在第四行、第五列的那个正方形时，可以用(4，5)来表示这个位置……由此他联想到可用类似的办法来描述一个点在平面上的位置。他高兴地跳下床，喊着"我找到了，找到了"，然而不小心把国际象棋撒了一地。当他的目光落到棋盘上时，又兴奋地一拍大腿："对，对，就是这个图"。笛卡儿锲而不舍的毅力，苦思冥想的钻研，使他开创了解析几何的新纪元。千百年来，代数与几何，井水不犯河水。17 世纪后，数学突飞猛进的发展，在很大程度上归功于笛卡儿坐标系和解析几何学的创立。

这个故事，听起来与阿基米德在浴缸洗澡而发现浮力原理，牛顿在苹果树下遇到苹果落到头上而发现万有引力定律，确有异曲同工之妙。这就证明，一个好的例子往往能激发灵感，由特殊到一般，联想出普遍的规律，即所谓的"一叶知秋"、"见微知著"的意思。

回顾计算机发明的历史，每一台机器、每一颗芯片、每一种操作系统、每一类编程语言、每一个算法、每一套软件、每一款外部设备，无不像闪光的珍珠串在一起。每个案例都闪烁着智慧的火花，是创新思想不竭的源泉。在计算机科学技术领域，这样的案例就像大海岸边的贝壳，俯拾皆是。

事实上，案例研究(Case Study)是现代科学广泛使用的一种方法。Case 包含的意义很广：包括 Example 例子，Instance 事例、示例，Actual State 实际状况，Circumstance 情况、事件、境遇，甚至 Project 项目、工程等。

我们知道在计算机的科学术语中，很多是直接来自日常生活的。例如 Computer 一词早在 1646 年就出现于古代英文字典中，但当时它的意义不是"计算机"而是"计算工人"，即专门从事简单计算的工人。同理，Printer 当时也是"印刷工人"而不是"打印机"。正是由于这些"计算工人"和"印刷工人"常出现计算错误和印刷错误，才激发查尔斯·巴贝奇(Charles Babbage，1791—1871)设计了差分机和分析机，这是最早的专用计算机和通用计算机。这位英国剑桥大学数学教授、机械设计专家、经济学家和哲学家是国际公认的"计算机之父"。

20 世纪 40 年代，人们还用 Calculator 表示计算机器。到电子计算机出现后，才用 Computer 表示计算机。此外，硬件(Hardware)和软件(Software)来自销售人员。总线(Bus)就是公共汽车或大巴，故障和排除故障源自格瑞斯·霍普(Grace Hopper，1906—1992)发现的"飞蛾子"(Bug)和"抓蛾子"或"抓虫子"(Debug)。其他如鼠标、菜单……不胜枚举。至于哲学家进餐问题，理发师睡觉问题更是操作系统文化中脍炙人口的经典。

以计算机为核心的信息技术，从一开始就与应用紧密结合。例如，ENIAC 用于弹道曲线的计算，ARPANET 用于资源共享以及核战争时的可靠通信。即使是非常抽象的图灵机模型，也受益于二战时图灵博士破译纳粹密码工作的关系。

在信息技术中，既有许多成功的案例，也有不少失败的案例；既有先成功而后失败的案例，也有先失败而后成功的案例。好好研究它们的成功经验和失败教训，对于编写案例型教材有重要的意义。

我国正在实现中华民族的伟大复兴，教育是民族振兴的基石。改革开放 30 年来，我国高等教育在数量上、规模上已有相当的发展。当前的重要任务是提高培养人才的质量，必须从学科知识的灌输转变为素质与能力的培养。应当指出，大学课堂在高新技术的武装下，利用 PPT 进行的"高速灌输"、"翻页宣科"有愈演愈烈的趋势，我们不能容忍用"技术"绑架教学，而是让教学工作乘信息技术的东风自由地飞翔。

本系列教材的编写，以学生就业所需的专业知识和操作技能为着眼点，在适度的基础知识与理论体系覆盖下，突出应用型、技能型教学的实用性和可操作性，强化案例教学。本套教材将会有机融入大量最新的示例、实例以及操作性较强的案例，力求提高教材的趣味性和实用性，打破传统教材自身知识框架的封闭性，强化实际操作的训练，使本系列教材做到"教师易教，学生乐学，技能实用"。有了广阔的应用背景，再造计算机案例型教材就有了基础。

我相信北京大学出版社在全国各地高校教师的积极支持下，精心设计，严格把关，一定能够建设出一批符合计算机应用型人才培养模式的、以案例型为创新点和兴奋点的精品教材，并且通过一体化设计、实现多种媒体有机结合的立体化教材，为各门计算机课程配齐电子教案、学习指导、习题解答、课程设计等辅导资料。让我们用锲而不舍的毅力，勤奋好学的钻研，向着共同的目标努力吧！

刘瑞挺教授　本系列教材编写指导委员会主任、全国高等院校计算机基础教育研究会副会长、中国计算机学会普及工作委员会顾问、教育部考试中心全国计算机应用技术证书考试委员会副主任、全国计算机等级考试顾问.曾任教育部理科计算机科学教学指导委员会委员、中国计算机学会教育培训委员会副主任.PC Magazine《个人电脑》总编辑、CHIP《新电脑》总顾问、清华大学《计算机教育》总策划.

前　言

　　ASP.NET 4.0 是微软公司最新推出的版本，是继 ASP.NET 3.5 之后的又一个突破，ASP.NET+C#的组合也是网站开发采用的主流技术之一。本书采用最新的 Visual Studio 2010 和 SQL Server 2008 作为开发环境，运用 ASP.NET 4.0 技术，以 C#为开发语言，完整地介绍了 ASP.NET 程序设计的基础知识和实用方法。编者根据 ASP.NET 近几年来的发展状况，结合从事教学、实践和科研工作的体会，依据教学规律，广泛参考了国内外最新的专著、教材和文献，并吸取了相关著作的优点，精心编写了本书。

　　本书语言通俗易懂，利用典型、丰富的实例，循序渐进地介绍了 ASP.NET 程序设计的语言基础、界面设计、编程方法和数据库网站实例开发等方面的内容。本书章节安排合理，符合教学过程和学生学习的实际需求。通过对本书的学习，使学生能够基本掌握 ASP.NET 的基础知识、操作方法和使用技巧。

　　本书具有以下特点。

　　(1) 图文并茂、讲解详细、实用性强，是一本比较实用的 ASP.NET 快速入门的教科书。

　　(2) 理论与实际紧密结合。在介绍每一个知识点的同时，均给出相应的实例，力求让读者在理解基础知识后，就能学以致用，快速上手。每章章首均配有知识结构图，章末附有习题，有利于读者拓宽思路并对所学知识进行深化理解。

　　(3) 跟踪 ASP.NET 新发展，适应市场需求，精心选取教学内容，合理组织内容结构，突出实用，抓住 ASP.NET 知识体系，系统地讲解了各知识点的基础理论和使用方法。

　　本书共分 10 章，第 1 章介绍 ASP.NET 4.0 开发技术概述。第 2 章介绍 C#语言基础。第 3 章介绍 ASP.NET 4.0 网站结构与页面框架。第 4 章介绍 ASP.NET 4.0 服务器控件。第 5 章介绍验证控件和用户控件。第 6 章介绍 ASP.NET 4.0 内置对象。第 7 章讲述 ADO.NET 数据库访问技术。第 8 章介绍 ASP.NET 4.0 数据源控件。第 9 章介绍 ASP.NET 4.0 数据绑定控件。第 10 章讲解了一个综合实例——影视 DVD 在线浏览与订购网站，完整地介绍了网站开发的数据库设计、界面设计以及代码编写等内容，能够帮助读者将整本书的知识结构贯穿起来，强化对读者程序设计能力的培养。

　　本书第 2 章讲解的 C#语言基础可以强化和提高学生对 C#语言中各知识环节的掌握和理解，为 ASP.NET 的学习奠定坚实的基础。根据学时安排，如果学生具备了 C#语言基础或者部分基础，可以有选择地学习本章的内容。

　　本书由黑龙江科技学院张绍兵任主编，季厌浮、房春英、吕宗宝任副主编，石磊任主审。其中第 1 章、第 7 章、第 9 章由张绍兵编写，第 2 章、第 8 章由季厌浮编写，第 3 章、第 4 章、第 5 章由房春英编写，第 6 章、第 10 章由吕宗宝编写。全书由张绍兵统稿。另外，在编写过程中参考了大量的文献资料，在此向这些资料的作者致以衷心的感谢！

　　本书可作为高等院校计算机及其相关专业的教材，也可作为自学人员和网站开发人员的参考用书。

　　由于编者水平有限，时间仓促，书中难免存在不足之处，恳请广大读者批评指正。

编　者
2012 年 5 月

目 录

第 1 章

ASP.NET 4.0 开发技术概述

学习目标

- 了解 Web 工作原理和发展过程
- 掌握 .NET Framework 与 ASP.NET 基础知识
- 了解 IIS 和 Visual Studio 2010 开发环境的安装过程
- 掌握 ASP.NET 程序实例和 MSDN 的使用

知识结构

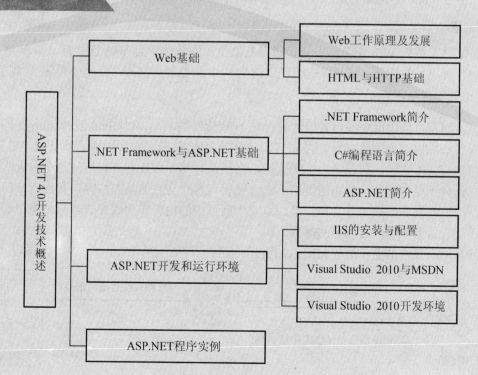

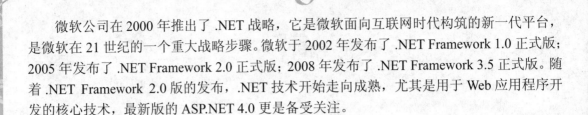

　　微软公司在 2000 年推出了 .NET 战略，它是微软面向互联网时代构筑的新一代平台，是微软在 21 世纪的一个重大战略步骤。微软于 2002 年发布了 .NET Framework 1.0 正式版；2005 年发布了 .NET Framework 2.0 正式版；2008 年发布了 .NET Framework 3.5 正式版。随着 .NET Framework 2.0 版的发布，.NET 技术开始走向成熟，尤其是用于 Web 应用程序开发的核心技术，最新版的 ASP.NET 4.0 更是备受关注。

1.1　Web 基础

　　WWW(World Wide Web)由遍布在互联网中被称为 Web 服务器的计算机和安装了 Web 浏览器软件的计算机组成，它是一种基于超文本方式工作的信息系统。作为一个能够处理文字、图像、声音、视频等多媒体信息的综合系统，它提供了丰富的信息资源，这些信息以 Web 页面的形式，分别存放在各个 Web 服务器上，用户可以通过浏览器选择并浏览所需的资源。

1.1.1　Web 工作原理及发展

　　1．Web 服务器

　　Web 服务器并不仅仅指的是硬件，更主要指的是软件，即安装了 Web 服务器软件的计算机。Web 服务器软件对外提供 Web 服务，供客户访问浏览。实际上，Web 服务器软件本质和其他各种提供网络服务的软件一样，接收客户端的请求，然后将特定的内容返回客户端。

　　2．Web 客户端

　　通常将那些向 Web 服务器发送请求以获取资源的软件称为 Web 客户端。Web 客户端可以是各种类型的软件，目前被广泛使用的是 Web 浏览器。例如，微软公司的 IE 浏览器。

　　3．静态网页技术

　　静态网页是指由网页编写者用纯 HTML 代码编写的网页，以 .html 或者 .htm 文件的形式保存。静态网页在制作完成并发布后，网页的内容(包括文本、图像、声音和超链接等)和外观是保持不变的，即任意一个浏览者，在任意时间、以任意方式访问这个网页时，该网页总保持不变的外观。静态网页中不包含任何与客户交互的动态内容，其优点是访问效率高，网页开发和架设十分容易；其缺点是当网页中的内容需要改变时，必须重新制作网页，不适合需要频繁改变内容的网页。

　　静态网页技术的工作过程如图 1-1 所示，具体流程如下所示。

图 1-1　静态网页技术工作流程

(1) 浏览者在客户端浏览器地址栏中输入一个 HTTP 请求，该请求通过网络从浏览器传送到 Web 服务器中。

(2) Web 服务器在服务器中定位该.html 或者.htm 文件，将其转化为 HTML 流。

(3) Web 服务器将 HTML 流通过网络传送到浏览者的浏览器。

(4) 浏览器解析 HTML 并显示网页。

4. 动态网页技术

动态网页技术主要分为客户端动态网页技术和服务器端动态网页技术两种。

1) 客户端动态网页技术

指 Web 服务器把原始的 HTML 页面及一组包含了页面逻辑的脚本、组件等一起发送到客户端，这些脚本和组件包含了如何与浏览者交互并产生动态内容的指令，并由客户端的浏览器及其插件解析 HTML 页面执行这些指令。常用的客户端动态网页技术包括 VBScript、JavaScript、Java Applet、Ajax、ActiveX 控件等。

客户端动态网页由网页开发者使用 HTML 编写，并将其以.html 或者.htm 文件的形式保存。同时使用其他语言编写指令，这些指令嵌入到 HTML 语言中，或以单独的文件保存。客户端动态网页技术的主要优点是，能够充分利用客户端计算机的资源，有效地减轻服务器和网络上计算机的压力，同时可以便捷地实现基于图形的用户交互界面。其缺点主要体现在以下 3 个方面：

(1) 需要把语言脚本和组件下载到客户端的计算机中，如果脚本或者组件较大，下载速度就会变慢。

(2) 当今的各种客户端浏览器可能存在兼容问题，不能有效完整地解析代码。

(3) 脚本和组件下载到浏览者的计算机中后，源代码不便于保密，更严重的是有些脚本和组件可能含有恶意代码。

基于上述缺点，客户端动态网页技术应用一般局限在显示动画、验证用户输入等环节。客户端动态网页技术的工作过程如图 1-2 所示，具体流程如下所示。

图 1-2　客户端动态网页技术工作流程

(1) 浏览者在客户端浏览器地址栏中输入一个 HTTP 请求，该请求通过网络从浏览器传送到 Web 服务器中。

(2) Web 服务器在服务器中定位该.html 或者.htm 文件以及 HTML 文件指令中包含的其他文件，将其转化为 HTML 流。

(3) Web 服务器将 HTML 流以及其他指令通过网络传送到浏览者的浏览器。

(4) 浏览器插件解析指令，并将其转换为 HTML 文件。

(5) 浏览器解析 HTML 并显示网页。

2) 服务器端动态网页技术

指在 Web 服务器端根据客户端浏览器的不同请求,动态地生成相应的内容,然后发送给客户端浏览器。使用服务器端动态网页技术,所有指令都先在服务器中进行处理,并根据不同浏览者的请求生成不同的 HTML 静态网页,然后把静态网页传送到客户端的浏览器中,再由浏览器解析并显示出来。

服务器端动态网页技术的优点是,把原始页面代码始终隐藏在服务器中,浏览者无法看到原始代码,起到了保密作用;其缺点是,页面是在浏览者请求时临时生成的,因此首次显示网页时速度较慢。

服务器端动态网页技术的工作过程如图 1-3 所示,具体流程如下所示。

图 1-3　服务器端动态网页技术工作流程

(1) 浏览者在客户端浏览器地址栏中输入一个 HTTP 请求,该请求通过网络从浏览器传送到 Web 服务器中。

(2) Web 服务器在服务器中定位指令文件。

(3) Web 服务器根据指令生成 HTML 流。

(4) Web 服务器将生成的 HTML 流通过网络传送到浏览者的浏览器中。

(5) 浏览器解析 HTML 并显示网页。

3) 动态网页开发技术

典型的动态网页开发技术主要有 CGI、ASP、JSP、PHP 和 ASP.NET 等。

(1) CGI(Common Gateway Interface)。CGI(通用网关接口)是早期用来建立动态网页的技术。其优点是可以用很多种语言编写,几乎无所不能,可以完成访问数据库、操作注册表、执行 Win32 程序等功能。CGI 存在的问题就是必须为每一个客户端提出的请求开启一个新的进程。这样,当用户访问数量增大时,会严重地消耗系统资源。另外,CGI 不常驻内存,会导致大量的磁盘操作,影响系统性能。

(2) ASP(Active Server Pages)。ASP 是微软平台下的动态网页技术,它在 HTML 中嵌入 VBScript 或 JavaScript 脚本语言。其优点是开发简单,可以使用 COM 来扩展应用程序功能。缺点是 ASP 只能运行在微软的环境中,代码比较混乱且完成的功能有限。

(3) JSP(Java Server Pages)。JSP 是由 Sun 公司推出的一种动态网页技术,它充分利用了 Java 的优势。其优点是具有开放的、跨平台的结构,安全性和可靠性都比较强。存在的主要问题是运行环境配置比较复杂,很少应用在小型网站中。

(4) PHP(Personal Homepages)。PHP 是将脚本描述语言嵌入到 HTML 中,在大量采用 C、Java 和 Perl 语言语法的基础上,有效地融入了 PHP 自己独有的特征,并可以运行在多种平台上。其优点是采用开放源代码的方式，可以不断添加新的内容，形成了庞大的函数库。其缺点是没有对组件的支持，扩展性较差。

(5) ASP.NET。ASP.NET 是建立在 .NET 框架基础之上的 Web 程序设计框架，它用来创建 Web 应用程序。ASP.NET 运行在 Web 服务器上，为开发内容丰富的、动态的、个性化的 Web 站点提供了一种方法。ASP.NET 中包括了创建 XML Web Service 的必要技术，并且能够提供组件来创建基于 Web 的分布式应用程序。ASP.NET 虽然名称中有 ASP 的字样，但是二者有很大的区别。

1.1.2 HTML 与 HTTP

1. HTML 标记语言

HTML(Hyper Text Markup Language，超文本标记语言)是一种描述文档结构的语言，可以满足跨平台的需求，Web 服务器返回给客户端的最常见的内容就是 HTML 文档。利用 HTML 可以制作包含图像、文字、声音等精彩内容的网页，通过浏览器解析，便会在浏览器窗口中予以显示。HTML 是标记(Tags)的集合，这些标记用一对"<>"中间包含若干字符表示，通常成对出现，前一个是开始标记，后一个为结束标记。较常见的标记如下所示。

```
<html></html>                  //HTML 文档的开始和结束标记
<title></title>                //HTML 文档标题的开始和结束标记
<body></body>                  //HTML 文档体的开始和结束标记
<table></table>                //表格的开始和结束标记
<tr></tr>                      //表格中行的开始和结束标记
<td></td>                      //表格中单元格的开始和结束标记
<form></form>                  //表单的开始和结束标记
<a></a>                        //超链接的开始和结束标记
<p></p>                        //段落的开始和结束标记
```

在 HTML 中，标记的大小写作用相同，如<TABLE>和<table>都是表示一个表格的开始。有关 HTML 语言更详细的内容请读者查阅其他相关资料，下面给出了一个简单的 HTML 例子。

【例 1-1】HTML 简单示例。

```
<html>
        <head>
            <title>简单的 HTML 示例</title>
        </head>
        <!-- 设置背景颜色-->
        <body  bgcolor="#ccff66">
            <!--居中显示-->
            <p align="center">请报以浓厚的兴趣学习 ASP.NET 相关知识！</p>
            <p align="center"> ASP.NET 是建立在.NET 框架基础之上的 Web 程序设计框
架，它用来创建 Web 应用程序。ASP.NET 运行在 Web 服务器上，为开发内容丰富的、动态的、个性化的
Web 站点提供了一种方法。</p>
        </body>
    </html>
```

在记事本中添加上述代码，并以 .html 为后缀予以保存，用浏览器打开它，浏览器会对文档中的不同标记进行解析并显示，结果如图 1-4 所示。

2．HTTP 协议

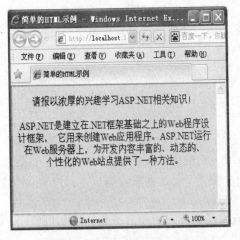

图 1-4 简单的 HTML 示例

HTTP 协议即超文本传输协议(Hyper Text Transfer Protocol)。这个协议用于在 Internet 中进行信息传送，浏览器默认使用这个协议。例如，当用户在浏览器的地址栏中输入 www.sohu.com 时，浏览器会自动使用 HTTP 协议来搜索 http://www.sohu.com 网站的首页。

HTTP 协议是无状态协议，也就是说，当使用这种协议的时候，所有的请求都是为搜索某一个特定的 Web 网页而发出的，它不知道现在的请求是第一次发出还是已经多次发出，也不知道这个请求的发送来源。当用户请求一个 Web 网页的时候，浏览器会与相关的 Web 服务器相连接，检索到这个页面之后，就会把这个连接断开。

1.2　.NET Framework 与 ASP.NET 基础

.NET Framework 是微软近年来主推的应用程序开发框架，该框架能够集成服务平台，允许各种系统环境下的应用程序通过互联网进行通信和共享数据，C#是其主要的开发语言。使用 .NET 框架，并配合微软公司推出的 Visual Studio 集成开发环境，开发人员可以比以往更轻松地创建出功能强大的应用程序，同时它也为 ASP.NET 开发提供了高效的平台。

1.2.1　.NET Framework 简介

微软自从发布 .NET Framework 1.0 版以来，.NET Framework 不断地更新和升级，.NET Framework 4.0 版是目前最新的版本，也是功能最强大和最完善的一个版本。开发人员可以使用 .NET Framework 创建 Web 网站、Web 服务应用程序、Windows 以及智能设备应用程序等。

.NET Framework 是一个多语言组件开发和运行环境，它提供了一个跨语言的统一编程环境，开发人员可以选择任何支持 .NET 的编程语言来进行多种类型的应用程序开发，如 C#、Visual Basic.NET 等。.NET Framework 目的之一是为了让开发人员更容易地建立 Web 应用程序和 Web 服务，使 Internet 上的各应用程序之间可以使用 Web 服务器进行沟通。

.NET Framework 由两个主要部分组成：公共语言运行库(Common Language Runtime，CLR)和 .NET Framework 类库。

1. 公共语言运行库

公共语言运行库是 .NET Framework 的基础，它提供了一个运行时的管理环境。公共语言运行库提供内存管理、线程管理和远程处理以及类型安全检查等核心服务。通常在 CLR 中运行的代码称为托管代码(Managed Code)。

2. .NET Framework 类库

提供了一个可以被不同程序设计语言调用的、面向对象的函数库，并以分层结构加以区分，这就使得各种语言的编程有了一个一致的基础，减少了各种语言之间的界限。.NET Framework 类库是一个与 CLR 紧密集成的可重用的类型集合，程序员可以使用它开发多种应用程序，包括传统的命令行或图形用户界面(GUI)应用程序，也包括基于 ASP.NET 的应用程序，如图 1-5 所示。

在安装 Visual Studio 2010 时将自动安装 .NET Framework 4.0。

1.2.2　C#编程语言简介

C#是微软公司专门为 .NET Framework 开发的高度集成和高度兼容的面向对象编程语言，也是 .NET Framework 的首选语言，它支持 .NET Framework 类库提供的每种功能。

C#是一种完全面向对象的编程语言，在 C#中提供了封装、继承、多态性以及接口等功能。C#简化了 C++程序设计语言的复杂性，但同样提供了非常强大的语言功能，如在 C#中，提供了可为 null 的值类型、枚举、委托、lambda 表达式和直接内存访问等功能。

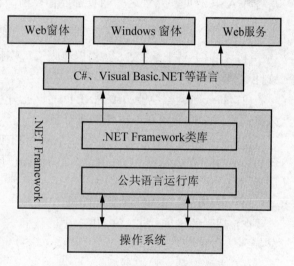

图 1-5　.NET Framework 基本结构

C# 的开发平台 Visual Studio 2010 为程序员提供了良好的程序编写、代码管理、调试和部署环境，大大地提高了程序的开发效率。

1.2.3　ASP.NET 简介

ASP.NET 是统一的 Web 应用程序平台，是一种新的编程模型和基础结构，通过 ASP.NET 能够构建更安全、更强、可升级、更稳定的网络应用程序。

1. ASP.NET 的演变历程

微软首先推出的是 ASP.NET 1.1 版本，该版本虽然对网络技术有巨大的推动作用，但由于开发技术要求比较高，因而只能被技术比较资深的少数程序员所掌握。为了使更多的程序员和初学者能够构建实用的网络应用程序，微软又推出了 ASP.NET 2.0。ASP.NET 2.0 的出现，使 .NET 技术几乎填满了整个网络技术领域。之后微软相继推出了 3.0、3.5、4.0 版本，使网络程序更趋向于智能开发，运行更加平稳流畅。

2. ASP.NET 与 ASP 的比较

ASP.NET 与 ASP 相比，已经不仅仅是简单的升级，而是划时代的全面更新。具体表现在以下几个方面。

(1) ASP.NET 在编译执行过程中具有更高的效率。

(2) ASP.NET 支持更多的编程语言，并且很容易集成一门编程语言。

(3) ASP.NET 具备 .NET Framework 的强大支持，具有功能强大的类库和组件。

(4) ASP.NET 实现了页面代码和处理代码的分离，极大地提高了团队开发的效率。

(5) ASP.NET 具备平台架构的优势和语言类库的支持，使其能够保持强劲的发展势头，具有广阔的应用前景。

值得注意的是，ASP.NET 还保持着对 ASP 程序的兼容，仍能够在 ASP.NET 网站上编写各种 ASP 网页，并且这些网页都能像以前一样正常地被访问。

3. ASP.NET 特点

(1) 代码更易于编写、结构更清晰。程序代码与用户界面接口彻底分开，使程序的可读性更强。

(2) 高效的运行性能。ASP.NET 能够充分利用绑定、及时编译、本地优化和缓冲服务来提高程序的性能，获得更佳的执行效率。

(3) 全新的配置管理方式。一个 ASP.NET 应用程序只需将必要的程序复制到服务器上就可以使用。对于正在运行的已编译的代码，同样可以对其配置进行更改，而不需要重启服务器。

(4) 可移植性和良好的适应性。

(5) 超强的扩展性。ASP.NET 中的任何一个组件都能被用户自己开发的组件扩展或者替换。

(6) 支持多种客户端类型。

(7) 提供更强的安全机制。

(8) 完善的纠错和调试功能。

1.3   ASP.NET 开发和运行环境

1.3.1   IIS 的安装与配置

IIS 是 Internet Information Server(互联网信息服务)的缩写，是 Windows 服务器操作系统 Windows NT 和 Windows 2003 中集成的最重要的 Web 技术，是搭建 ASP.NET 开发环境的一个必须要安装的组件。通过 IIS 服务，任何用户都可以在自己的计算机上开发、测试、管理自己的 ASP.NET 站点。

一般情况下，Windows 2003、Windows XP、Vista 等操作系统都没有安装 IIS 组件，需要用户自行安装，安装时需要操作系统光盘或者从网上下载的安装程序。本节将以 Windows XP 操作系统为例，介绍 IIS 安装与配置过程。

1. 安装 IIS

(1) 选择【开始】→【设置】→【控制面板】命令，打开【控制面板】窗口，在【控制面板】窗口中双击【添加/删除程序】，打开【添加/删除程序】窗口。单击【添加/删除程序】窗口左侧【添加/删除 Windows 组件】，启动【Windows 组件向导】，如图 1-6 所示。

(2) 在【Windows 组件向导】对话框中选中【Internet 信息服务(IIS)】复选框，单击【详细信息】按钮，弹出【Internet 信息服务(IIS)】对话框，如图 1-7 所示。在该对话框中可以选择 IIS 的子组件，一般情况下保持默认设置即可。最后单击【确定】按钮。

图 1-6 【Windows 组件向导】对话框

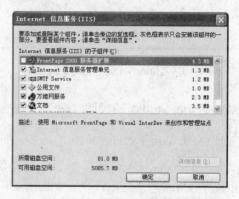

图 1-7 【Internet 信息服务(IIS)】对话框

(3) 在【Windows 组件向导】对话框中单击【下一步】按钮开始安装，安装过程中会要求插入操作系统安装盘，如图 1-8 所示，此时插入操作系统安装盘(从网上下载的安装程序)，在图 1-9 中单击【浏览】按钮锁定所需文件的位置，单击【确定】按钮继续安装，直至完成【Windows 组件向导】。

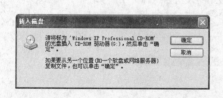

图 1-8 【插入磁盘】对话框

图 1-9 【所需文件】对话框

2. 配置 IIS

(1) 在【控制面板】中双击【管理工具】，然后再双击【Internet 信息服务】，弹出【Internet 信息服务】对话框。在【Internet 信息服务】对话框中展开【本地计算机】，再展开【网站】节点，选中【默认网站】选项，打开 Internet 信息服务本地网站窗口，如图 1-10 所示。

(2) 右击【默认网站】选项，在弹出的快捷菜单中选择【属性】一项，弹出【默认网站 属性】对话框，如图 1-11 所示。该对话框提供了【网站】、【主目录】、【文档】、【目录安全性】、【ASP.NET】等选项卡，根据实际应用的需要，配置这些选项卡中的相应内容即可。

图 1-10 【Internet 信息服务】对话框　　　　图 1-11 【默认网站 属性】对话框

1.3.2 Visual Studio 2010 和 MSDN 的安装

1. 安装 Visual Studio 2010

Visual Studio 一般简称为 "VS"，它提供了一整套的开发工具，可以生成 ASP.NET Web 应用程序、Web 服务应用程序、Windows 应用程序和移动设备应用程序。Visual Studio 整合了多种开发语言，如 Visual Basic.NET、Visual C#和 Visual C++等，使开发人员可以在一个相同的开发环境中自由地发挥自己的长处，并且还可以创建基于混合语言的应用程序项目。

ASP 4.0 是通过 Visual Studio 2010 软件进行程序开发的，本节将以 Windows XP 操作系统为例，介绍 Visual Studio 2010 的安装过程，安装时需要 Visual Studio 2010 安装程序，读者可从网上下载。具体安装过程如下所示。

(1) 双击安装包中的 setup.exe 文件，启动 Visual Studio 2010 的安装程序向导，如图 1-12 所示。接下来安装程序会提示用户选择要安装的功能以及安装路径，如图 1-13 所示。

(2) 在图 1-13 中，选中"完全"单选按钮(当然读者可以根据实际需求选中"自定义")，单击【安装】按钮，启动安装过程，如图 1-14 所示。直至安装结束，如图 1-15 所示。

图 1-12 VS 2010 的安装程序向导

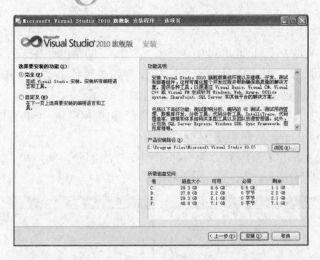

图 1-13　"安装的功能以及路径"界面

图 1-14　VS 2010 的安装过程界面

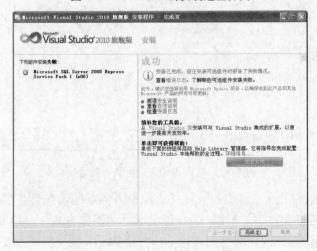

图 1-15　VS 2010 安装结束界面

2．安装 MSDN

MSDN 帮助系统是 Visual Studio 2010 开发工具自带的帮助系统，程序开发人员在应用程序开发过程中，可通过 MSDM 帮助系统直接查询相关对象、属性、方法的相关帮助，及时解决在开发过程中遇到的难题。具体安装过程如下所示。

(1) 在图 1-15 中单击【安装文档】按钮，即可实现 MSDN 帮助系统的安装，将弹出图 1-16 所示【Help Library 管理器】对话框。

(2) 在图 1-16 中单击【添加】命令选择需要安装的部分，然后单击【更新】按钮即可进行安装，安装过程如图 1-17 所示。

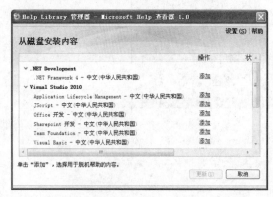

图 1-16　【Help Library 管理器】对话框

图 1-17　MSDN 安装过程对话框

(3) MSDN 安装结束后，启动 Visual Studio 2010 程序，选择【帮助】→【管理帮助设置】命令，弹出如图 1-18 所示对话框。在对话框中可以对 Visual Studio 2010 帮助信息进行管理和设置。

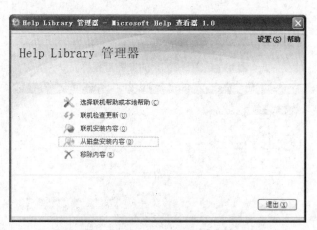

图 1-18　设置和管理"帮助"对话框

实际使用 MSDN 帮助系统时，Visual Studio 2010 的帮助信息会在浏览器中打开，这让本地帮助与在线 MSDN Library 有了比较类似的界面和操作方式，如图 1-19 所示。

关于 MSDN 帮助系统的详细使用知识，读者请参见其他资料或者参加 MSDN 论坛。

图 1-19　浏览帮助信息界面

1.3.3　熟悉 Visual Studio 2010 开发环境

本节将通过创建一个新网站来熟悉 Visual Studio 2010 开发环境。选择【开始】→【程序】→【Microsoft Visual Studio 2010】命令，便可启动 Microsoft Visual Studio 2010 程序。选择【文件】→【新建】→【网站】命令，在弹出的【新建网站】对话框中，选择【ASP.NET 空网站】模板，单击【浏览】按钮设置网站存储路径，单击【确定】按钮，完成新网站的创建工作。

经过上述步骤创建一个新网站后，网站内并没有什么文件，此时可以选择【网站】→【添加新项】命令，然后在弹出的【添加新项】对话框中，选择【Web 窗体】项，单击【添加】按钮，即可打开图 1-20 所示 Visual Studio 2010 开发环境界面。

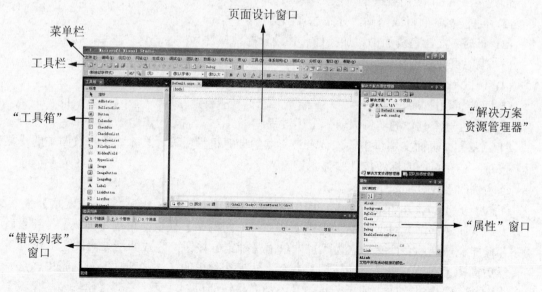

图 1-20　VS 2010 开发环境界面

图 1-20 中列出的各窗口功能如下所示。

(1) 菜单栏和工具栏中包含了所有的操作命令，提供了进行 Visual Studio 2010 各项功能选择的主要途径。

(2) 页面设计窗口主要用于对每个页面进行相关设置，其下提供了"设计"、"拆分"、"源" 3 个选项卡，分别对应"设计"、"拆分"、"源" 3 个视图，三者之间可以互相切换。

① "设计"视图：用于设计应用程序的界面。

② "源"视图：用于编辑程序代码。

③ "拆分"视图：将"设计"视图和"源"视图融合在一起并同步显示。

(3) 【解决方案资源管理器】就是对其所属项目文件的导航，主要用于显示网站上的各个文件结构，通过该窗口可以快速浏览目录和创建网站支持的各种格式的文件。

(4) 【属性】窗口，当选择某个对象时，则【属性】窗口将自动显示该对象的相关属性，并且可以设置对象的属性。

(5) 【错误列表】窗口主要用于及时显示设计页面或代码中出现的语法错误，方便程序员及时更正程序中的各种语法错误。

(6) 【工具箱】是放置支持 Visual Studio 2010 开发的各页面控件，拖拉【工具箱】的各控件到页面中，则页面将自动创建该控件。如果右击工具箱，在弹出的快捷菜单中选择【选择项】命令，就会弹出【选择工具箱项】对话框，从中可以为工具箱添加其他的一些可选控件。

1.4　第 1 个 ASP.NET 程序实例

本节将使用 Visual Studio 2010 创建一个简单的 ASP.NET 应用程序，实际体验一下在 Visual Studio 2010 中如何设计页面、编写代码以及如何调试和浏览 Web 页面的。

创建 ASP.NET 应用程序的一般步骤如下所示。

(1) 创建 Web 项目或网站，并添加页面文件。

(2) 布局界面，在页面中添加控件，并设置控件属性。

(3) 编写页面功能代码。

(4) 调试和运行程序。

(5) 部署应用程序。

下面通过一个具体的实例来演示上述过程。

【例 1-2】在页面文本框中输入读者最喜欢的计算机程序设计技术，单击页面中的【显示】按钮，会在页面的标签控件中显示该输入信息。

该实例的实现过程如下所示。

(1) 启动 Microsoft Visual Studio 2010 程序。选择【文件】→【新建】→【网站】命令，在弹出的【新建网站】对话框中，选择【ASP.NET 空网站】模板，单击【浏览】按钮设置网站存储路径，网站文件夹命名为"1"，单击【确定】按钮，完成新网站的创建工作。

然后选择【网站】→【添加新项】命令，然后在弹出的【添加新项】对话框中，选择【Web 窗体】项，如图 1-21 所示，单击【添加】按钮即可。注意：左侧【已安装的模板】处选择"Visual C#"，底部【名称】一项命名为"1-2.aspx"（Web 窗体是以 .aspx 为扩展名的)，右下角"将代码放在单独的文件中"复选框被选中(本书默认选择)。

图 1-21 添加 Web 窗体界面

(2) 选择"设计"选项卡，将页面切换到设计视图，可以使用下述两种方法之一向页面中添加控件。

① 拖动工具箱中"标准"选项卡上的控件到页面中。

② 先将光标定位到页面中的一个位置，而后在工具箱中双击要添加的控件，就会在刚才光标所在位置上插入这个控件。

利用上述方法，在页面中添加 4 个控件：一个 Button 控件、一个 TextBox 控件和两个 Label 控件。

(3) 通过【属性】窗口设置各个控件的属性，方法为：单击选中页面中的控件，在【属性】窗口中就会出现该控件对应的所有属性，根据实际要求调整和设置相应控件的属性。本例中 4 个控件主要属性设置和完成功能见表 1-1。

表 1-1 控件的属性设置及功能

控件名称	属性	属性值	功 能
TextBox	ID	TextBox1	用于输入读者最喜欢的计算机程序设计技术的名称
	Text	初始为空	
Button	ID	Button1	单击该按钮可以显示在 TextBox 中输入的信息
	Text	显示信息	
Label	ID	Label1	用于显示提示信息
	Text	请输入最喜欢的计算机程序设计技术：	
	ID	Label2	单击 Button 按钮时，显示程序的最终输出结果
	Text	Label	

经过(2)、(3)两步，设置好的页面如图 1-22 所示。

图 1-22　添加控件后的页面

（4）在步骤(1)中，复选框"将代码放在单独的文件中"被选中(默认选择)，此时系统会自动生成一个以 .cs 为扩展名的文件 1-2.aspx.cs。1-2.aspx 文件主要放置用于显示逻辑的代码，而 1-2.aspx.cs 文件则主要放置用于操作业务逻辑的代码。本例中需要处理 Button 控件的鼠标单击事件，即单击【显示信息】按钮实现结果的显示，如果要完成这项功能，需要在 1-2.aspx.cs 文件中编写相关代码。Microsoft Visual Studio 2010 集成开发环境能自动生成事件代码模板，用户只需在生成的模板中添加自己的代码即可。

有两种方法可以为【显示信息】按钮添加鼠标单击事件代码。

① 双击要编写代码的按钮，系统自动打开代码编辑器，并出现如下代码行。

```
protected void Button1_Click(object sender, EventArgs e)
    {       }
```

② 在 Button 控件的【属性】窗口中，单击"　"图标，添加 Click 事件方法 Button1_Click，如图 1-23 所示，双击 Click 则系统自动切换到代码编辑器并生成如①所示的代码。本例根据要实现的功能，需要输入如下的程序代码，整体如图 1-24 所示。

```
if (TextBox1.Text== "")
    {Label2.Text = "请输入您最喜欢的计算机程序设计技术"; }
else
    {Label2.Text = "您最喜欢的计算机程序设计技术是:"+ TextBox1.Text; }
```

图 1-23　添加 Button 控件
　　　　的 Click 事件

图 1-24　添加的程序代码

（5）保存应用程序。使用【文件】菜单中的【全部保存】命令或单击工具栏上的【全部保存】按钮，可以将所有编辑过的代码和设计的页面保存。

（6）调试和运行程序。在【解决方案资源管理器】中 1-2.aspx 上右击，在弹出的快捷菜单中选择【设为起始页】命令。

通常有以下几种方法可以实现运行。

① 在【解决方案资源管理器】中右击网站中的 aspx 网页文件，在弹出的快捷菜单中

选择【在浏览器中查看】命令即可浏览被选择的网页。

　　② 选择【调试】→【开始执行(不调试)】命令，或者按【Ctrl＋F5】组合键，该方法可实现不调试而直接运行程序的功能。

　　③ 选择【调试】→【启动调试】命令，或者按 F5 键。

　　④ 单击工具栏中的 ▶ 按钮。

运行程序后，即显示网页界面，如图 1-25 所示。当用户不输入任何信息时，单击【显示信息】按钮，程序会提示用户"请输入您最喜欢的计算机程序设计技术"；当用户在 TextBox 控件中输入 ASP.NET 后，单击【显示信息】按钮，程序会显示"您最喜欢的计算机程序设计技术是：ASP.NET"。

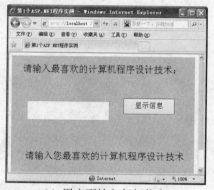 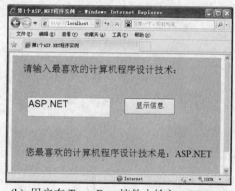

(a) 用户不输入任何信息　　　　　(b) 用户在 Text+Box 控件中输入 ASP.NET

图 1-25　例 1-2 运行结果

在上述设计过程中，可随时通过 MSDN 获得帮助信息。另外，可对生成的网站进行调试和发布等后续操作。

小　　结

本章主要介绍了 Web 工作原理及其发展过程、.NET Framework 与 ASP.NET 基础知识、Visual Studio 2010 开发环境和 MSDN 的安装过程等内容，最后给出了一个 ASP.NET 程序实例，演示了 ASP.NET 程序开发的整体过程。通过本章的学习，能够使读者掌握 ASP.NET 的开发环境和基础理论，能够为后续的学习打下良好的基础。

习　　题

一、填空题

1. 动态网页技术主要分为客户端动态网页技术和＿＿＿＿＿＿两种。

2. .NET Framework 由两个主要部分组成：公共语言运行库和＿＿＿＿＿＿。

二、简答题

1. 叙述静态网页技术的概念及其优缺点。

2. 简述服务器端动态网页技术的工作流程。

3. 简述 ASP.NET、ASP、JSP 和 PHP 的特点与区别。

4. 简述 Visual Studio 2010 开发环境中各窗口的基本功能。

5. 叙述创建 ASP.NET 应用程序的一般步骤。

第 2 章

C#语言基础

学习目标

- 了解 C#与 ASP.NET 的关系
- 掌握 C#语言基础、数据类型、变量和常量
- 掌握 C#数据类型转换、运算符和表达式
- 掌握 C#程序控制语句和数组
- 理解 C#面向对象编程的基本概念和理论

知识结构

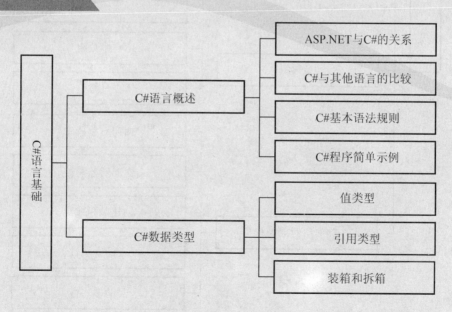

```mermaid
graph LR
    A[C#语言基础] --> B[C#变量和常量]
    B --> B1[变量]
    B --> B2[常量]
    A --> C[数据类型转换]
    C --> C1[隐式转换]
    C --> C2[显示转换]
    C --> C3[数值类型和字符串类型的转换]
    C --> C4[日期类型的格式化]
    A --> D[运算符与表达式]
    D --> D1[运算符]
    D --> D2[表达式]
    A --> E[程序控制语句]
    E --> E1[选择语句]
    E --> E2[循环语句]
    E --> E3[其他语句]
    A --> F[C#数组]
    F --> F1[一维数组]
    F --> F2[二维数组]
    A --> G[C#面向对象编程]
    G --> G1[面向对象概念]
    G --> G2[面向对象特性]
    G --> G3[创建类和成员]
    G --> G4[类的继承性]
    G --> G5[类的多态性]
    G --> G6[C#语言其他概念和语言特色]
```

C#是 .NET 平台的通用开发工具，它能够编写所有的 .NET 应用程序。C#固有的特性保证了它是一种高效、安全和灵活的现代程序设计语言。从最普通的应用到大规模的商业开发，C#与 .NET 平台的结合都将为程序员提供完整的解决方案。

2.1 C#语言概述

2.1.1 ASP.NET 与 C#的关系

ASP.NET 是微软推出的在 .NET 平台上的网站开发技术，C#语言也是专门为 .NET 平台设计的。实际上，ASP.NET 技术也是用 C#语言编写的，因此二者有更好的兼容性。C#语言是微软推荐使用的 ASP.NET 网站开发语言，同时也是与 ASP.NET 搭配最好的语言之一，因此本书使用 ASP.NET 与 C#二者相结合完成网站的开发与设计。

ASP.NET 与 C#关系可以用汽车与发动机之间的关系来描述。ASP.NET 好比一辆汽车，如果要充分发动其威力，就要搭配一个理想的发动机，而 C#就是这样一个发动机，二者的良好配合可以使汽车充分地发挥其性能和优势。

2.1.2 C#与其他语言的比较

C#语言综合了 C/C++开发的灵活性，同时也综合了 Visual Basic 语言开发的简易性，使程序员可以在 .NET 下更加快速灵活地编写各种应用程序。

1. 与 C/C++比较

与 C/C++相比，C#消除了大量语法结构中的冗余形式，使语法更加简洁、语法规则更加统一。C#取消了全局函数、全局变量、全局常数的概念，同时还取消了指针操作以及与其相关的操作符，要求一切变量都必须封装在类中。这使得代码除了具有良好的可读性之外，还有效地减少了命名冲突发生的可能。

2. 与 Java 比较

与 Java 相比，C#拥有面向对象语言所有的特性。与 Java 系统需要建立在 Java 虚拟机上一样，C#系统也要建立在 .NET 虚拟对象系统之上。

3. 与 Visual Basic 比较

与 Visual Basic 相比，C#从 Visual Basic 中得到了丰富的经验，使 C#具有良好的开发环境，同时结合其自身强大的面向对象功能，可以使得 C#开发人员的工作效率得到明显的提高，将有效地缩短软件开发的周期。

2.1.3 C#基本语法规则

1. 书写规则

C#源代码最基本的执行语序是从上到下按顺序进行的。应遵循的基本原则如下所示。

(1) 每条语句以"；"结尾。

(2) 多条语句可以处于同一行，之间以"；"作为间隔。

(3) 各代码块使用"{"作为开始，使用"}"作为结束。

(4) 换行、空格、空行、制表符、空白和缩进在程序运行时都会被忽略，程序开发者可以使用适当的空白和缩进使程序更加清晰、易懂和醒目。

(5) 区分大小写，Student 和 student 会被系统识别为两个不同的变量。

2. 注释

注释是一段被编译器忽略的代码，仅作为读者阅读程序时的参考，帮助读者理解程序的功能和含义。C#提供了两种注释方法。

(1) 单行注释：以"//"字符开头，后面跟随注释的具体内容。

(2) 多行注释(块注释)：以"/*"字符开头，以"*/"字符结束，两个符号中间的内容便为注释内容。

2.1.4　C#程序简单示例

本节通过一个简单的示例，演示一下 C#程序基本设计与运行过程。

【例 2-1】编写程序，输出"欢迎进入 C#语言的学习世界！"信息。

(1) 启动 Microsoft Visual Studio 2010 程序。选择【文件】→【新建】→【网站】命令，在弹出的【新建网站】对话框中，选择【ASP.NET 空网站】模板，单击【浏览】按钮设置网站存储路径，网站文件夹命名为"2"，单击【确定】按钮，完成新网站的创建工作。该网站将作为本章所有例题的默认网站。

(2) 然后选择【网站】→【添加新项】命令，在弹出的【添加新项】对话框中，选择【Web 窗体】项，单击【添加】按钮即可。注意：左侧【已安装的模板】处选择 Visual C#，底部【名称】一项命名为"2-1.aspx"，右下角"将代码放在单独的文件中"复选框被选中(默认选择)。此时系统会自动生成一个以 .cs 为扩展名的文件 2-1.aspx.cs，该文件内容就是使用 C#语言编写的，如图 2-1 所示。

(3) 在图 2-1 中，编写下面代码，整体如图 2-2 所示。

```
Response.Write("欢迎进入 C#语言的学习世界");
```

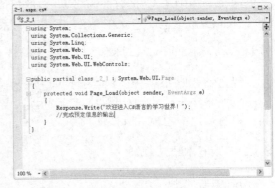

图 2-1　2-1.aspx.cs 文件中初始内容　　　　图 2-2　在 2-1.aspx.cs 文件中添加代码

注意

在图 2-2 中，在页面(Page)的 Load 事件中编写了功能代码，该事件是在页面加载时发生的，因而当页面加载时，Page_Load 中的代码将被执行并输出相应结果。请读者注意，本章中大部分例题均是在 Page_Load 中编写代码并实现相应功能的。

(4) 调试和运行程，运行结果如图 2-3 所示。

注意

在 .NET Framework 中包含了一个由 4000 多个类组成的类库，类库中的类被组织为命名空间。这些类涉及数据库操作、文件操作、字节流的输入输出等诸多方面。

本例中前面的几条语句，如 using System;等便是对系统内定的命名空间的引用。使用 using 关键字作用是告知系统"本程序需要用到这个命名空间，请提供该命名空间中所有的服务"，这样程序开发者便可以使用上述命名空间中的类和方法。本例中 Write 便是 Response 对象的一个常用方法，Response 对象用于响应用户请求，向页面输出文字信息。用户也可以使用 namespace 自定义命名空间，如 namespace studyAspnet。

除了本例的方法外，读者也可以尝试使用其他方法来运行 C#程序，如控制台应用程序、Windows 窗体应用程序等。

图 2-3 例 2-1 运行结果

2.2 数 据 类 型

数据类型是 .NET Framework 最基本的构成元素，每一个变量都要求定义为一个特定的数据类型，并且要求存储在该变量中的值只能是属于这种类型的值。值类型和引用类型为 C#基本的数据类型。

2.2.1 值类型

值类型包括简单类型、结构类型和枚举类型。

1. 简单类型

简单类型可以分为整数类型、布尔类型、字符类型和实数类型。

1) 整数类型

整数类型变量的值为整数，可细分为 8 种类型，见表 2-1。

表 2-1   整数类型的 8 个种类

类型名称	具体特征	表示范围
sbyte	8 位有符号整数	−128～127
byte	8 位无符号整数	0～255
short	16 位有符号整数	−32768～32767
ushort	16 位无符号整数	0～65535
int	32 位有符号整数	−2147483648～2147483647
uint	32 位无符号整数	0～4294967295
long	64 位有符号整数	−9223372036854775808～9223372036854775807
ulong	64 位无符号整数	0～18446744073709551615

2) 布尔类型

布尔类型关键字为 bool，用来表示"真"和"假"。布尔类型表示的逻辑变量只有两种取值：true 或者 false。

3) 字符类型

字符包括数字字符、英文字母和表达式符号等，字符类型的关键字为 char。C#提供的字符类型按照国际标准采用 Unicode 字符集，一个标准字符的长度为 16 位，用其可以来表示世界上大多数语言。给一个变量赋值的语法为

```
char firstchar = 'A';
```

4) 实数类型

实数在 C#中采用两种数据类型来表示：单精度(float)和双精度(double)，它们二者之间的区别在于取值范围和精度不同。

(1) 单精度类型：取值范围在$\pm 1.5 \times 10^{-45}$～$\pm 3.4 \times 10^{38}$之间，精度为 7 位。

(2) 双精度类型：取值范围在$\pm 5.0 \times 10^{-324}$～$\pm 1.7 \times 10^{308}$之间，精度为 15～16 位。

C#还专门定义了一种十进制类型(decimal)，主要用于金融和货币领域的计算。decimal 是一种高精度的 128 位数据类型，其表示范围为$\pm 1.0 \times 10^{-28}$～$\pm 7.9 \times 10^{28}$，精度为 28～29 位。当定义一个变量并为它赋值时，使用后缀 m 来表示它是一个 decimal 类型数据。例如：

```
decimal firstdecimal = 79.87m;
```

2. 结构类型

在实际中会遇到一些复杂的数据类型。例如，一名学生的信息可以包括学号、姓名、成绩等项，这时就可以利用结构类型来处理，即把一系列相关的变量组织成为一个单一的实体，每一个变量称为实体(结构)的成员。C#中结构类型采用关键字 struct 来声明。

【例 2-2】结构类型示例。

仿照【例 2-1】的实现过程，在网站"2"中添加窗体 2-2.aspx，在 2-2.aspx.cs 文件中编写程序的主要代码如下：

```
public partial class _2_2 : System.Web.UI.Page
{
        struct StudentInfo    //定义学生结构类型，包含学生 3 项信息：学号、姓名和成绩
```

```
    {
        public int studengNumber;
        public string studentName;
        public int studentScore;}
    protected void Page_Load(object sender, EventArgs e)
    {
        StudentInfo student;              //声明结构类型变量 student
        student.studengNumber = 8;      //给结构成员分别赋值
        student.studentName = "刘德华";
        student.studentScore=89;
        Response.Write("学生学号:" + student.studengNumber+"<br/>");
                                        //输出结构成员信息
        Response.Write("学生姓名:" + student.studentName + "<br/>");
        Response.Write("学生成绩:" + student.studentScore + "<br/>");
    }
}
```

上例中定义了结构类型 StudentInfo，用其定义了结构变量 student，而后对结构的 3 个成员分别赋值并输出，程序的运行结果如图 2-4 所示。

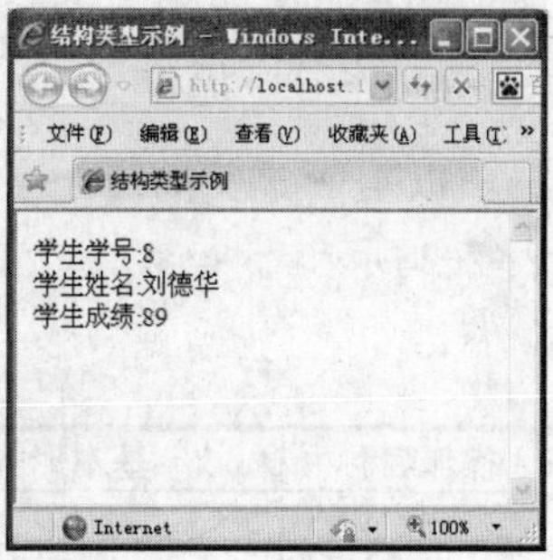

3. 枚举类型

枚举类型是由一组特定的常量构成的一种数据类型，这些常量具有相同类型并且表达固定含义，例如，一个星期的 7 天或者一年的 12 个月都可以描述成枚举类型。枚举类型的关键字为 enum，这些特定的常量称为枚举成员。

任意两个枚举成员不能同名，每个枚举成员均具有相关联的常数值，第一个枚举成员默认为 0，按照文本顺序，后一个枚举成员值是将前一个枚举成员的值加 1。

图 2-4 例 2-2 运行结果

【例 2-3】枚举类型示例。

在网站"2"中添加窗体 2-3.aspx，在 2-3.aspx.cs 文件中编写程序的主要代码如下：

```
public partial class _2_3 : System.Web.UI.Page
{
    enum weekDay                        //声明枚举类型 weekDay
    {
        Sunday, Monday, Tuesday, Wednesday, Thursday, Friday, Saturday};
    protected void Page_Load(object sender, EventArgs e)
    {
        weekDay today;                  //定义枚举类型变量 today
        today = weekDay.Sunday;
        Response.Write("今天是: " + today + "<br/>");
    }
}
```

上例中定义了枚举类型 weekDay，用其定义了枚举变量 today，而后输出枚举成员的值，程序的运行结果如图 2-5 所示。

图 2-5 例 2-3 运行结果

2.2.2 引用类型

引用类型指该类型的变量不直接存储值，而是存储所要存储值的地址。引用类型包括类、接口、数组和字符串等。C#预定义的引用类型包括 object 和 string，而用户定义的引用类型可以是类和接口等。在 C#的统一类型系统中，所有类型都是直接或者间接从 object 继承的，因而对于一个 object 类型的变量可以被赋予任何类型的值。

本节主要以介绍字符串类型，其他类型请参见后续章节或者其他资料。

1. 字符串类型

字符串类型是用来存放多个字符的类型，并且多个字符要用双引号括起来，使用关键字 string 来声明字符串类型。例如定义下面两个字符串变量：

```
string firStr = "firstMyString ";
string secStr = "MyString";
```

2. 字符串操作

以上面定义的两个字符串变量 firStr 和 secStr 为例，字符串的相关操作及其功能见表 2-2 所示。

表 2-2 字符串类型的相关操作

操作名称	基本形式	返回值	举 例
CompareTo	strA.CompareTo(strB)	若 strA 小于 strB：返回负数 若 strA 等于 strB：返回 0 若 strA 大于 strB：返回正数	firStr.CompareTo(secStr) 操作结果：返回一个负数
Length	strA.Length	返回字符串 strA 的长度	firStr.Length 操作结果：14
IndexOf	strA.IndexOf (strB)	返回 strB 在 strA 中的起始位置，如果在 strA 中找不到 strB，返回负数	firStr.IndexOf (secStr) 操作结果：5
Trim	strA.Trim()	清除字符串前面或后面的空格	firStr.Trim() 清除 firStr 后面的空格
Insert	strA.Insert(i, strB)	在字符串 strA 第 i 个位置插入 strB	firStr.Insert(2, secStr) 操作结果： "fiMyStringrstMyString "
Remove	strA.Remove(n,m)	删除 strA 中 n 开始长度为 m 的字符	secStr.Remove(2,6) 操作结果："My"
Replace	strA.Replace(sA,sB)	将 strA 中 sA 部分字符串替换成 sB	secStr.Replace("My","It") 操作结果："ItString"
Substring	strA.Substring(n,m)	截取 strA 中 n 开始长度为 m 的字符	secStr.Substring(2,6) 操作结果："String"
+	strA+ strB	返回 strA 连接 strB 的结果字符串	firStr+secStr 操作结果： "firstMyString MyString"

上表只是列出了字符串类型的常用操作，字符串还有其他一些操作，具体请参见其他相关资料。

2.2.3 装箱和拆箱

值类型和引用类型之间是可以相互转换的，装箱操作就是将值类型转换为引用类型的过程，同理拆箱操作就是将引用类型转换为值类型的过程。在装箱和拆箱的过程中，任何类型都可以和 object 类型之间进行转换。

【例 2-4】装箱与拆箱示例。

在网站"2"中添加窗体 2-4.aspx，在 2-4.aspx.cs 文件中编写程序的主要代码如下：

```
protected void Page_Load(object sender, EventArgs e)
{
    int i = 777;
    object obj = i;                         //执行装箱操作
    i = 888;
    Response.Write("装箱操作,i 的值为:" + i + "<br/>");
    Response.Write("装箱操作,obj 的值为:" + obj + "<br/>");
    int j = (int)obj;                       //执行拆箱操作
    Response.Write("拆箱操作,j 的值为:" + j + "<br/>");
    Response.Write("拆箱操作,obj 的值为:" + obj + "<br/>");
}
```

上例演示了装箱和拆箱的总体过程，其运行结果如图 2-6 所示。

注意

当进行装箱操作把值类型转换成引用类型时，不需要显示地强制类型转换；而当进行拆箱操作把引用类型转换成值类型时，由于引用类型可以强制转换成任何可以相容的值类型，所以必须显示地强制类型转换。

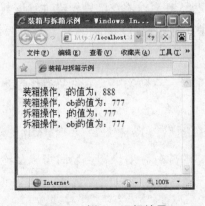

图 2-6 例 2-4 运行结果

27

2.3　变量和常量

变量是用来存储各类数据信息且其值可以变化的量，常量是指在整个程序执行过程中其值一直保持不变的量。变量和常量分别对应一种数据类型，是程序中数据流通的载体。

2.3.1　变量

1．变量的命名规则

变量名的命名规则如下所示。

(1) 必须由字母、数字或者下划线"_"组成，不能包含空格、标点等其他符号，第一个字符必须是字母或者下划线。

(2) 区分字母的大小写，只要两个变量名对应字母的大小写不同，即认为是两个不同的变量。如：teacher 和 teaCher 被认为是两个不同的变量。

(3) 变量名不能与系统的定义的关键字同名。如果一定要用 C#的关键字作为变量名，则应使用"@"作为前缀，但强烈建议不要这样做。关键字是对 C#编译器具有特殊意义的预定义保留字，如 if、for、while 等。

(4) C#的变量名最多可以由 511 个字符组成，建议变量名不要太长，一般不超过 31 个字符为宜。

给变量命名时最好选用有意义的单词，通常采用"骆驼命名法"。如变量"家庭地址"可命名为 homeAddress，即以小写字母开头，后面的单词都以大写字母开头。

2．变量的数据类型

每个变量均对应一种数据类型，恰当的选择数据类型可以简化应用程序，提高其运行效率。例如，如果要存储班级学生人数，人数在 30～100 之间的用 byte 类型(表示范围 0～255)即可，如果使用 int 类型来定义上述班级人数，就会显得太浪费空间了，因为 int 类型表示范围为-2147483648～2147483647。

当变量被定义成一种数据类型，则该变量只允许进行该数据类型相关的操作。例如，一个变量被定义成 string 类型，则该变量只允许进行字符串类型的相关操作。

3．变量的声明

变量的声明用来指定变量的名称和类型，变量只有经过声明后才能被使用。声明变量的语法格式如下：

类型说明符　变量名 1[=变量初始值 1][,变量名 2[=变量初始值 2]…];

其中"[ ]"表示可以省略的部分。变量在声名时可以赋给它一个初值，即变量的初始化。变量声明举例如下：

```
int myFirstInt=1000,mySecInt;
string str0,str1 = "黑龙江", str2 = "哈尔滨", str3 = "松北区";
```

C#中定义了 7 种变量类型：静态变量、实例变量、数组元素、值参数、引用参数、输出参数以及局部变量。注意：C#中不再提供全局变量。

4. 变量的赋值

如果变量在声明时没有赋初值，则变量经过声明之后，可以使用"="给其赋值。语法格式如下：

```
变量名 = 值;
```

例如，给上述定义的变量 mySecInt 和 str0 赋值语句如下：

```
mySecInt = 2000;
str0 = "中国";
```

注意

一个变量未经初始化，并且在没有给它赋值的前提下使用该变量会产生错误。例如，下面定义的变量 useError 就会产生使用错误。

```
int useError;
    Response.Write(useError + "<br/>");
```

另外，如果在声明变量时没有给变量赋初值，该变量也会带有一个默认的值，如数值类型变量的默认值为 0。

5. 匿名变量

匿名变量又称为隐含类型变量，使用关键字 var 来声明。声明匿名变量时需要注意以下 3 个方面。

(1) 声明匿名变量时，必须同时为该变量赋初值，即初始化。

(2) 匿名变量仅限于局部变量，而且不能被赋予空值。

(3) var 本身不是一个新类型，编译器会根据匿名变量被赋予的初值推断出该变量具体的数据类型。

例如：

```
var strValue="abcdef";
```

根据该声明，编译器会推断出匿名变量 strValue 为字符串类型。

2.3.2 常量

常量又称为常数，圆周率便是一个常见的常量，常量也必须对应一种具体的数据类型。定义常量的语法格式如下：

```
const 类型说明符  常量名称 = 值;
```

例如：

```
const int myConst=23,mySecConst=100;
const string pi="3.1415926", constName="const";
```

常量的值在程序运行中是不能通过赋值等操作改变的，但可以用它给同类型的变量赋值。例如：

```
int i=999;
const int myConst=23,mySecConst=100;
myConst=i;                    //错误，不能给常量重新赋值
i= myConst*2;                 //正确，可以利用常量给同类型的变量赋值
```

注意

使用 const 关键字来定义的常量，仅限于 C#的内置类型，具体包括 bool、byte、sbyte、decimal、char、double、float、int、uint、long、ulong、short、ushort、string。使用 readonly 关键字来定义常量就没有上述限制，可以扩展到类、结构和数组应用领域。一般来说，使用 const 定义的常量称为静态常量，使用 readonly 定义的常量更具有灵活性，并且可以减少程序出现的潜在错误，因而建议读者多使用 readonly 关键字来定义常量。

2.4 数据类型转换

为了能够高效地处理数据，防止由于数据类型不匹配而导致的运行错误，C#提供了隐式转换和显式转换两种转换类型。

2.4.1 隐式转换

是系统默认的类型转换方式，也是编译器自动支持的转换方式，该方式不需要事先加以声明，也不需要编写代码就可实现转换。并不是所有的类型之间都可以进行隐式类型转换，一般要求被转换类型的取值范围完全包含在转换到的类型的取值范围之内时才可以进行隐式转换，即范围小的数据类型向范围大的数据类型才可转换，且两种类型要兼容。隐式类型转换对应表见表 2-3。

表 2-3　隐式类型转换对应表

源类型	目标类型
sbyte	int、short、long、double、decimal、float
byte	uint、int、ushort、short、ulong、long、double、decimal、float
short	int、long、double、decimal、float
ushort	uint、int、ulong、long、double、decimal、float
int	long、double、decimal、float
uint	ulong、long、double、decimal、float
long、ulong	double、decimal、float
char	ushort、uint、int、ulong、long、double、decimal、float
float	double

注意

从 uint、int、unlong、long 转换到 float 类型，以及从 unlong、long 转换到 double 类型时都可能导致数据精度下降，但不会发生数量上的丢失现象。

【例 2-5】 隐式类型转换示例。

在网站"2"中添加窗体 2-5.aspx，在 2-5.aspx.cs 文件中编写程序的主要代码如下：

```
protected void Page_Load(object sender, EventArgs e)
{
        byte a = 35;                    //定义 byte 类型
        short b = a;           //byte 类型向 short 类型转换
        int c = b;             //short 类型向 int 类型转换
        long m = c;            //int 类型向 long 类型转换
        float p = m;           //long 类型向 float 类型转换
        double q = p;          //float 类型向 double 类型转换
        Response.Write("byte:" + a.ToString() + "<br/>");  //输出各种类型数据
        Response.Write("short:" + b.ToString() + "<br/>");
        Response.Write("int:" + c.ToString() + "<br/>");
        Response.Write("long:" + m.ToString() + "<br/>");
        Response.Write("float:" + p.ToString() + "<br/>");
        Response.Write("double:" + q.ToString());
}
```

上例实现了各种数据类型之间的隐式转化并输出，ToString()用于将数值转换成其等效的字符串表示形式，程序运行结果如图 2-7 所示。

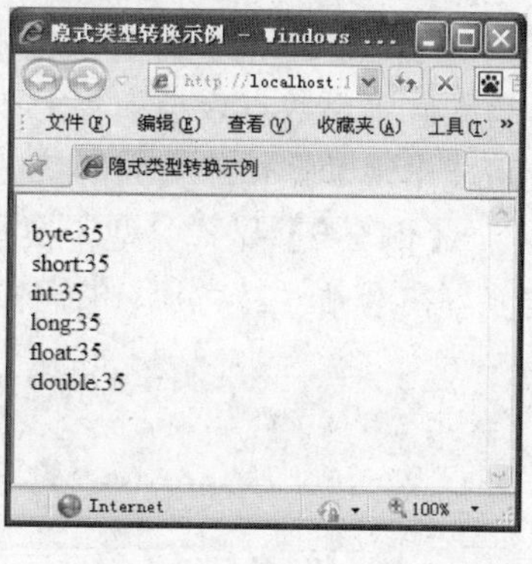

2.4.2　显示转换

显示转换又称为强制类型转换，用于当隐式转换不能正确实现转换时，在代码中明确地声明将一种数据类型转换成另一种数据类型的行为。和隐式类型转换正好相反，显示类型转换是从范围大的数据类型向范围小的数据类型进行转换。如果要将某个表达式显示转换为特定的数据类型，需要在该表达式前面加上被转换的类型说明符，并且该类型说明符需要用括号括起来。

显示类型转换对应表见表 2-4。

图 2-7　例 2-5 运行结果

表 2-4　显示类型转换对应表

源类型	目标类型
sbyte	uint、ushort、ulong、byte、char
byte	sbyte、char
short	sbyte、byte、char、uint、ushort、ulong

续表

源类型	目标类型
ushort	sbyte、byte、char、short
int	sbyte、byte、char、short、uint、ushort、ulong
uint	sbyte、byte、char、short、int、ushort
long	sbyte、byte、char、short、uint、ushort、ulong、int
ulong	sbyte、byte、char、short、uint、ushort、long、int
char	sbyte、byte、short
float	sbyte、byte、char、short、uint、ushort、ulong、int、long、decimal
double	sbyte、byte、char、short、uint、ushort、ulong、int、long、decimal、float
decimal	sbyte、byte、char、short、uint、ushort、ulong、int、long、double、float

 注意

由于不同数据类型对应的存储空间大小不同，因此在显示类型转换过程中极有可能会发生数据丢失或精度损失等异常情况。

常见的情况如下所示。

(1) 将 double 或者 float 类型转换为整型时，数值会被截断；将 decimal 值转换为整型时，该值将通过舍入取与零最近的整数值，如果结果超出整型的范围，会引发异常。

(2) 将 double 类型转换为 float 类型时，double 类型值会通过舍入取最接近的 float 类型值。

(3) 将 double 或者 float 类型转换为 decimal 类型时，原值将装换成小数形式，并通过舍入取到小数点后小于等于 28 位的值；反之，小数的值会通过舍入取最接近的值，这时有可能出现数据精度丢失的情况，但不会引发异常。

【例 2-6】显式类型转换示例。

在网站"2"中添加窗体 2-6.aspx，在 2-6.aspx.cs 文件中编写程序的主要代码如下：

```
protected void Page_Load(object sender, EventArgs e)
{
    double beforeCon = 789.26;
    int afterCon;
    afterCon = (int)beforeCon;    //将 double 类型变量 beforeCon 显式转换为 int 型
    Response.Write(afterCon + "<br/>");
}
```

上例实现了显示类型转换过程，程序运行结果如图 2-8 所示。

另外在 C#中还提供了类型转换类 Convert，利用该类的方法可以实现显示类型转换，详细情况请参见其他相关资料。

图 2-8　例 2-6 运行结果

2.4.3　数值类型和字符串类型的转换

1．数值类型转换为字符串类型

常用 ToString 方法将数值转换成字符串，其结果就是对数值加上了双引号，成为了数值字符串。

2．字符串类型转换为数值类型

常用 Parse 方法来实现，基本语法格式如下：

```
类型说明符.Parse
```

【例 2-7】 数值类型和字符串类型转换示例。

在网站"2"中添加窗体 2-7.aspx，在 2-7.aspx.cs 文件中编写程序的主要代码如下：

```
protected void Page_Load(object sender, EventArgs e)
{
    double myDouble = 1234.5678;
    string myString = myDouble.ToString();  //双精度类型转换成字符串类型
    int myInt = int.Parse("666");           //字符串类型转换成整型
    Response.Write("双精度转换成的字符串是：" + myString + "<br/>");
    Response.Write("字符串转换成的整型数据是：" + myInt.ToString());
}
```

上例实现了数值类型和字符串类型的转换过程，程序运行结果如图 2-9 所示。

2.4.4　日期类型的格式化

C#中使用 DateTime 关键字来定义日期和时间对象，其表示的范围是从公元 0001 年 1 月 1 日午夜 12:00:00 到公元 9999 年 12 月 31 日晚上 11:59:59 之间。创建一个新的日期时间对象的格式如下：

图 2-9　例 2-7 运行结果

```
DateTime 对象名称 = new DateTime(yyyy,MM,dd,hour,minute,second);
```

其中参数 yyyy 用于设置年的数值，参数 MM 用于设置月的数值，参数 dd 用于设置日的数值，参数 hour 用于设置小时，参数 minute 用于设置分钟，参数 second 用于设置秒，所有参数均为整型。

可以对日期进行比较、加减以及获取日期格式中的一部分等操作。

日期类型的格式化操作就是将日期类型以字符串形式输出显示，其中最常用的方法就是使用 ToString( )实现，具体的语法格式如下：

```
日期类型对象.ToString(格式修饰符)
```

常用的格式修饰符见表 2-5。

表 2-5　日期类型格式化修饰符

格式修饰符	返回值
yyyy	返回 4 位数表示的年份
yy	返回两位数表示的年份
MM	返回月份，如果月份的数值小于 10 时，前面补零
dd	返回日，如果日的数值小于 10 时，前面补零
dddd	返回星期几的全称，如"星期日"
HH	返回 24 小时制的小时，如果小时的数值小于 10 时，前面补零
hh	返回 12 小时制的小时，如果小时的数值小于 10 时，前面补零
mm	返回分钟，如果分钟的数值小于 10 时，前面补零
ss	返回秒，如果秒的数值小于 10 时，前面补零

【例 2-8】日期类型格式化输出示例。

在网站"2"中添加窗体 2-8.aspx，在 2-8.aspx.cs 文件中编写程序的主要代码如下：

```
protected void Page_Load(object sender, EventArgs e)
{
    DateTime myDateTime = new DateTime(2011, 10, 2, 18, 3, 6);
    Response.Write(myDateTime.ToString("yyyy 年 MM 月 dd 日  HH:mm:ss") +
"<br/>");
    Response.Write(myDateTime.ToString("dddd"));
}
```

程序运行结果如图 2-10 所示。

图 2-10　例 2-8 运行结果

2.5 运算符与表达式

运算符和表达式是构成程序中各种运算过程的基本元素，也是程序设计的基础。

2.5.1 运算符

运算符是指定在表达式中执行哪些操作的符号，C#提供了大量的运算符，可以将这些运算符依据不同的分类标准分成若干个种类。表2-6所示列出了C#常用运算符的功能、优先级和结合性。

实际计算中，先进行高优先级的运算，后进行低优先级的运算，即运算符的优先级决定了表示式中运算的先后次序。同优先级的运算符运算次序由它们的结合性来决定(自左向右、自右向左)。

如果依据运算符所涉及操作的个数作为分类标准，可分为一元运算符(涉及1个操作数，如自增、自减运算符)、二元运算符(涉及2个操作数，如乘法、除法运算符)、三元运算符(涉及3个操作数，如条件运算符)；如果依据运算符的运算性质作为分类标准，则可分为算数运算符、关系运算符、赋值运算符等。

表 2-6　C#运算符功能、优先级和结合性

运算符	功能描述	优先级	结合性
()	改变优先级		
.	成员访问符		
[]	数组下标		
++	后缀自增		
--	后缀自减	1	自左向右
new	创建对象		
typeof	获取类型信息		
checked	启动溢出检查		
unchecked	取消溢出检查		
++、--	前缀自增、自减		
+、-	正、负符号		
~	按位取反	2	自左向右
!	逻辑非		
()	显示数据类型转换		
*、/、%	乘法、除法、取余	3	自左向右
+、-	加法、减法	4	自左向右
<<、>>	左移位、右移位	5	自左向右
<、>、<=、>=、is、as	4个关系运算符、类型测试、转换	6	自左向右
==、!=	等于、不等于	7	自左向右
&	按位与	8	自左向右
^	按位异或	9	自左向右
|	按位或	10	自左向右
&&	逻辑与	11	自左向右

运算符	功能描述	优先级	结合性
‖	逻辑或	12	自左向右
?:	条件运算符	13	自右向左
=、+=、-=、*=、/=、%=、&=、^=、|=、<<=、>>=	赋值运算符	14	自右向左

1. 算数运算符

算数运算符包括基本算数运算符和自增、自减运算符。

1) 基本算数运算符

表 2-7 所示列出了基本算数运算符及其功能。

表 2-7　基本算数运算符

运算符	操作数	运算形式	功能描述
+	二元运算符	result=oper1+oper2	相加操作
-	二元运算符	result=oper1-oper2	相减操作
*	二元运算符	result=oper1*oper2	相乘操作
/	二元运算符	result=oper1/oper2	相除操作
%	二元运算符	result=oper1%oper2	求余操作
+	一元运算符	+oper1	正号
-	一元运算符	-oper1	负号

说明：

(1) result 表示运算结果，oper1 表示操作数 1，oper2 表示操作数 2。

(2) "+" 还可作为字符串连接符号，请参见表 2-2。

(3) 对于 "/" 运算符，如果两个操作数均是整数，则运算结果也为整数(取商的整数部分)；对于 "*" 和 "/" 运算符，其运算结果的类型与精度较高的操作数的类型是一致的。例如：

```
9 / 7          //运算结果为1
9.0 / 7        //运算结果为1.28571428571429
```

(4) 对于 "%" 运算符，不仅适用于两个操作数均是整数的情况，而且也适用于操作数是浮点数的情况。例如：

```
11 % 7         //运算结果为4
11.9 %7.8      //运算结果为4.1
```

如果操作数中有负数情况，求余运算的结果与第一个操作数的符号相同。例如：

```
-11 % 7        //运算结果为-4
11 % -7        //运算结果为4
-11 % -7       //运算结果为-4
```

(5) "正号"运算符在实际使用时通常省略。

2) 自增、自减运算符

表 2-8 所示列出了自增、自减运算符及其功能。

表 2-8 自增、自减运算符

运算符	操作数	运算形式	功能描述
++(前缀)	一元运算符	result=++oper	result 的值取 oper+1, oper 再增 1
--(前缀)	一元运算符	result=--oper	result 的值取 oper-1, oper 再减 1
++(后缀)	一元运算符	result=oper++	result 的值取 oper, oper 再增 1
--(后缀)	一元运算符	result=oper--	result 的值取 oper, oper 再减 1

说明:

(1) result 表示运算结果, oper 表示操作数。oper 必须是变量, 不能为常数或表达式。

(2) 对于前缀自增、自减运算符, 先进行增 1 或减 1 运算, 再执行变量所在的表达式; 对于后缀自增、自减运算符, 先执行变量所在的表达式, 再进行增 1 或减 1 运算。例如:

```
int i=3;
int j = 8;
int result1 = i++;      //result1 的值是 3,i 的值是 4
int result2 = ++i;      //result2 的值是 5,i 的值是 5
int result3 = j--;      //result3 的值是 8,j 的值是 7
int result4 = --j;      //result4 的值是 6,j 的值是 6
```

2. 关系运算符

关系运算符常用于条件控制语句和循环控制语句结构中, 用于控制程序的执行流程。关于比较两个操作数的关系, 如果满足关系运算符指定的关系时, 返回值为 True, 否则为 False。表 2-9 所示列出了基本的关系运算符及其功能。

表 2-9 关系运算符

运算符	操作数	功能描述	运算形式	返回值
==	二元	相等	7==3	False
!=	二元	不相等	7!=3	True
>	二元	大于	7>3	True
>=	二元	大于等于	7>=3	True
<	二元	小于	7<3	False
<=	二元	小于等于	7<=3	False

说明:

(1) 当比较两个数是否相等时, 必须使用 "==", 而不能使用 "=", "=" 为赋值运算符。

(2) 除了上表中的关系运算符外, 还有两种关系运算符 is 和 as。is 运算符用于动态地检查运行时对象类型是否与指定的类型兼容, 返回值为布尔类型。例如:

```
int i=7;
bool j =(i is int);              //j 的值为 True
```

as 运算符用于通过引用转换将一个值显示地转换成指定的引用类型，如果转换失败则返回空值。

3. 逻辑运算符

C#提供了 3 种逻辑运算符：逻辑与(&&)、逻辑或(‖)、逻辑非(！)。其中逻辑与和逻辑或是二元运算符，逻辑非是一元运算符。

表 2-10 所示列出了逻辑运算符操作及其结果。

表 2-10　逻辑运算符及其操作

oper1	oper2	oper1&& oper2	oper1‖ oper2	!oper1
true	true	true	true	false
true	false	false	true	false
false	true	false	true	true
false	false	false	false	true

说明：

(1) oper1 表示操作数 1，oper2 表示操作数 2。

(2) 逻辑运算符通常和关系运算符组合起来，用于表述一个复杂的条件。

4. 位运算符

位运算符用于对操作数的值进行二进制形式的位操作，位运算符主要包括按位与(&)，按位或(|)，按位异或(^)，按位取反(～)，左移(<<)和右移(>>)操作。在这些运算符中，除按位取反运算符是一元运算符外，其余的都是二元运算符。位运算符的操作数只能为整型或者可以转换为整型的任何其他类型。表 2-11 所示列出了位运算符操作及其结果。

表 2-11　位运算符及其操作

oper1	oper2	oper1& oper2	oper1| oper2	oper1^oper2	～oper1
0	0	0	0	0	1
0	1	0	1	1	1
1	0	0	1	1	0
1	1	1	1	0	0

说明：

(1) oper1 表示操作数 1，oper2 表示操作数 2。

(2) 左移运算符(<<)将操作数的二进制位全部向左移动指定的位数，并在右面移入的空位上补 0，而左面的高位移出后将被舍弃；右移运算符(>>)将操作数的二进制位全部向右移动指定的位数，并在左面移入的空位上补 0，而右面的低位移出后将被舍弃。例如：

```
8<<2    //结果为 32，即 00001000(数值 8)左移两位后变成 00100000(数值 32)
8>>2    //结果为 2，即 00001000(数值 8)右移两位后变成 00000010(数值 2)
```

　　每左移一位相当于把当前的操作数乘以 2；每右移一位相当于把当前的操作数除以 2。

5. 赋值运算符

　　赋值运算就是为某个变量指定一个值，赋值运算符均是二元运算符。赋值符号左侧的操作数必须是一个变量，而右侧的操作数可以是常量、变量或表达式，赋值的含义就是将赋值符号右侧的值赋给左侧的变量。

　　赋值运算符及其使用方法见表 2-12。

表 2-12　赋值运算符及其使用方法

运算符	使用形式	功能描述
=	oper1= oper2	将 oper2 的值赋给 oper1
+=	oper1+= oper2	等价于 oper1= oper1+oper2
-=	oper1-= oper2	等价于 oper1= oper1-oper2
*=	oper1*= oper2	等价于 oper1= oper1* oper2
/=	oper1/= oper2	等价于 oper1= oper1/ oper2
%=	oper1%= oper2	等价于 oper1= oper1% oper2
&=	oper1&= oper2	等价于 oper1= oper1& oper2
^=	oper1^= oper2	等价于 oper1= oper1^ oper2
|=	oper1|= oper2	等价于 oper1= oper1| oper2
<<=	oper1<<= oper2	等价于 oper1= oper1<< oper2
>>=	oper1>>= oper2	等价于 oper1= oper1>> oper2

说明：

(1) oper1 表示操作数 1，oper2 表示操作数 2。

(2) 可以实现连续赋值，并且按照"自右向左"的次序进行。例如：

```
a1=a2=a3    等价于   a1=(a2=a3)
```

(3) 进行赋值运算时，左侧的变量必须与右边值的类型相兼容，若赋值符号左右类型不兼容时，且如果不能进行隐式类型转换，则必须进行显示类型转换。例如：

```
long oper1=789;
int oper2=(int)oper1;
```

6. 条件运算符

基本的语法格式如下：

```
表达式 1?表达式 2:表达式 3
```

　　执行过程为：先计算表达式 1 的值(该值必须是布尔类型)，如果表达式 1 的值为 true，则计算表达式 2，并把其值作为整个条件表达式的值；如果表达式 1 的值为 false，则计算表达式 3，并把其值作为整个条件表达式的值。例如：

```
string result = (799 > 89) ? "799大" : "799小"; //运行结果: result 的值为 "799大"
```

7. 其他运算符

(1) typeof 运算符。用于求一个表示特定类型的 Type 对象。例如：

```
typeof(int)         //运行结果: System.Int32, 输出整型的 Type 对象
typeof(string)      //运行结果: System.String, 输出字符串类型的 Type 对象
typeof(double)      //运行结果: System.Double, 输出双精度类型的 Type 对象
```

(2) checked 和 unchecked 运算符。checked 和 unchecked 运算符用于检测整型变量运算时的溢出信息。当使用 checked 进行检测，出现溢出时系统会抛出错误信息；当使用 unchecked 进行检测，出现溢出时系统不会抛出错误信息。

【例 2-9】checked 运算符示例。

在网站 "2" 中添加窗体 2-9.aspx，在 2-9.aspx.cs 文件中编写程序的主要代码如下：

```
protected void Page_Load(object sender, EventArgs e)
{
    byte myByte=255;
    checked
    {
        myByte++;
    }
    Response.Write(myByte + "<br/>");
}
```

byte 类型表示的数据范围为 0～255，所以程序中 "myByte++;" 语句会使得 myByte 产生溢出，由于使用 checked 运算符进行检测，所以在运行程序时编译器会检查出溢出错误，并给出错误提示，如图 2-11 所示。

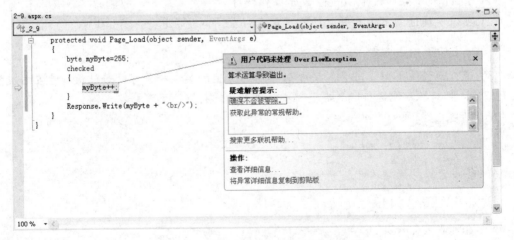

图 2-11　checked 检测溢出错误示例图

【例 2-10】 unchecked 运算符示例。

在网站"2"中添加窗体 2-10.aspx，在 2-10.aspx.cs 文件中编写程序的主要代码如下：

```
protected void Page_Load(object sender, EventArgs e)
{
    byte myByte=255;
    unchecked
    {
        myByte++;
    }
    Response.Write(myByte + "<br/>");
}
```

程序运行时虽然不会抛出异常，但数据会丢失，根据上面分析 myByte 会产生溢出，溢出的位会丢失掉，所以程序运行结果 myByte 最终的值为 0，如图 2-12 所示。

图 2-12 例 2-10 运行结果

2.5.2 表达式

表达式是由操作数和运算符组成的式子，是一个进行计算并且返回结果的简单结构。表达式是根据操作数的优先级和结合性等规则进行求值的，每种运算符都可以对应一种表达式，如算术表达式、关系表达式、条件表达式以及赋值表达式等，各种运算符也可以组合起来形成更加复杂的表达式。

2.6 程序控制语句

程序控制语句用于控制一个应用程序的流程和结构，顺序、选择和循环是最基本的 3 种程序控制语句，除了这 3 种基本控制语句外，还有一些其他控制语句。

顺序语句是按照事先编辑的程序代码的先后顺序依次执行的，当执行完一条语句后，就接着按顺序执行下一条语句。顺序语句主要用来实现赋值、计算和输入输出等操作，它是整个程序执行的主体，是实现程序功能的基本组成部分。

2.6.1 选择语句

在实际应用中，经常需要根据某一条件的成立与否来确定程序的执行流程，这种需要通过判断条件以决定程序执行流程的语句称为选择语句。选择语句又称为条件语句，用于实现从多种给定情况中选择一种执行。

1. if 语句

1) 简单 if 语句

基本的语法格式如下：

```
if (条件表达式)
{
    〈语句块〉
}
```

执行流程为：首先计算条件表达式的值，如果为 true，则执行下面的"语句块"部分；如果为 false，则"语句块"部分不能被执行，程序将接着执行该 if 语句后面的语句。例如：

```
if (5 > 3)                              //条件表达式的值为 true
{
    Response.Write("5 比 3 大！" + "<br/>");//运行结果为输出字符串"5 比 3 大！"
}
```

2) 双分支 if 语句

基本的语法格式如下：

```
if (条件表达式)
{
    〈语句块 1〉
}
else
{
    〈语句块 2〉
}
```

执行流程为：首先计算条件表达式的值，如果为 true，则执行下面的"语句块 1"部分；如果为 false，则执行 else 部分，即"语句块 2"。例如：

```
if (3 >5)                               //条件表达式的值为 false
{
    Response.Write("5 比 3 大！" + "<br/>");  //该语句不被执行
}
else
{
    Response.Write("3 比 5 小！" + "<br/>");  //该语句被执行
}
```

由于条件表达式的值为 false，所以执行 else 部分语句，程序在运行时将输出字符串"3 比 5 小！"。

3) 多分支 if 语句

基本的语法格式如下：

```
if (条件表达式 1)
{
   〈语句块 1〉
}
else if(条件表达式 2)
{
```

```
    〈语句块 2〉
}
...
else if(条件表达式 n)
{
    〈语句块 n〉
}
else
{
    〈语句块 n+1〉
}
```

执行流程为：首先计算条件表达式 1 的值，如果为 true，则执行下面的"语句块 1"部分；如果为 false，则计算条件表达式 2 的值，如果条件表达式 2 的值为 true，则执行"语句块 2"部分；否则计算条件表达式 3 的值……，以此类推，直到找到一个条件表达式的值为 true 并执行其后面的语句块部分。如果所有条件表达式的值都为 false，则执行 else 部分，即"语句块 n+1"。例如：

```
byte score=89;
if (score <60)                                       //条件表达式的值为 false
{
    Response.Write("成绩不及格" + "<br/>");             //该语句不被执行
}
else if (score <70)                                  //条件表达式的值为 false
{
    Response.Write("成绩及格" + "<br/>");               //该语句不被执行
}
else if (score <80)                                  //条件表达式的值为 false
{
    Response.Write("成绩中等" + "<br/>");               //该语句不被执行
}
else if (score <90)                                  //条件表达式的值为 true
{
    Response.Write("成绩良好" + "<br/>");               //该语句被执行
}
else if (score <=100)
{
    Response.Write("成绩优秀" + "<br/>");               //该语句不被执行
}
else
{
    Response.Write("输入的成绩不合法！" + "<br/>"); //该语句不被执行
}
```

程序运行时输出的字符串为"成绩良好"。

说明：

(1) 条件表达式通常为关系表达式或者逻辑表达式。

(2) 多分支 if 语句本质上是 if 语句嵌套的一种形式。if 语句的嵌套是指 if 语句中又包含了 if 语句，当然 if 语句的嵌套可以有多种形式。

(3) 每一个 else 只与离它最近的并且没有其他 else 对应的 if 相搭配。

2. switch 语句

switch 语句又称为开关语句，根据控制表达式的值决定从多个分支中选择一个分支执行，功能类似于多分支的 if 语句，但比多分支的 if 语句更简洁、清晰。switch 语句的基本语法格式如下：

```
switch(控制表达式)
{
    case 常量表达式1：
        〈语句块1〉
        break;
    case 常量表达式2：
        〈语句块2〉
      break;
        ⋮
    case 常量表达式n：
        〈语句块n〉
      break;
     default：
        〈语句块n+1〉
      break;
}
```

执行流程为：计算控制表达式的值，然后测试该值与哪一个 case 子句中的常量表达式的值相匹配。如果找到了一个 case 子句中的常量表达式的值和控制表达式的值相匹配，则执行该 case 子句的语句块部分，而后执行 break 语句退出 switch 语句；如果没有找到任何一个 case 子句中常量表达式的值和控制表达式的值相匹配，则执行 default 部分，即"语句块 n+1"，而后退出 switch 语句，程序继续执行 switch 语句后面的下一条语句。

说明：

(1) 控制表达式的数据类型可以是整型、字符型或者其他类型的表达式。

(2) 各 case 子句中常量表达式的值互不相同，必须是一个常量，不能为变量，并且常量表达式的类型必须与控制表达式的类型相同，或者能够隐式地转换为控制表达式的类型。

(3) 各 case 子句中的语句块部分如果有多条语句，可以使用大括号括起来，也可以不用。

(4) default 语句只能放在最后，而且最多只能有一个。default 语句可以省略。

(5) break 语句在执行完一个 case 子句后执行，使程序跳出 switch 结构，即终止 switch 语句的执行。在一些特殊情况下，多个不同的 case 子句要执行一组相同的操作，这时在一些 case 子句中 break 可以不出现。例如：

```
byte score = 89;
int conVar=score/10;
switch(conVar)
{
    case 0:
    case 1:
    case 2:
    case 3:
    case 4:
    case 5:              //参见说明(5)
          Response.Write("成绩不及格" + "<br/>");
          break;
    case 6:
          Response.Write("成绩及格" + "<br/>");
          break;
    case 7:
          Response.Write("成绩中等" + "<br/>");
          break;
    case 8:              //此case子句将被选择执行
          Response.Write("成绩良好" + "<br/>");
          break;
    case 9:
    case 10:
          Response.Write("成绩优秀" + "<br/>");
          break;
    default:
          Response.Write("输入的成绩不合法！" + "<br/>");
          break;
}
```

程序运行时输出的字符串为"成绩良好"。

2.6.2 循环语句

循环语句是一种重复执行的程序结构，其基本操作为在指定的条件下多次重复执行一组语句，被重复执行的这组语句称为循环体。

1. while 循环

while 循环多用于事先不确定循环次数的情况。其基本的语法格式如下：

```
while (条件表达式)
{
    〈语句块〉
    [break;]      循环体
    〈语句块〉
}
```

执行流程为：首先计算条件表达式的值，如果为 true，则执行循环体部分；然后再次计算条件表达式的值，如果为 true，则重复执行循环体部分……，重复上述过程，直至条件表达式的值为 false，则退出 while 循环。在执行 while 循环体的过程中，如果遇到 break 语句，则可以提前退出 while 循环，程序将继续执行 while 循环后面的下一条语句，如图 2-13 所示。

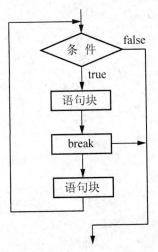

图 2-13　while 循环的执行流程

用 while 循环实现从 1 加到 100 的程序段如下：

```
int  i = 1;              //循环变量初始化
int  sum = 0;            //初始化存储和值的变量
while (i <= 100)         //判断循环条件
{
      sum = sum + i;     //循环累加求和
      i = i + 1;         //使循环趋于结束的语句
}
Response.Write("从 1 加到 100 的和为："+sum + "<br/>");
```

程序在运行时将输出字符串"从 1 加到 100 的和为：5050"。

说明：

(1) 循环体如果包含一条以上的语句，应用花括号将其括起来。

(2) 循环最终都要退出，否则会形成死循环(异常情况)。在循环体内应有一个专门用来改变条件表达式值的语句，以使随着循环的执行，条件表达式趋于不成立，最后达到退出循环。该语句能够使条件表达式的值最终变为 false，因而称之为"使循环趋于结束的语句"。

(3) while 循环是先判断条件，后执行循环体，如果条件表达式的值在第一次执行循环时就为 false，那么循环体将 1 次也不能被执行。

(4) break 语句除了可以用于 while 循环中，也可以用于其他循环语句中。break 通常是同选择结构一起出现在循环语句中，用来实现当满足某一条件时提前退出循环。请参考下面程序段。

```
int  i = 1;
int  sum = 0;
while (i <= 100)
{
    sum = sum + i;
    if (i>=50)
        break;                    //提前结束循环
    i = i + 1;
}
Response.Write("累加的和为："+sum + "<br/>");
```

程序在运行时将输出字符串"累加的和为：1275"。这是因为在程序执行的过程中(i=50时)遇到了 break 语句，使程序提前退出 while 循环，因而只能求得从 1 累加到 50 的和。

2. Do…while 循环

和 while 循环一样，do…while 循环也多用于事先不确定循环次数的情况；与 while 循环不同的是，do…while 循环先执行循环体，后判断条件。其基本的语法格式如下：

```
do
{
    〈语句块〉
    [break;]          循环体
    〈语句块〉
} while (条件表达式);
```

执行流程为：首先执行循环体语句，然后计算条件表达式的值，如果为 true，则再执行循环体语句；然后再次计算条件表达式的值，如果为 true，则重复执行循环体语句部分……，重复上述过程，直至条件表达式的值为 false，则退出 do…while 循环。在执行 do…while 循环体的过程中，如果遇到 break 语句，则可以提前退出 do…while 循环，程序将继续执行 do…while 循环后面的下一条语句，如图 2-14 所示。

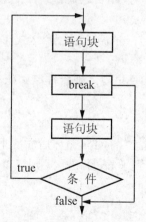

图 2-14 do…while 循环的执行流程

用 do…while 循环实现从 1 加到 100 的程序段如下：

```
int   i = 1;                //循环变量初始化
int   sum = 0;             //初始化存储和值的变量
do
{
    sum = sum + i;          //循环累加求和
    i = i + 1;              //使循环趋于结束的语句
} while (i <= 100) ;        //判断循环条件
Response.Write("从 1 加到 100 的和为："+sum + "<br/>");
```

程序在运行时将输出字符串"从 1 加到 100 的和为：5050"。

说明：

(1) 循环体如果包含一条以上的语句，应用花括号将其括起来。

(2) 条件表达式后面有一个分号。

(3) do…while 循环先执行循环体，后判断条件，如果条件表达式的值在第一次判断时就为 false，那么循环体也将被执行 1 次，这点与 while 循环不同。

3. for 循环

和 while 循环以及 do…while 循环不同，for 循环用于事先确定循环次数的情况。其基本的语法格式如下：

```
for (表达式 1；表达式 2；表达式 3)
{
        〈语句块〉
        [break;]        循环体
        〈语句块〉
}
```

在 for 循环中，"表达式 1"通常用来设置循环变量的初值，称之为循环初值设置表达式；"表达式 2"用来设置循环执行的条件，称之为判断循环条件表达式；"表达式 3"用来改变循环变量的大小，称之为循环控制表达式。3 个表达式之间使用分号进行分隔。

for 循环的执行流程如下所示。

(1) 计算表达式 1 的值(在整个 for 循环中，表达式 1 只被执行 1 次)，即对循环变量进行初始化；

(2) 计算表达式 2 的值，如果为 true，则执行循环体部分，接着计算并执行表达式 3；如果为 false 则执行(4)；

(3) 重复执行(2)；

(4) 退出 for 循环，程序将继续执行 for 循环后面的下一条语句。

如果在(2)中执行循环体时遇到了 break 语句，则可以提前退出 for 循环，程序将继续执行 for 循环后面的下一条语句。

用 for 循环实现从 1 加到 100 的程序段如下：

```
int i,sum;
for(i = 1, sum=0; i <= 100;i++)
    sum = sum + i;               //如果循环体语句多于 1 条，则必须用花括号括起来
```

```
Response.Write("从 1 加到 100 的和为："+sum + "<br/>");
```

程序在运行时将输出字符串"从 1 加到 100 的和为：5050"。

说明：

(1) 循环体如果包含一条以上的语句，应用花括号将其括起来。

(2) 表达式 2 通常为逻辑表达式或者关系表达式。

(3) 表达式 1、表达式 2 以及表达式 3 可以分别省略，或者同时省略，但三者之间的间隔分号不能省略。表达式 1、表达式 2 以及表达式 3 都省略的情况如下：

```
for(;;)
{
    …                //循环体必须包含有能够退出循环的语句，否则会造成死循环
}
```

在循环体必须包含有能够退出循环的语句，否则会造成死循环，即无法终止的循环。

4. foreach 循环

foreach 循环与 for 循环十分相似，效率比 for 循环高，但灵活性不如 for 循环。主要用于遍历一个集合或者数组中的所有元素，并针对每个元素执行循环体内的代码。其基本语法格式如下：

```
foreach(数据类型 循环变量 in 集合或者数组名称)
{
    〈语句块〉
}
```

说明：

(1) 数据类型是用来声明循环变量的。

(2) 循环变量用于从集合或者数组中依次取出各个元素，该循环变量只能局限于循环体内有效，如果试图改变它的值，都将引发编译错误。

(3) 循环变量的类型通常和集合或者数组元素类型相一致，如果二者类型不一致，则必须显示地将集合或者数组中的元素类型转换为循环变量的类型。

关于 foreach 循环的举例请参见"数组"一节。

5. 循环的嵌套

循环的嵌套又称为多重循环，是指某一个循环结构内又出现另一个或多个循环结构。

嵌套从结构上是容易掌握的，不管对处于哪一层的结构语句而言，使用规则都不变，只需将其内层的结构语句当成一般的语句。不过要注意语句的完整，每个结构语句的子句要相互呼应，不能漏掉；多层嵌套时更要注意分清层次，不能出现相互交叉的情况，即内层的控制语句一定要被完整地包含在外层的控制语句中。书写上最好采用分层递进的书写格式。

 注意

> 多重循环中，内循环变量与外循环变量不能同名。

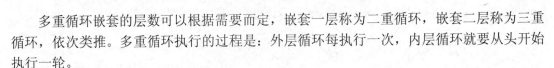

多重循环嵌套的层数可以根据需要而定，嵌套一层称为二重循环，嵌套二层称为三重循环，依次类推。多重循环执行的过程是：外层循环每执行一次，内层循环就要从头开始执行一轮。

【例 2-11】for 循环嵌套示例。

在网站 "2" 中添加窗体 2-11.aspx，在 2-11.aspx.cs 文件中编写程序的主要代码如下：

```
protected void Page_Load(object sender, EventArgs e)
{
int i,j;
for(i=1;i<10;i++)              //循环嵌套，外层循环
{
    for(j=1;j<=i;j++)          //循环嵌套，内层循环
    {
                Response.Write(i+"*" + j +"="+(i*j)+ "\t");
        }
    Response.Write("<br/>");
}
    }
```

程序运行结果如图 2-15 所示。程序中 "\t" 为转义字符，用于产生一个制表符(多个空格组成)。

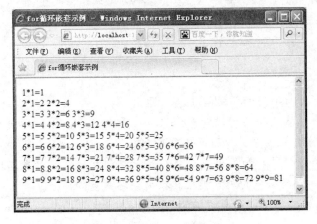

图 2-15　例 2-11 运行结果

2.6.3　其他语句

1. continue 语句

用于循环结构中，实现结束本次循环并开始下一次循环的操作，本次循环循环体中未被执行的语句将不再被执行。例如：

```
int i = 1;
int sum = 0;
while (i <= 100)
    {
```

```
        if (i = = 50)
          {
              i = i + 1;
              continue;                //结束本次循环
          }
        sum = sum + i;
        i = i + 1;
      }
   Response.Write("累加的和为："+sum + "<br/>");
```

程序在运行时将输出字符串"累加的和为：5000"。这是因为在程序执行的过程中(i=50时)遇到了 continue 语句，使程序提前结束本次循环，因而只能求得从 1 累加到 100(中间不包括 50 这一次的累加)的和。

2．goto 语句

goto 语句是一种用于程序流程无条件跳转的语句，使用 goto 语句的前提是需要在程序中加入标签。其基本的语法格式如下：

```
    ⋮
goto <labelName>;
    ⋮
<labelName>:
    ⋮
```

说明：

(1) <labelName>表示标签名，当程序执行到 goto 语句时，便会跳转到标签所在的位置处执行，goto 语句与标签之间的语句将不再被执行。

(2) 虽然 goto 语句能够使程序员很方便地控制程序的转向，但是过多使用 goto 语句会造成程序结构的混乱，导致软件维护变得十分困难，所以建议尽量不要使用 goto 语句。

例如：

```
int  i = 1;
int  sum = 0;
while (i <= 100)
{
sum = sum + i;
    if (i>=50)
        goto label1;                //转到 label1 位置处继续执行
        i = .i + 1;
    }
label1:Response.Write("累加的和为："+sum + "<br/>");
```

程序在运行时将输出字符串"累加的和为：1275"。这是因为在程序执行的过程中(i=50时)遇到了 goto 语句，从而使程序转到"label1"标签处执行，即输出从 1 累加到 50 的结果，后续的循环将不再被执行。

3．return 语句

return 语句用于终止它所在的方法的执行，并将控制权返回给调用方法。同时 return 语句可以将需要的值返回，如果方法为 void 类型，则可以省略 return 语句。return 语句可以出现在方法的任何位置，一个方法中也可以出现多个 return 语句，但只有一个会被执行。当 return 语句后面什么都没有时，其返回的类型为 void。

例如：

```
int  i;
for(i=1;i<10;i++)
{
        if (i==5)
        {
              Response.Write("i的值是: "+i + "<br/>");
return;                        //终止当前方法的执行
        }
        if (i==9)
         {
              Response.Write("i的值是: "+i + "<br/>");
         }
    }
```

程序在运行时将输出字符串"i的值是：5"。这是因为在程序执行第一个 if 语句时，遇到了 return 语句，该语句可以终止所在方法的执行，所以程序中第二个 if 语句将不能被执行，而此时 return 语句返回的类型为 void。

2.7 数　　组

数组是一组相同类型的变量的集合，数组中的每个数据称为数组的元素，元素在数组中按线性顺序排列。用数组名代表逻辑上相关的一批连续数据，每个元素用下标变量来区分；下标变量代表元素在数组中的位置，下标从零开始。高级语言中，可以定义不同维数的数组。所谓维数，是指一个数组中的元素需要用多少个下标变量来确定。数组可分为一维数组、二维数组和多维数组等。

在 C#中，数组是一种引用类型，即数组是一个存储一系列元素位置的对象。数组能够容纳元素的数量即数组的长度是由数组的维数和每一维的大小共同确定的。

2.7.1　一维数组

有一个下标的数组称为一维数组。

1．声明一维数组

一维数组在使用前需要先声明。其基本语法格式如下：

```
数据类型 [] 数组名;
```

说明:

(1) 数据类型表示数组中元素的类型, 它可以是 C#中任何合法的数据类型, 其中也包括数组类型。

(2) 数组名的命名规则和变量名命名规则一致。

(3) 方括号 "[]" 是数组的标志, 和其他语言有所差别, C#声明数组时方括号应在数组名的前面。

(4) 因为数组是一种引用类型, 声明数组只是声明了一个用来操作该数组的引用, 实际上数组元素此时并未被分配内存空间, 因而在声明数组时方括号的内容为空。

声明一维数组的举例如下:

```
int [] myArray;
string [] mySecArray;
```

2. 创建一维数组

声明一维数组后, 必须为数组中的元素分配内存, 即创建数组。创建一维数组的语法格式如下:

```
数组名 = new 数据类型[数组元素个数];
```

或者将数组的声明和创建合为一起, 形式如下:

```
数据类型 [] 数组名 = new 数据类型[数组元素个数];
```

说明:

(1) 使用 new 运算符来创建数组。

(2) 数组元素个数即数组的长度, 应是一个大于 0 的整数。

例如:

```
int [] myArray;                    //声明数组 myArray
myArray = new int[5];              //创建数组 myArray
```

或者

```
int [] myArray = new int[5];       //声明和创建数组 myArray
```

与 C 和 C++不同, C#数组长度可以动态确定, 例如:

```
int length=5;
int [] myArray;
myArray = new int[length];         //动态确定数组长度
```

或者

```
int length=5;
int [] myArray = new int[length];  //动态确定数组长度
```

3. 数组元素赋值

创建数组之后, 就可以通过下标来访问数组中的元素, 例如:

```
int [] myArray;
myArray = new int[5];
```

上例创建了一维数组 myArray，包含 5 个元素，这 5 个元素分别为：myArray[0]、myArray[1]、myArray[2]、myArray[3]和 myArray[4]。

实际使用数组时，每个数组元素应有一个具体的值。如何使一个数组元素获得值，有以下几种方法。

(1) 创建数组之后每个元素有一个默认值，数值元素的默认值为 0。例如：

```
int [] myArray;
myArray = new int[5];                //每个元素的值都为 0
```

上例中数组中 5 个元素的值均为 0。

(2) 创建数组时可以给数组元素指定初始值。例如：

```
int [] myArray = new int[5]{1,2,3,4,5};
```

或者

```
int [] myArray;
myArray = new int[5]{1,2,3,4,5};
```

说明：

① 数组大小必须与大括号中的元素个数相匹配，否则会产生编译错误。

② 方括号内用于指定数组元素个数的表达式必须是常量表达式，不能是变量，例如，下面的使用方法是错误的。

```
int length=5;
int [] myArray = new int[length]{1,2,3,4,5};    //错误
```

或者

```
int length=5;
int [] myArray;
myArray = new int[length]{1,2,3,4,5};            //错误
```

③ 因为要求数组大小必须与大括号中的元素个数相匹配，所以在上述形式中，数组大小可以省略。例如：

```
int [] myArray = new int[]{1,2,3,4,5};
```

或者

```
int [] myArray;
myArray = new int[]{1,2,3,4,5};
```

(3) 对于(2)，还有一种更加简洁的写法，即可以省略 new 运算符和数组的长度，改变后的形式如下：

```
int [] myArray = {1,2,3,4,5};
```

说明：

① 此时编译器将根据初始值的数量来计算数组的长度并创建数组。

② 注意以下的使用方法是错误的。

```
int [] myArray;
myArray = {1,2,3,4,5};          //错误
```

(4) 使用 for 循环依次给一维数组元素赋值。例如：

```
int [] myArray = new int[5];
for(int i=0;i<5;i++)
{
    myArray[i]=i+1;              //给数组 myArray 元素赋值
}
```

4. 一维数组举例

【例 2-12】一维数组举例。

在网站"2"中添加窗体 2-12.aspx，在 2-12.aspx.cs 文件中编写程序的主要代码如下：

```
protected void Page_Load(object sender, EventArgs e)
{
    string [] mySecArray = new string[6]{ "北京", "哈尔滨", "上海", "天津",
"深圳", "重庆" };
    for (int i = 0; i < mySecArray.Length; i++)
    {
        Response.Write(mySecArray[i] + "<br/>");
    }
}
```

程序运行结果如图 2-16 所示。C#语言中数组类型是从 System.Array 类派生出来的，所以每个数组都可以使用 Array 类中的属性和成员。本例中 Length 属性就是在 Array 类中定义的，其功能是返回当前数组中元素的个数。

图 2-16　例 2-12 运行结果

上例也可以用 foreach 循环实现，具体代码如下：

```
protected void Page_Load(object sender, EventArgs e)
{
        string [] mySecArray = new string[6]{ "北京", "哈尔滨", "上海", "天津",
"深圳", "重庆" };
        foreach (string str in mySecArray)
        {
                Response.Write(str + "<br/>");
        }
}
```

2.7.2　二维数组

有两个下标的数组称为二维数组，表格、矩阵等都是用二维数组来描述。

1. 声明二维数组

二维数组在使用前需要先声明。其基本语法格式如下：

```
数据类型 [,] 数组名;
```

关于格式项的说明请参见一维数组，例如：

```
int [,] myDouArray;
string [,] mySecDouArray;
```

2. 创建二维数组

创建二维数组的语法格式如下：

```
数组名 = new 数据类型[第一维长度，第二维长度];
```

或者将数组的声明和创建合为一起，形式如下：

```
数据类型 [] 数组名 = new 数据类型[第一维长度，第二维长度];
```

例如：

```
int [,] myDouArray;                        //声明数组 myDouArray
myDouArray = new int[2,2];                 //创建数组 myDouArray
```

或者

```
int [,] myDouArray = new int[2,2];         //声明和创建数组 myDouArray
```

说明： 声明和创建二维数组时，在方括号"[ ]"中需要使用一个逗号，依次类推，使用更多的逗号则可以创建二维以上的数组。例如，声明和创建一个三维数组的形式如下：

```
int [,,] myThirArray = new int[2,2,2];     //声明和创建三维数组 myThirArray
```

实际中最常用的数组是一维和二维数组，只要熟悉它们，三维及三维以上的数组类似，这里就不再赘述。

3. 数组元素赋值

创建数组之后，就可以通过下标来访问数组中的元素，例如：

```
int [,] myDouArray;
myDouArray = new int[2,2];
```

上例创建了二维数组 myDouArray，包含 4 个元素，这 4 个元素分别为：myDouArray [0,0]、myDouArray [0,1]、myDouArray [1,0]和 myDouArray [1,1]。

如何使二维数组中每一个数组元素获得值，有以下几种方法。

(1) 创建数组之后每个元素有一个默认值，数值元素的默认值为 0。例如：

```
int [,] myDouArray;
myDouArray = new int[2,2];              //每个元素的值都为 0
```

上例中数组中 4 个元素的值均为 0。

(2) 创建数组时可以给数组元素指定初始值。例如：

```
int [,] myDouArray = new int[2,2]{{1,2},{3,4}};
```

或者

```
int [,] myDouArray;
myDouArray = new int[2,2]{{1,2},{3,4}};
```

说明：

① 大括号嵌套的级别应与数组的维数相同。外层的嵌套与第一维对应，内层的嵌套则与第二维对应。数组中每个维的长度与相应嵌套级别中元素的个数相同。

② 在上述形式中，数组每一维的长度可以省略。例如：

```
int [,] myDouArray = new int[,]{{1,2},{3,4}};
```

或者

```
int [,] myDouArray;
myDouArray = new int[,]{{1,2},{3,4}};
```

(3) 对于(2)，还有一种更加简洁的写法，即可以省略 new 运算符和数组的每一维的长度，改变后的形式如下：

```
int [,] myDouArray ={{1,2},{3,4}};
```

说明：

① 此时编译器将根据初始值的数量来计算数组的维数和每一维的长度并创建数组。

② 注意以下的使用方法是错误的。

```
int [,] myDouArray;
myDouArray ={{1,2},{3,4}};              //错误
```

(4) 使用 for 循环嵌套依次给二维数组元素赋值。例如：

```
int [,] myDouArray = new int[2,2];
for(int i=0;i<2;i++)
```

```
{
  for(int j=0;j<2;j++)
  {
      myDouArray [i,j]=i+j;              //给数组 myDouArray 元素赋值
  }
}
```

4. 二维数组举例

【例 2-13】二维数组举例。

在网站 "2" 中添加窗体 2-13.aspx，在 2-13.aspx.cs 文件中编写程序的主要代码如下：

```
protected void Page_Load(object sender, EventArgs e)
{
      string[,] myStrArray = new string[2, 2] { { "千山鸟飞绝", "万径人踪灭" },
                                                { "孤舟蓑笠翁", "独钓寒江雪" } };
      for (int i = 0; i < 2; i++)
      {
         for (int j = 0; j < 2; j++)
         {
             Response.Write(myStrArray[i,j]+"\t");
                                        //循环输出二维数组中的每个元素
         }
         Response.Write ("</br>");
      }
}
```

程序运行结果如图 2-17 所示。

图 2-17 例 2-13 运行结果

实际使用中还涉及多重数组，即数组中的数组。另外，数组还可以作为参数，用于程序间的数据传递。关于这些知识，读者请参考其他资料。

2.8 面向对象编程

面向对象程序设计简称为 OOP(Object-Oriented Programming)，是程序开发的一个里程碑，该项技术是目前应用最广泛的程序设计方法，几乎已经完全取代了过去的面向过程编程方法。

2.8.1 面向对象概念

面向对象的思想是将客观事物看做具有属性和行为的对象，通过抽象找出同一类对象的共同属性(静态特征)和行为(或称为方法，动态特征)形成类。通过类的继承和多态可以很方便地实现代码重用，大大地缩短了软件开发周期，并使得软件风格统一。面向对象编程使程序能够比较直接地反映问题域的本来面目，软件开发人员能够利用人类认识事物所采用的逻辑思维来进行软件开发。

1. 类

人们认识客观世界经常采用的思维方法是把众多的事物归纳并划分成一些类。分类依据的原则是抽象，即忽略事物的非本质特征，只注重那些与当前目标有关的本质特征，从而可以找出事物的共性，具有共同性质的事物即可被划分为一类。例如，人、汽车、鸟都可以看做客观世界的一个分类。

面向对象中的类是具有相同属性和行为(方法)的一组对象的集合。

2. 对象

对象是类的一个实例，是对类的一个具体化的描述。类和对象的关系可以比喻为模具与铸件之间的关系，利用一个模具可以铸造出多个铸件。例如，"人类"可以细分为"张三"、"李四"等、汽车类可以细分为卡车和吉普车等、鸟类可以细分为大雁和鹦鹉等。

面向对象中的对象具有自己的属性和行为(方法)。属性是用来描述对象静态特征的数据项，行为是用来描述对象动态特征的操作序列。例如，"李四"是"人类"的一个对象，"名字"、"身高"等可以看成是其属性，而诸如"吃饭"、"洗澡"等可以看成是其方法。

2.8.2 面向对象特性

面向对象的基本思想就是使用类、对象、封装、继承和多态性等来完成应用程序的开发。

1. 封装性

封装就是把隐藏的属性和行为结合成一个独立的系统单位，并尽可能隐藏对象的内部细节，对外形成一道屏障，只保留有限的接口使之与外部发生联系。

在面向对象程序设计中，当为了实际的某些应用而定义了一个类后，开发人员可以不了解类内每句代码的具体含义，只需通过对象调用类内的相应属性和方法实现预期的功能即可，这便是类的封装性。

例如，开卡车的司机可以不了解卡车的内部构造原理，他所要做的只需开动卡车完成要求的生产任务即可。

2. 继承性

继承是面向对象技术能够提高软件开发效率的重要原因之一，它可以实现代码的重用。在面向对象程序设计中，如果特殊类的对象拥有其一般类的全部属性和服务，便称特殊类对一般类的继承。

例如，人们在熟知了汽车的特征之后再了解卡车特征时，因为知道卡车也属于汽车中的一种，因而可以认为卡车应当具有汽车的全部一般特征，下面所做的只需是将精力专注于用于发现和描述卡车那些独有的特征上。

又如，儿子像父亲，便是儿子继承了父亲的一些体貌特征。

3. 多态性

在面向对象程序设计中，特殊类继承一般类，特殊类除了具有一般类的属性和行为，还可以根据具体情况增加一些属性和行为，即允许特殊类具有自己的特征，这便是多态性。

例如，儿子继承了父亲的一些体貌特征，和父亲很相像，但继承母亲的那些体貌特征又和父亲不像，这说明儿子还有一些他自身的特点。

2.8.3 创建类和成员

1. 类的创建方法

在 Visual Studio 2010 中开发网站，如果创建了一个新类，将会把类文件存储到网站所在目录下"App_Code"文件夹中。利用 Visual Studio 创建一个类的具体步骤如下所示。

(1) 启动 Microsoft Visual Studio 2010 程序。选择【文件】→【新建】→【网站】命令，在弹出的【新建网站】对话框中，选择【ASP.NET 空网站】模板，单击【浏览】按钮设置网站存储路径，单击【确定】按钮，完成新网站的创建工作。

(2) 然后选择【网站】→【添加新项】命令，在弹出的【添加新项】对话框中，选择【Web 窗体】项，单击【添加】按钮即可。

(3) 选择【网站】→【添加新项】命令，在弹出的【添加新项】对话框中，选择【类】项，如图 2-18 所示。注意：此时添加的类命名为"ClassTeacher.cs"(类名是以.cs 作为扩展名的)。

图 2-18　添加类的界面

(4) 在图 2.18 中单击，单击【添加】按钮，会弹出一个提示对话框，如图 2-19 所示，提示用是否选择"App_Code"文件夹作为类的存放目录，选择【是】即可。

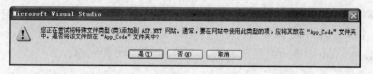

图 2-19　选择是否将类存放于"App_Code"文件夹内

(5) 经过上述步骤之后，在"解决方案资源管理器"窗口就会自动添加一个"App_Code"文件夹，文件夹中包含刚才生成类 ClassTeacher.cs，如图 2-20 所示。同理在网站文件夹中也会自动生成 App_Code 文件夹，文件中包含有 ClassTeacher.cs 文件。

打开 ClassTeacher.cs 文件，其基本形式如图 2-21 所示。其中上半部分为默认网页所引用的命名空间(参见 2.1.4 节)，而下半部分为要编写的类的程序代码。

图 2-20　App_Code 文件夹

图 2-21　ClassTeacher.cs 文件内容

根据图 2-21 所示，可以得出创建类的基本语法格式如下：

```
类修饰符 class 类名
{
    //类的成员定义
}
```

说明：

(1) 使用关键字 class 创建类。

(2) 类名的命名规则和变量名的命名规则相同。通常类名中每个独立单词的开头字母均大写。

(3) 类修饰符用来定义类和类成员的可访问性，即类在被访问时受修饰符的限制，用不同的类修饰符修饰的类具有不同的访问权限。常用的类修饰符的名称和含义如下所示。

① public: public 修饰的类是公共访问类，其访问权限最高，可以被任何其他类所访问。

② protected: protected 修饰的类是受保护类，只能被其自身或者派生类来访问。

③ private: private 修饰的类是私有类，其访问权限是最低的，只能被其自身所访问。

④ internal: internal 修饰的类是可以内部访问的类，只有在同一程序集之间的类才能够访问。

⑤ new: 只允许在嵌套类声名时使用，表示类中隐藏了由基类继承而来的、与基类中同名的成员。

⑥ abstract: abstract 修饰的类是抽象类，该类是一个不完整的类，只有声明而没有具体的实现。抽象类不允许建立类的实例，只能被其他类继承。

⑦ sealed: sealed 修饰的类是密封类，不允许被其他类继承。

 注意

> 在创建类时，同一类修饰符不允许出现多次，但不同的类修饰符可以进行组合使用。

例如，按上述格式定义一个教师类，并在其内部添加 3 个数据成员(在类中声明的变量，用于存储数据)：教师姓名、教师年龄和教师性别。代码如下：

```
public class ClassTeacher
{
    public string teaName;          //教师姓名
    public int    teaAge;           //教师年龄
    public char   teaSex;           //教师性别
}
```

2. 创建对象

对象是类的实例，创建类的对象就等价于创建一个类的实例。创建对象使用 new 关键字来实现，具体的语法格式如下：

```
类名  对象名 = new 类名();
```

其中对象名的命名规则和变量名的命名规则相同，例如：

```
ClassTeacher  firTeacher = new ClassTeacher ();
```

上面代码便实现了创建类 ClassTeacher 的对象 firTeacher。

3. 类的字段

字段即类的数据成员，即在类中声明的用于存储数据的变量，字段又称为成员变量或域。例如，在上述类 ClassTeacher 中声明了 3 个字段 teaName、teaAge 和 teaSex。

1) 声明字段

声明字段的语法格式如下：

```
修饰符  数据类型  字段名称;
```

其中字段命名规则和变量的命名规则相同。修饰符可以是 public、protected、private、static 或者 readonly 等。static 表示静态字段，readonly 表示只读字段。

例如，在 ClassTeacher 中声明一个出生日期的字段，代码如下：

```
public class ClassTeacher
{
    public string teaName;              //教师姓名
    public int     teaAge;              //教师年龄
    public char    teaSex;              //教师性别
    public DateTime teaBirthday;        //教师出生日期
}
```

2) 访问字段

访问字段的语法格式如下：

对象名称.字段名称;

例如，可以利用 ClassTeacher 创建的对象 firTeacher 来访问类的字段，代码如下：

```
ClassTeacher  firTeacher = new ClassTeacher ();       //创建类的对象
firTeacher.teaName = "张学友";                //访问"教师姓名"并赋值
firTeacher.teaAge = 46;                       //访问"教师年龄"并赋值
firTeacher.teaSex = "男";                     //访问"教师性别"并赋值
firTeacher.teaBirthday = new DateTime(1965, 2, 8); //访问"出生日期"并赋值
Response.Write(firTeacher.teaName+"\t");
Response.Write(firTeacher.teaAge + "\t");
Response.Write(firTeacher.teaSex + "\t");
Response.Write(firTeacher.teaBirthday.ToString("yyyy-MM-dd") + "<br/>");
```

上述代码运行时，输出的字符串为"张学友 46 男 1965-02-08"。

(3) static 字段

static 修饰的字段称为静态字段，而其他修饰符修饰的字段称之为实例字段。静态字段在内存中是唯一存在的，当类第一次被创建对象时，这个字段就会被建立，以后利用该类再创建对象时，将不再重复建立该静态字段。因而静态字段数据类为类的所有对象所共享。静态字段只能通过类来访问，而实例字段只能通过对象来访问。

【例 2-14】static 字段举例。

定义一个类 ClassStatic，代码如下：

```
public class ClassStatic
{
    public int varNonStatic;            //声明一个实例字段
    public static int varStatic;        //声明一个静态字段
}
```

在网站"2"中添加窗体 2-14.aspx，在 2-14.aspx.cs 的 Page_Load 事件中编写代码如下：

```
protected void Page_Load(object sender, EventArgs e)
{
    ClassStatic class1 = new ClassStatic();
    class1.varNonStatiC++;              //实例字段通过对象访问
    ClassStatic.varStatiC++;            //静态字段通过类名访问
    Response.Write(class1.varNonStatic + "<br/>"); //输出结果为1
```

```
    Response.Write(ClassStatic.varStatic + "<br/>");        //输出结果为 1
    ClassStatic class2 = new ClassStatic();
    class2.varNonStatiC++;                      //实例字段通过对象访问
    ClassStatic.varStatiC++;                    //静态字段通过类名访问
    Response.Write(class2.varNonStatic + "<br/>");          //输出结果为 1
    Response.Write(ClassStatic.varStatic + "<br/>");        //输出结果为 2
    ClassStatic class3 = new ClassStatic();
    class3.varNonStatiC++;                      //实例字段通过对象访问
    ClassStatic.varStatiC++;                    //静态字段通过类名访问
    Response.Write(class3.varNonStatic + "<br/>");          //输出结果为 1
    Response.Write(ClassStatic.varStatic + "<br/>");        //输出结果为 3
}
```

程序运行结果如图 2-22 所示。静态字段 varStatic 为 class1、class2、class3 3 个对象所共享，所以其值不断累加；而实例字段 varNonStatic 并没有这种特性，每次新创建一个对象时都要被初始化。

图 2-22 例 2-14 运行结果

注意

static 修饰符除了可以修饰字段外，还可用于类、方法、属性、运算符、事件和构造函数，但不能用于索引器、析构函数或类以外的类型。

4) readonly 字段

readonly 修饰的字段称为只读字段，只读字段可以由初始化赋值语句赋值，或者在同一类的构造函数中赋值。在类外部访问该字段时只能读取其数据，但不可以对其进行修改。

【例 2-15】 readonly 字段举例。

定义一个类 ClassReadonly，代码如下：

```
public class ClassReadonly
{
    public readonly int varReadonly=100;                     //声明一个只读字段
}
```

在网站"2"中添加窗体 2-15.aspx，在 2-15.aspx.cs 的 Page_Load 事件中编写代码如下：

```
protected void Page_Load(object sender, EventArgs e)
{
    ClassReadonly class1 = new ClassReadonly;
    Response.Write(class1. varReadonly + "<br/>");        //输出结果为 100
    class1.varReadonly ++;                    //错误，只读字段不能被修改其值
}
```

上例运行时，会在"错误列表"窗口显示出错误信息，如图 2-23 所示。

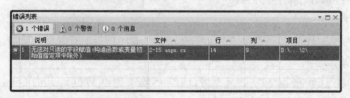

图 2-23　例 2-15 错误提示信息

4. 类的方法

方法就是把执行特定功能的代码组合到一起。

1) 声明方法

声明方法的基本语法格式如下：

```
修饰符　返回值数据类型　方法名(参数列表)
{
    //实现具体功能的方法代码
}
```

说明：

"修饰符"和创建类的修饰符相似，方法名的命名规则和变量名的命名规则一致。

例如，在类 ClassTeacher 中声明一个方法 giveAge，声明方法时带有一个参数 age，代码如下：

```
public class ClassTeacher
{
    public string teaName;              //教师姓名
    public int    teaAge;              //教师年龄
    public char   teaSex;              //教师性别
    public DateTime teaBirthday;        //教师出生日期
    public void giveAge(int age)        //声明一个带参数的方法
    {
        teaAge= age;
    }
}
```

2) 访问方法

访问方法又称为调用方法，通常使用对象来访问方法，其基本的语法格式如下：

对象名.方法名(实际参数列表);

如果实际参数列表中包含有多个参数,各个参数之间使用逗号分隔开。

例如,上面在类 ClassTeacher 中声明了一个方法 giveAge,下面在页面中访问该方法,代码如下:

```
ClassTeacher firTeacher = new ClassTeacher();        //创建类的对象
firTeacher.giveAge(31);                              //访问方法 giveAge
Response.Write(firTeacher.teaAge + "\t");
```

程序运行时,输出的结果为 31。

3) 方法类型

方法可以分为 3 种类型:无返回值方法、有返回值方法和带参数方法。当然方法还有其他的分类标准。

(1)无返回值方法。根据方法要实现的功能不要求返回数据,此时返回值的类型可以声明为 void。因为不要返回值,所以在这些方法中不使用 return 关键字。

例如,在类 ClassTeacher 中声明一个给教师命名的方法 giveName,该方法无返回值,即返回值为 void,代码如下:

```
public class ClassTeacher
{
    public string teaName;            //教师姓名
    public int    teaAge;             //教师年龄
    public char   teaSex;             //教师性别
    public DateTime teaBirthday;      //教师出生日期
    public void giveName()            //声明一个无返回值的方法,参数为空
    {
        teaName= "郭富城";
    }
}
```

在页面中访问 giveName 方法,代码如下:

```
ClassTeacher firTeacher = new ClassTeacher();        //创建类的对象
firTeacher.giveName();                               //访问方法 giveName
Response.Write(firTeacher.teaName + "\t");
```

程序运行时,输出的字符串为"郭富城"。

(2) 有返回值方法。根据方法要实现的功能要求返回数据,即此时方法的返回值类型不能为 void。这些方法通过 return 语句返回值,而且 return 语句返回值的类型必须和声明方法时的返回值类型一致。

例如,在类 ClassTeacher 中声明一个给教师命名的方法 giveNameSec,并且把教师姓名返回,代码如下:

```
public class ClassTeacher
{
    public string teaName;            //教师姓名
```

```
    public int    teaAge;              //教师年龄
    public char   teaSex;              //教师性别
    public DateTime teaBirthday;       //教师出生日期
    public string giveNameSec()        //声明一个有返回值的方法，不带参数
    {
            teaName="黎明";
            return teaName;            //使用 return 返回值
    }
}
```

在页面中访问 giveNameSec 方法，代码如下：

```
ClassTeacher firTeacher = new ClassTeacher();          //创建类的对象
Response.Write(firTeacher.giveNameSec() + "\t");       //访问方法 giveNameSec
```

程序运行时，输出的字符串为"黎明"。

（3）带参数方法。根据方法要实现的功能要求声明方法时带参数，如果参数有多个，则每个参数之间使用逗号间隔开。

例如，在类 ClassTeacher 中声明一个方法 usePara，声明方法时带有两个参数 name 和age，代码如下：

```
public class ClassTeacher
{
    public string teaName;                         //教师姓名
    public int    teaAge;                          //教师年龄
    public char   teaSex;                          //教师性别
    public DateTime teaBirthday;                   //教师出生日期
    public void usePara(string name,int age)       //声明一个带参数的方法
    {
            teaName= name;
            teaAge= age;
    }
}
```

在页面中访问 usePara 方法，代码如下：

```
ClassTeacher firTeacher = new ClassTeacher();          //创建类的对象
firTeacher.usePara("周润发", 55);                        //访问方法 usePara
Response.Write(firTeacher.teaName + "\t");
Response.Write(firTeacher.teaAge + "</br>");
```

程序运行时，输出的字符串为"周润发 55"。

C#方法的参数有 4 种类型：值参数、引用参数、输出参数和参数数组。

① 值参数：未使用任何修饰符修饰的参数称为值参数。值参数在方法被调用时创建，通过接收实际参数传来的值进行初始化。例如，上述方法 usePara 定义的参数 name 和 age 便是值参数，该方法被调用时，参数 name 接收的值为"周润发"，而参数 age 接收的值为"55"。

② 引用参数：用 ref 修饰符修饰的参数称为引用参数。引用参数相当于实际参数的别名，在方法内部对引用参数的修改将直接影响相应实际参数的值。引用参数要求在方法被

调用前完成初始化工作。

【例2-16】引用参数举例。

定义一个类 ClassPara，代码如下：

```
public class ClassPara
{
    public void swapVal(int oper1,int oper2)        //oper1 和 oper2 为值参数
    {
        int temp;
        temp=oper1; oper1= oper2; oper2=temp;
    }
    public void swapRef(ref int oper1,ref int oper2)    //oper1 和 oper2 为引用参数
    {
        int temp;
        temp=oper1; oper1= oper2; oper2=temp;
    }
}
```

在网站"2"中添加窗体 2-16.aspx，在 2-16.aspx.cs 的 Page_Load 事件中编写对 swapVal 和 swapRef 方法进行调用的代码，具体如下：

```
protected void Page_Load(object sender, EventArgs e)
{
    int x=100,y=200;
    ClassPara class1 = new ClassPara();
    Response.Write("值参数和引用参数举例，调用前: x="+x+"; "+"y=" +y+ "<br/>");
    class1. swapVal(x,y) ;                 //调用值参数方法
    Response.Write("值参数方法调用之后: x="+x+"; "+"y=" +y+ "<br/>");
    class1. swapRef (ref x,ref y) ;            //调用引用参数方法
    Response.Write("引用参数方法调用之后: x="+x+"; "+"y=" +y+ "<br/>");
}
```

图 2-24　例 2-16 运行结果

使用值参数，参数值在方法中的改变不会影响到相应的实际参数；而使用引用参数，参数值在方法中的改变将会直接影响到对应实际参数的变化。程序的运行结果如图 2-24 所示。

③ 输出参数：用 out 修饰符修饰的参数称为输出参数。和引用参数类似，在方法内部对输出参数的修改将直接影响相应实际参数的值。与引用参数不同的是，输出参数不要求在调用方法前完成初始化，而是必须在方法内部完成该参数的初始化工作。

例如，在上述类 ClassPara 中定义输出参数方法 swapOut，代码如下：

```
public class ClassPara
{
    public void swapOut(int oper1, out int oper2)  // oper2 为输出参数
```

```
    {
        oper2= oper1*9;                        //在方法内部为输出参数 oper2 赋值
    }
}
```

在页面代码中对 swapOut 方法进行调用，代码如下：

```
protected void Page_Load(object sender, EventArgs e)
    {
        int x=100;
        int varOut;
        ClassPara class1 = new ClassPara();
        class1. swapOut (x,out varOut) ;         //调用输出参数方法
        Response.Write("输出参数方法调用之后: varOut ="+ varOut + "<br/>");
    }
```

程序运行时，输出的字符串为"输出参数方法调用之后：varOut =900"。

④ 参数数组：用 params 修饰符修饰的参数称为参数数组，它允许向方法传递个数变化的参数。

【例 2-17】参数数组举例。

在类 ClassPara 中，增加一个方法 swapParams，该方法中含有参数数组，代码如下：

```
public class ClassPara
{
    public int swapParams ( params int [] myArray)     //myArray 为参数数组
    {
        int temp=1;
        for(int i=0;i< myArray.Length;i++)
        {
            temp= temp* myArray[i];
        }
        return temp;
    }
}
```

在网站"2"中添加窗体 2-17.aspx，在 2-17.aspx.cs 的 Page_Load 事件中编写对 swapParams 方法进行调用的代码，具体如下：

```
protected void Page_Load(object sender, EventArgs e)
    {
    int [] firstArray=new int[3]{5,10,20};
    int [] secondArray=new int[4]{3,5,10,20};
    ClassPara class1 = new ClassPara();
    Response.Write(" 第一个参数数组方法输出值为： " + class1. swapParams
(firstArray) + "<br/>");                  //第一次调用参数数组方法并输出结果
    Response.Write(" 第二个参数数组方法输出值为： " + class1. swapParams
(secondArray) + "<br/>");                 //第二次调用参数数组方法并输出结果
    }
```

　　程序中两次调用参数数组方法 swapParams，但两次调用传递数组的长度并不相同，第一次调用时数组长度为 3，第二次调用时数组长度为 4，程序的运行结果如图 2-25 所示。

图 2-25　例 2-17 运行结果

4) 静态方法

　　使用 static 修饰符修饰的方法称为静态方法，而使用其他修饰符修饰的方法称为实例方法。静态方法只可以操作静态字段，而实例方法既可以操作静态字段，也可以操作实例字段。静态方法可以方便地为整个应用程序提供特定的功能，只能通过类来访问，而实例方法只能通过对象来访问。

【例 2-18】 静态方法举例。

　　定义一个类 ClassStaticMethod，代码如下：

```
public class ClassStaticMethod
{
    public int nonStatic;                    //定义一个实例字段
    public static int isStatic;              //定义一个静态字段
    public int add_nonStatic()               //定义一个实例方法
    {
        nonStatiC++;                         //实例方法可以访问实例字段
        return nonStatic;
    }
    public static int add_isStatic()         //定义一个静态方法
    {
        isStatiC++;                          //静态方法只可以访问静态字段
        return isStatic;
    }
}
```

　　在网站 "2" 中添加窗体 2-18.aspx，在 2-18.aspx.cs 的 Page_Load 事件中编写代码如下：

```
protected void Page_Load(object sender, EventArgs e)
{
    ClassStaticMethod class1 = new ClassStaticMethod();
                                        //通过对象调用实例方法
    Response.Write("实例方法的返回值为: " + class1.add_nonStatic() + "<br/>");
```

```
                                        //通过类名调用静态方法
    Response.Write("静态方法的返回值为: " + ClassStaticMethod.add_isStatic() +
"<br/>");
    ClassStaticMethod class2 = new ClassStaticMethod();
                                        //通过对象调用实例方法
    Response.Write("实例方法的返回值为: " + class2.add_nonStatic() + "<br/>");
                                        //通过类名调用静态方法
    Response.Write("静态方法的返回值为: " + ClassStaticMethod.add_isStatic() +
"<br/>");
    }
```

根据实例字段和静态字段的特点，程序运行结果如图 2-26 所示。

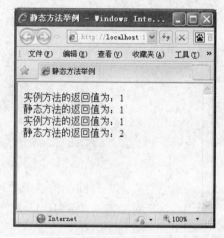

图 2-26　例 2-18 运行结果

5) this 关键字

this 关键字仅限于在类的方法和构造函数中使用。在构造函数中出现的 this 表示对正在构造的对象本身的引用；在类的方法中出现的 this 表示对引用该方法的对象的引用。

【例 2-19】this 关键字举例。

定义类 ClassThis，代码如下：

```
public class ClassThis
{
    public string stuName;                              //学生姓名
    public float stuScore;                              //学生成绩
    public ClassThis(string name, float score)          //构造函数
    {
        //用 this 关键字给正在构造的对象的 stuName 和 stuScore 赋值
        this.stuName = name;
        this.stuScore = score;
    }
    public string outStuInfo()
    {
        //用 this 方法将当前对象传给 FinalScore.CalcScoe 方法，最终输出学生信息
```

```
        return ("学生姓名: " + stuName +"</br>"+"学生卷面成绩: " + stuScore +
"</br>"+"学生最终总成绩: " + FinalScore.CalcScoe(this) + "</br>");
    }
}
```

定义类 FinalScore，代码如下：

```
public class FinalScore
{
    public static float CalcScoe(ClassThis stu1)     //静态方法
    {
        return (stu1.stuScore * 0.7f + 30);          //计算最终成绩并返回
    }
}
```

在网站"2"中添加窗体 2-19.aspx，在 2-19.aspx.cs 的 Page_Load 事件中编写代码如下：

```
protected void Page_Load(object sender, EventArgs e)
{
    ClassThis student1 = new ClassThis("周星驰", 86.0f);
    string resultStr =student1.outStuInfo();
    Response.Write("学生的最终信息为: " + "<br/>" + resultStr + "<br/>");
}
```

图 2-27　例 2-19 运行结果

程序中分别在构造函数和方法中使用 this 关键字，表示对当前对象的引用。程序运行结果如图 2-27 所示。

6) 扩展方法

C# 3.5 中引入了扩展方法。扩展方法用来为现有类型添加方法，以扩展现有的类型。这些类型可以是基本数据类型(如 int、string 等)，也可以是用户自定义的类型。使用扩展方法需要注意以下几个事项。

(1) 声明扩展方法的类必须是静态类，即需使用 static 关键字来创建。

(2) 扩展方法属于静态方法，即需使用 static 关键字来声明。

(3) 声明扩展方法时，第一个参数必须使用 this 关键字来修饰。

(4) 使用扩展类型的变量来调用扩展方法。

(5) 扩展方法可以实现对已存在的数据类型进行扩展，但不要乱用扩展方法。

【例 2-20】扩展方法举例。

定义类 ClassExtenMethod，在该类中定义扩展方法 extenMethod(用于对 string 类型进行扩展)，为了和一般的静态方法区别开，在该类中同时定义了一个一般静态方法 staticMethod，代码如下：

```
public static class ClassExtenMethod
{
    public static string extenMethod(this string str)
                                         //定义扩展方法 extenMethod
    {
        return str;
    }
    public static string staticMethod(string str)
                                         //定义一般静态方法 staticMethod
    {
        return str;
    }
}
```

在网站 "2" 中添加窗体 2-20.aspx，在 2-20.aspx.cs 的 Page_Load 事件中编写代码如下：

```
protected void Page_Load(object sender, EventArgs e)
{
    string firstStr = "扩展方法的使用！";
                                         //扩展方法的调用
    Response.Write("扩展方法的输出结果" + firstStr.extenMethod() + "<br/>");
                                         //一般静态方法的调用
    Response.Write("一般静态方法的输出结果: " + ClassExtenMethod.staticMethod
(firstStr) + "<br/>");
}
```

程序中使用 string 类型变量 firstStr 调用扩展方法，在扩展方法 extenMethod 中 this 关键字相当于是对变量 firstStr 的引用，而一般静态方法 staticMethod 需通过类名 ClassExtenMethod 进行调用。程序运行结果如图 2-28 所示。

图 2-28　例 2-20 运行结果

5. 类的属性

在面向对象程序设计中，类是数据封装的基本单位，类可以将数据成员和操作数据成员的方法结合成一个整体。设计类的思想是不希望直接存取类中的数据成员，而是希望通过方法来存取这些数据成员，这样就可以实现良好的封装特性，C#中的自动属性功能就是为实现数据封装而引入的。

属性是对现实世界中实体特征的抽象，提供了一种对类或者对象特征进行访问的机制。C#中的属性不是指类的数据成员(即字段)，而是指访问这些数据成员的方法，其思想是更好地实现类的封装性，即不直接访问类中的数据成员，而是通过方法来访问这些数据成员。利用属性不仅可以更好地保护数据成员，同时又向外界提供了更加有效的访问方式。

C#中属性定义的基本语法格式如下：

```
修饰符 数据类型 属性名称
{
    get
    {
        //获得属性值的代码
    }
    set
    {
        //设置属性值的代码
    }
}
```

说明:

(1) 修饰符可以是 public、protected、private 或者 internal 等, 这些修饰符限定了用户访问属性的权限。

(2) 属性的命名规则和变量名的命名规则相同。

(3) 属性定义中分为两块: 获取属性值(使用 get 关键字来定义); 设置属性值(使用 set 关键字来定义), 这两块又称为访问器。

(4) 通常一个属性和类中的一个 private 字段相关联, 用于向外界提供访问该私有成员的方法。

(5) 在属性定义中, 如果只有 get 而没有 set, 那么这个属性称为只读属性(只可读出, 不可写入); 如果只有 set 而没有 get, 那么这个属性称为只写属性(只可写入, 不可读出)。

【例 2-21】 属性使用举例。

定义类 ClassSaveMoney, 代码如下:

```
public class ClassSaveMoney
{
    private string userName = "梁朝伟";          //声明 private 字段 userName
    private string moneyBank = "中国建设银行哈尔滨分行";
                                                //声明 private 字段 moneyBank
    private int totalMoney = 10000;             //声明 private 字段 totalMoney
    public string propertyMoneyBank            //通过 get 和 set 设置读写属性
    {
        get { return moneyBank; }
        set { moneyBank = value; }
    }
    public int propertyTotalMoney              //通过 get 和 set 设置读写属性
    {
        get { return totalMoney; }
        set { totalMoney = value; }
    }
    public string propertyUserName             //通过 get 设置只读属性
    {
        get { return userName; }
    }
}
```

在网站"2"中添加窗体 2-21.aspx，在 2-21.aspx.cs 的 Page_Load 事件中编写代码如下：

```
protected void Page_Load(object sender, EventArgs e)
{
    ClassSaveMoney bankUser = new ClassSaveMoney();
    //读出 ClassSaveMoney 类的 propertyUserName 属性值
    Response.Write("存款用户：" + bankUser.propertyUserName + "<br>");
    //设置 ClassSaveMoney 类的 propertyTotalMoney 属性值
    bankUser.propertyTotalMoney = 20000;
    //读出 ClassSaveMoney 类的 propertyMoneyBank 和 propertyTotalMoney 的属性值
    Response.Write("存款银行名称：" + bankUser.propertyMoneyBank + "<br>" + "
存款金额：" +bankUser.propertyTotalMoney + "<br>");
}
```

程序运行结果如图 2-29 所示。

说明：

(1) 上述类中定义的属性分别为 private 字段 userName、moneyBank 和 totalMoney 提供了访问的方法，使用属性定义中的 get 可以直接返回该字段的值。

(2) 属性定义中的 set 用于将外界的数据写入字段。当将外界的数据写入字段时，C#使用 value 关键字表示外界程序传到属性字段上的数据。

(3) 属性的调用方法和字段的访问方法类似，即通过类的对象直接访问。

图 2-29　例 2-21 运行结果

6. 类的索引器

索引器是一种特殊的类成员，其主要功能是使对象能够像数组一样被方便地引用。当一个类包含有数组或者集合成员时，使用索引器将大大简化对数组或集合成员的存取操作。定义索引器的语法格式和定义属性的语法格式比较相似，具体如下：

```
修饰符 数据类型 this[索引器类型 index]
{
    get
    {
        //获得属性值的代码
    }
    set
    {
        //设置属性值的代码
    }
}
```

说明：

(1) 修饰符可以是 public、protected、private、internal、sealed 或者 new 等，但索引器不能定义为 static 类型。

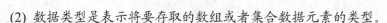

(2) 数据类型是表示将要存取的数组或者集合数据元素的类型。

(3) 索引器类型表示使用哪一种类型的索引来存取数组或者集合的元素，通常为整型。

(4) 索引器没有具体的名字，需要用 this 关键字对对象进行引用。this 表示操作数组或者集合成员的当前对象，可以简单地把它理解成索引器的名字。

【例 2-22】索引器使用举例。

定义类 ClassIndex，代码如下：

```
public class ClassIndex
{
    private string[] myStringArray = new string[5]; //创建类的数组成员
    public string this[int Index]                    //定义索引器
    {
        get
        {
            if (Index < myStringArray.Length)
                return myStringArray[Index];
            else
                return "下标值不合法！";
        }
        set
        {
            if (Index < myStringArray.Length)
                myStringArray[Index] = value;
        }
    }
}
```

在网站 "2" 中添加窗体 2-22.aspx，在 2-22.aspx.cs 的 Page_Load 事件中编写代码如下：

```
protected void Page_Load(object sender, EventArgs e)
{
    ClassIndex objArray = new ClassIndex();
    objArray[0] = "对象1；";                    //对象像数组一样被引用
    objArray[1] = "对象2；";
    objArray[2] = "对象3；";
    objArray[3] = "对象4；";
    objArray[4] = "对象5！";
    Response.Write("输出各个对象的值：" + "<br>" );
    for (int i = 0; i < 6; i++)
    {
        Response.Write(objArray[i] + "<br>");
    }
}
```

程序运行结果如图 2-30 所示。

7．构造函数

　　构造函数是创建类的对象时自动执行的一种特殊方法。当创建一个类时，将自动生成一个构造函数，该构造函数是系统自动帮助开发人员显示出的默认构造函数，参数部分和函数体部分均为空。例如，在本节中，创建类 ClassTeacher 时将自动生成一个默认的构造函数，如图 2-21 所示。

　　构造函数通常具有以下特性。

（1）构造函数的名称和类名相同。

（2）构造函数没有返回类型，并且访问修饰符通常为 public。

图 2-30　例 2-22 运行结果

（3）构造函数主要用于实现对类的对象进行初始化，当访问一个类时，它的构造函数最先被执行。

（4）当使用 new 关键字创建一个类的对象时，系统会自动调用该类的构造函数对对象进行初始化操作。

（5）一个类可以有多个构造函数，如果没有定义构造函数，系统会自动生成一个默认的构造函数。

（6）构造函数可分为实例构造函数和静态构造函数。使用 static 修饰符修饰的构造函数称为静态构造函数，主要用于对类的静态字段进行初始化，其不带有参数，不能被 static 之外的其他修饰符修饰，也不能被调用；使用 static 之外的修饰符修饰(通常使用 public 修饰)的构造函数称为实例构造函数，主要用于对类的对象进行初始化，可以带有参数并能被调用。

　　实际中，用户使用的基本上都是实例构造函数，因而本书主要研究的也是实例构造函数。本书中以后部分如果未作特别说明，所使用的构造函数均指实例构造函数。

　　构造函数的举例如下，首先定义类 ClassInstruFunc：

```
public class ClassInstruFunc
{
    public int myInt1, myInt2;
    public static int myStaticInt;       //静态字段
    public ClassInstruFunc()             //无参数构造函数
    {
        myInt1 = 1;
        myInt2 = 100;
    }
    static ClassInstruFunc()             //静态构造函数
    {
        myStaticInt = 9999;              //对静态字段进行初始化
    }
}
```

在页面中编写代码如下：

```
//定义类的对象，自动执行构造函数，对类的字段进行初始化，并输出各字段的值
ClassInstruFunc instruObj = new ClassInstruFunc();
Response.Write(instruObj.myInt1 + "<br>");
Response.Write(instruObj.myInt2 + "<br>");
Response.Write(ClassInstruFunc.myStaticInt + "<br>");
```

程序运行结果时，将输出 myInt1、myInt2 和 myStaticInt 的值，即 1、100 和 9999。

实际使用中，构造函数可以带有参数并且可以重载，下面首先介绍一下方法重载的含义，然后再介绍关于构造函数重载的知识。

1) 一般方法的重载

方法的重载(overload)是指在同一个类中可以定义多个名称相同的方法。区分重载方法的条件是：不同的参数类型或者不同的参数个数。不能根据方法的返回值类型等其他条件来区分重载方法。调用重载方法时，可以根据参数列表的不同来获取所要调用的方法。一般方法的重载举例如下所示。

【例 2-23】一般方法的重载举例。

定义类 ClassOverload，代码如下：

```
public class ClassOverload
{
    public int add(int oper1, int oper2)        //实现两个 int 型数据的相加
    {
        return (oper1 + oper2);
    }
    public string add(string oper1, string oper2)
                                                //实现两个 string 型数据的连接
    {
        return (oper1 + oper2);
    }
}
```

在网站"2"中添加窗体 2-23.aspx，在 2-23.aspx.cs 的 Page_Load 事件中编写代码如下：

```
protected void Page_Load(object sender, EventArgs e)
{
    ClassOverload overloadObj = new ClassOverload();
                                        //调用求两个数相加的方法并输出结果
    Response.Write(overloadObj.add(55,88) + "<br>");
                                        //调用求两个字符串连接的方法并输出结果
    Response.Write(overloadObj.add("55", "88") + "<br>");
}
```

程序中根据传递参数的不同分别调用 add 方法，程序运行结果如图 2-31 所示。

图 2-31 例 2-23 运行结果

2) 构造函数的重载

构造函数的重载和一般方法的重载在功能和使用方法上类似，重载构造函数可以为对象提供多种初始化的方式。例 2-24 演示了构造函数重载的使用方法。

【例 2-24】构造函数重载举例。

定义类 ClassOverload1，代码如下：

```
public class ClassOverload1
{
    public string varOverload;
    public ClassOverload1()
    {
        varOverload="您调用了无参数构造函数";
    }
    public ClassOverload1(int oper)
    {
        varOverload =( "您调用了含有 int 类型参数的构造函数，参数为："+oper);
    }
    public ClassOverload1(string oper)
    {
        varOverload = ("您调用了含有 string 类型参数的构造函数，参数为：" + "<br>"+
oper);
    }
    public string get()
    {
        return varOverload;
    }
}
```

在网站“2”中添加窗体 2-24.aspx，在 2-24.aspx.cs 的 Page_Load 事件中编写代码如下：

```
protected void Page_Load(object sender, EventArgs e)
```

```
{
                            //调用 ClassOverload1 类中无参构造函数
    ClassOverload1 overloadObj1 = new ClassOverload1();
    Response.Write(overloadObj1.get() + "<br>");
                            //调用 ClassOverload1 类中含有 int 类型参数的构造函数
    ClassOverload1 overloadObj2 = new ClassOverload1(10);
    Response.Write(overloadObj2.get() + "<br>");
                            //调用 ClassOverload1 类中含有 string 类型参数的构造函数
    ClassOverload1 overloadObj3 = new ClassOverload1("构造函数的学习! ");
    Response.Write(overloadObj3.get() + "<br>");
}
```

程序中根据传递参数的不同分别调用 3 种不同的构造函数，程序运行结果如图 2-32 所示。

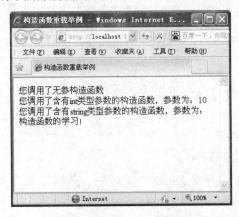

图 2-32　例 2-24 运行结果

8．析构函数

类的对象使用完毕后，可以将其占用的系统资源释放，以便分配给其他的应用程序使用。析构函数的作用就是释放对象所占用的系统资源，交由系统重新分配。C#系统提供了一个垃圾回收器功能，当某个类的对象被认为是不再有效并符合析构条件时，垃圾回收器就会自动调用该类的析构函数实现垃圾回收。

析构函数通常具有以下特性。

(1) 析构函数的名称是由"～"加上类名组成的。

(2) 析构函数不能含有任何修饰符，不接收任何参数，也不返回任何值。

(3) 一个类中只能有一个析构函数，并且析构函数是被自动调用的。

(4) 析构函数仅用于释放类直接拥有的非托管资源，如果类中不含有任何非托管资源，则类中可不包含析构函数。

析构函数举例如下：

```
public class ClassDestruFunc
{
    public int myInt1, myInt2;
    public ClassDestruFunc()                              //无参数构造函数
```

```
    {
        myInt1 = 1;
        myInt2 = 100;
    }
    public ClassDestruFunc(int param1, int param2)        //带参构造函数
    {
        myInt1 = param1;
        myInt2 = param2;
    }
    ~ClassDestruFunc()                                    //析构函数
    {
        //析构函数代码
    }
}
```

2.8.4　类的继承性

继承是面向对象程序设计的一个重要特征，它允许在现有类的基础上创建新类，新创建的类不仅可以从现有类中继承类的成员，而且可以重新定义或添加新的成员。一般称被继承的类为基类、父类或超类，而继承后产生的新类称为派生类或子类。

类的继承基本语法格式如下：

```
类修饰符 class 派生类名称：基类名称
{
    //类成员
}
```

说明：

(1) 上述格式中"类修饰符"和前面创建类时使用的类修饰符一致，包含 public、private、protected 等。派生类名称和基类名称的命名规则和变量名的命名规则一致。

(2) 并非所有的类都可以作为基类被继承，例如，使用 sealed 修饰的密封类就不能被继承。

(3) 除了构造函数和析构函数外，派生类可以隐式地继承基类中的所有成员。但并不是基类中所有的成员都能够被派生类所访问，具体请参见下面说明。

(4) 派生类不能访问基类中的 private 类型成员，只能访问基类中的 public 和 protected 类型的成员，而且 protected 类型的成员是专门为派生类设计的，该类型的成员只能在派生类中被访问，基类和外界代码都不能访问它。

(5) 在派生类中可以修改基类中的 virtual(虚拟)方法和 abstract(抽象)方法。其中对虚拟方法的修改是在派生类中重写(override)该方法的执行代码；而对于抽象方法来说，由于它在基类中没有实现代码，具体的代码需要在派生类中进行添加。类的多态性往往会涉及这两种情况。

(6) 继承具有可传递性，如果 B 类继承 A 类，C 类继承 B 类，那么 C 类就既继承了 B 类中的成员，又继承了 A 类中的成员。

(7) 如果派生类中定义了与基类同名的成员，那么从基类继承而来的同名成员将被派生类中定义的同名成员覆盖掉。

(8) C#只支持单继承，不支持多重继承，即一个派生类只能继承一个基类，而不能同时继承多个基类。使用接口可以弥补这方面的一些缺陷，即一个类可以实现多个接口。

类的继承举例如下所示。

【例2-25】类的继承举例。

定义基类ClassParent，代码如下：

```
public class ClassParent
{
    public double height;              //定义身高字段
    public double weight;              //定义体重字段
    public string output()             //输出身高和体重方法
    {
        return ("父亲的身高: " + height + "厘米" + "</br>" + "父亲的体重: " + weight
+ "公斤" + "</br>");
    }
}
```

定义派生类ClassSon，继承基类ClassParent，代码如下：

```
public class ClassSon:ClassParent
{
    public int age;                    //定义派生类年龄字段
    public string outputAge()          //输出年龄方法
    {
        return ("儿子的年龄: " + age+"岁" + "</br>");
    }
}
```

在网站"2"中添加窗体2-25.aspx，在2-25.aspx.cs的Page_Load事件中编写代码如下：

```
protected void Page_Load(object sender, EventArgs e)
{
    ClassSon inherit = new ClassSon();              //创建派生类的对象
    inherit.height = 168.5;                          //给基类字段赋值
    inherit.weight = 53.5;                           //给基类字段赋值
    inherit.age = 16;                                //给派生类字段赋值
    Response.Write(inherit.output() + "<br>");       //调用基类方法
    Response.Write(inherit.outputAge() + "<br>");    //调用派生类方法
}
```

程序中创建了一个派生类ClassSon，该派生类继承基类ClassParent，定义了派生类ClassSon对象inherit，利用该对象分别对派生类以及继承基类的成员进行调用，程序运行结果如图2-33所示。

C#不支持多重继承，如果想实现类似功能，必须借助接口来完成。下面将首先介绍接口的相关知识，然后再利用接口实现多重继承的功能。

图 2-33 例 2-25 运行结果

1. 接口简介

接口(interface)是一种与类相似的结构。一个接口定义一个协定，实现接口的类必须遵守其协定。接口中只能定义方法、属性、事件和索引器这 4 种类型的成员，但不能在接口中声明字段。并且在接口定义中，只能存在这些成员的声明，不能对这些成员进行实现，对这些成员的实现需要通过类来完成，即接口只是提供了一项功能，并没有提供对该功能实现的具体方法。例如，日常生活中的灯头便是一个接口，在这个接口上可以安装上白炽灯泡或者荧光灯(相当于实现接口的类)，由于白炽灯和荧光灯在功能和实现方法上存在很大的差别，因而可以实现"接口不变，接口的实现细节千差万别"，用户可以设计一个更理想、更完善的类来实现接口。

在接口中不存在构造函数，因而不能利用接口来创建对象。任何实现接口的类都必须实现接口中所规定的全部方法，否则该类只能被定义成抽象类(abstract 修饰)。

接口定义的基本格式如下：

```
修饰符 interface 接口名称
{
    //接口内容
}
```

说明：

(1) 修饰符可以是 public、protected、private、internal 或者 new 等。如果省略了接口修饰符，接口默认的修饰符是 public。

(2) 接口成员必须定义为 public 类型的，以供外界调用。接口方法默认的修饰符即 public。

(3) 接口名称的命名规则和变量名的命名规则相同。

(4) 实现接口的类必须要实现接口中的所有方法，一般情况下，在类中定义的用于实现接口的方法也为 public 类型。

【例 2-26】接口使用举例。

定义接口 ILamp，代码如下：

```
public interface ILamp        //定义灯头接口 ILamp
{
```

```
        string lampHolder();        //定义方法 lampHolder，但没有具体实现
}
```

定义接口实现类 ClassFilament，代码如下：

```
 public class ClassFilament : ILamp //定义白炽灯类 ClassFilament 实现接口 ILamp
{
    public string lampHolder()        //实现接口中的方法
    {
        return ("灯头接口安装的是白炽灯泡！");
    }
}
```

定义接口实现类 ClassFluorescence，代码如下：

```
public class ClassFluorescence : ILamp //定义荧光灯类 ClassFluorescence 实现
接口 ILamp
{
    public string lampHolder()                //实现接口中的方法
    {
        return ("灯头接口安装的是荧光灯！");
    }
}
```

在网站"2"中添加窗体 2-26.aspx，在 2-26.aspx.cs 的 Page_Load 事件中编写代码如下：

```
protected void Page_Load(object sender, EventArgs e)
{
    ClassFilament mylamp1 = new ClassFilament();        //创建白炽灯类的对象
    Response.Write(mylamp1.lampHolder() + "<br>");
                                        //调用接口中安装白炽灯的实现方法
    ClassFluorescence mylamp2 = new ClassFluorescence();
                                        //创建荧光灯类的对象
    Response.Write(mylamp2.lampHolder() + "<br>");
                                        //调用接口中安装荧光灯的实现方法
}
```

图 2-34 例 2-26 运行结果

程序运行结果如图 2-34 所示。上例中定义了接口 ILamp、类 ClassFilament 和类 ClassFluorescence，并使用类 ClassFilament 和 ClassFluorescence 分别对接口进行了实现，实现方式如上面代码所示，与派生类继承基类的格式相似。在 2-26.aspx.cs 的 Page_Load 事件代码中，分别创建了类 ClassFilament 和类 ClassFluorescence 的对象，然后分别利用这两个对象对实现方法 lampHolder()进行调用。

2. 使用接口实现多重继承

(1) 除了用类实现接口之外，还可以用一个接口去继承另一个接口，就像一个类继承另一个类一样，继承其他接口的接口可以拥有被继承接口中的全部方法。

例如定义接口 IPrintTeacherName，代码如下：

```
public interface IPrintTeacherName          //定义接口 IPrintTeacherName
{
    string printTeacherName();              //声明方法 printTeacherName
}
```

定义接口 IPrintStudentName，该接口继承 IPrintTeacherName 接口，代码如下：

```
public interface IPrintStudentName : IPrintTeacherName
                                            //继承接口 IPrintTeacherName
{
    string printStudentName();              //声明方法 printStudentName
}
```

定义接口 IPrintStudentName 的实现类 ClassPrintInfo，代码如下：

```
public class ClassPrintInfo : IPrintStudentName   //继承接口 IPrintStudentName
{
    public string printTeacherName()        //实现输出教师姓名的方法
    {
        return ("该方法用于输出教师的姓名！");
    }
    public string printStudentName()        //实现输出学生姓名的方法
    {
        return ("该方法用于输出学生的姓名！");
    }
}
```

在页面中编写代码如下：

```
ClassPrintInfo outputName = new ClassPrintInfo();
Response.Write(outputName.printTeacherName() + "<br>");
                                            //调用输出教师姓名的方法
Response.Write(outputName.printStudentName() + "<br>");
                                            //调用输出学生姓名的方法
```

接口的继承和类的继承使用方法类似，程序在运行时，输出字符串"该方法用于输出教师的姓名！"和"该方法用于输出学生的姓名！"。

(2) C#中只支持单继承，即一个派生类只能继承一个基类，但是如果使用类来实现接口，可以实现多个接口。当用一个类来实现多个接口时，接口名称之间使用逗号分隔开。上例也可以写成如下形式。

定义接口 IPrintTeacherName，代码如下：

```
public interface IPrintTeacherName          //定义接口 IPrintTeacherName
{
    string printTeacherName();              //声明方法 printTeacherName
}
```

定义接口 IPrintStudentName，代码如下：

```
public interface IPrintStudentName //定义接口 IPrintStudentName
{
    string printStudentName();        //声明方法 printStudentName
}
```

定义接口 IPrintStudentName 和 IPrintTeacherName 的实现类 ClassPrintInfo，代码如下：

```
public class ClassPrintInfo : IPrintTeacherName ,IPrintStudentName
//实现接口 IPrintTeacherName 和 IPrintStudentName
{
    public string printTeacherName()     //实现输出教师姓名的方法
    {
        return ("该方法用于输出教师的姓名！");
    }
    public string printStudentName()     //实现输出学生姓名的方法
    {
        return ("该方法用于输出学生的姓名！");
    }
}
```

在页面中编写代码如下：

```
ClassPrintInfo outputName = new ClassPrintInfo();
Response.Write(outputName.printTeacherName() + "<br>");
                                    //调用输出教师姓名的方法
Response.Write(outputName.printStudentName() + "<br>");
                                    //调用输出学生姓名的方法
```

程序在运行时，也将输出字符串"该方法用于输出教师的姓名！"和"该方法用于输出学生的姓名！"。

(3) 一个类在实现接口时也可以继承其他的类。例如，在上面举例中再增加一个类 ClassPrintDepartName；该类用于输出教师和学生所在的学院的名称，类 ClassPrintInfo 在实现接口 IPrintStudentName 和 IPrintTeacherName 的同时，对类 ClassPrintDepartName 进行继承。

【例 2-27】接口实现多重继承举例。

定义接口 IPrintTeacherName，代码如下：

```
public interface IPrintTeacherName        //定义接口 IPrintTeacherName
{
    string printTeacherName();            //声明方法 printTeacherName
}
```

定义接口 IPrintStudentName，代码如下：

```
public interface IPrintStudentName        //定义接口 IPrintStudentName
{
```

```
    string printStudentName();              //声明方法 printStudentName
}
```

定义基类 ClassPrintDepartName，用于输出教师和学生所在的学院名称，代码如下：

```
public class ClassPrintDepartName            //定义基类 ClassPrintDepartName
{
    public string printDepartName()          //输出教师和学生所在学院名称
    {
        return ("该教师和学生隶属于计算机学院！");
    }
}
```

定义接口 IPrintStudentName 和 IPrintTeacherName 的实现类 ClassPrintInfo，该类同时继承于基类 ClassPrintDepartName，代码如下：

```
public class ClassPrintInfo : ClassPrintDepartName,IPrintTeacherName,
IPrintStudentName
// 定义类实现接口 IPrintTeacherName 和 IPrintStudentName，并继承于类
ClassPrintDepartName
{
    public string printTeacherName()         //实现输出教师姓名的方法
    {
        return ("该方法用于输出教师的姓名！");
    }
    public string printStudentName()         //实现输出学生姓名的方法
    {
        return ("该方法用于输出学生的姓名！");
    }
}
```

在网站"2"中添加窗体 2-27.aspx，在 2-27.aspx.cs 的 Page_Load 事件中编写代码如下：

```
protected void Page_Load(object sender, EventArgs e)
{
    ClassPrintInfo outputName = new ClassPrintInfo();
    Response.Write(outputName.printTeacherName() + "<br>");
                                              //调用输出教师姓名的方法
    Response.Write(outputName.printStudentName() + "<br>");
                                              //调用输出学生姓名的方法
//调用基类中输出教师和学生所在学院的方法
    Response.Write(outputName.printDepartName() + "<br>");
}
```

程序运行结果如图 2-35 所示。

图 2-35　例 2-27 运行结果

2.8.5　类的多态性

多态是指相同的操作或者方法可以用于多种类型的对象，并且产生不同的结果。多态是建立在继承的基础上的，如果多个派生类继承于同一个基类，则不同派生类对相同的方法可能有不同的实现形式并得到不同的执行结果。

多态性分为编译时的多态性和运行时的多态性。编译时的多态性主要通过重载实现，系统在编译时，根据传递的参数个数或者参数类型信息决定实现何种操作。重载的相关知识请参见 2.8.3 节"构造函数"部分，下面主要研究运行时的多态性。运行时的多态性通常由以下两种方法实现，这两种方法都需利用重写(override)来完成。

1. 在派生类中重写基类的虚方法来实现多态性

基类的虚方法是指在基类中使用 virtual 修饰符修饰的方法。在派生类中重写基类的方法需要加上重写关键字 override，重写即为覆盖，其含义就是覆盖一个方法并且对其重写。在派生类中重写的方法必须与基类中被重写的方法具有相同的方法名称、参数列表和返回值类型。

> **注意**
>
> virtual 修饰符不能与 override、static、abstract 或者 private 修饰符同时使用；override 修饰符不能与 virtual、static 或者 new 修饰符同时使用。

在实际使用这种多态性实现方法时，通常将派生类的对象放到一个数组中，这些对象可以分别隶属于多个派生类，但它们都继承于某个基类。这些对象都含有一个同名方法，利用它们就可以调用这个同名方法，以实现多态性。

【例 2-28】 在派生类中重写基类的虚方法来实现多态性的举例。

定义基类 ClassListenMusic，代码如下：

```
public class ClassListenMusic                    //定义听音乐基类
{
```

```
    public virtual string listenMusic()      //定义虚方法 listenMusic
    {
        return ("听众可以通过各种有效方式来收听音乐！");
    }
}
```

定义派生类 ClassListenTVMusic，代码如下：

```
public class ClassListenTVMusic : ClassListenMusic
                                //定义派生类，功能为通过电视来听音乐
{
    public override string listenMusic()  //重写虚方法 listenMusic
    {
        return ("听众通过电视方式来收听音乐！");
    }
}
```

定义派生类 ClassListenDVDMusic，代码如下：

```
public class ClassListenDVDMusic : ClassListenMusic
                                    //定义派生类，功能为通过 DVD 来听音乐
{
    public override string listenMusic()      //重写虚方法 listenMusic
    {
        return ("听众通过 DVD 方式来收听音乐！");
    }
}
```

定义派生类 ClassListenRadioMusic，代码如下：

```
public class ClassListenRadioMusic : ClassListenMusic
                                //定义派生类，功能为通过收音机来听音乐
{
    public override string listenMusic()        //重写虚方法 listenMusic
    {
        return ("听众通过收音机方式来收听音乐！");
    }
}
```

在网站"2"中添加窗体 2-28.aspx，在 2-28.aspx.cs 的 Page_Load 事件中编写代码如下：

```
protected void Page_Load(object sender, EventArgs e)
{
    ClassListenMusic [] listenPerson = new ClassListenMusic[4];
                                            //创建对象数组
    listenPerson[0] = new ClassListenMusic();       //定义基类对象
    listenPerson[1] = new ClassListenTVMusic();
                                    //定义 ClassListenTVMusic 类对象
    listenPerson[2] = new ClassListenDVDMusic();
                                    //定义 ClassListenDVDMusic 类对象
```

```
listenPerson[3] = new ClassListenRadioMusic();
                                //定义 ClassListenRadioMusic 类对象
foreach (ClassListenMusic obj in listenPerson)
{
    //使用不同对象调用同名方法 listenMusic 并输出结果
    Response.Write(obj.listenMusic() + "<br>");
}
}
```

程序运行结果如图 2-36 所示。

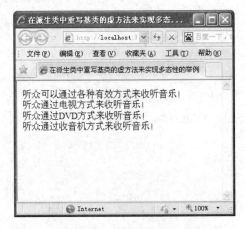

图 2-36　例 2-28 运行结果

2. 在派生类中重写抽象类中的抽象方法来实现多态性

抽象类是使用 abstract 修饰符进行修饰的类，其内部可以包含一个或者多个抽象方法，也可以包含非抽象的方法。抽象方法是使用 abstract 修饰符进行修饰的方法，在抽象类中定义的抽象方法只是一个简单的方法声明，不包含方法体，即没有实现代码，必须通过该抽象类的派生类来实现其抽象方法。如果派生类中没有实现抽象类中的所有的抽象方法，那么派生类也必须定义成抽象类。

 注意

不能利用抽象类来定义对象，如果要使用抽象类，必须通过其派生类来完成。

【例 2-29】在派生类中重写抽象类中的抽象方法来实现多态性的举例。

定义基类 ClassDrinkWine，代码如下：

```
public abstract class ClassDrinkWine    //定义一个抽象类，功能是喝酒
{
    public abstract string drinkWine(); //声明一个抽象方法 drinkWine，没有方法体
}
```

定义派生类 ClassCupDrinkWine，代码如下：

```
public class ClassCupDrinkWine : ClassDrinkWine
```

```
                                           //定义派生类，功能为使用水杯喝酒
{
    public override string drinkWine()
                                           //对基类中抽象方法 drinkWine 进行实现
    {
        return("使用水杯来喝酒！");
    }
}
```

定义派生类 ClassBowlDrinkWine，代码如下：

```
 public class ClassBowlDrinkWine : ClassDrinkWine  //定义派生类，功能为使用碗喝酒
{
    public override string drinkWine()    //对基类中抽象方法 drinkWine 进行实现
    {
        return ("使用碗来喝酒！");
    }
}
```

在网站"2"中添加窗体 2-29.aspx，在 2-29.aspx.cs 的 Page_Load 事件中编写代码如下：

```
protected void Page_Load(object sender, EventArgs e)
{
    ClassCupDrinkWine cupDrinking = new ClassCupDrinkWine();
                                           //创建 ClassCupDrinkWine 对象
    //调用 ClassCupDrinkWine 类中 drinkWine 方法
    Response.Write(cupDrinking.drinkWine() + "<br>");
    //创建 ClassBowlDrinkWine 对象
    ClassBowlDrinkWine bowlDrinking = new ClassBowlDrinkWine();
    //调用 ClassBowlDrinkWine 类中 drinkWine 方法
    Response.Write(bowlDrinking.drinkWine() + "<br>");
}
```

程序运行结果如图 2-37 所示。

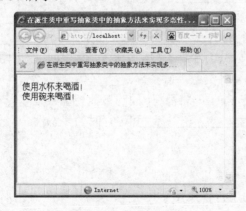

图 2-37　例 2-29 运行结果

2.8.6　C#语言其他概念和语言特色

1.　其他概念

随着面向对象程序开发的进一步发展，C#程序设计更加灵活并且更趋向于智能化。C#中提供了集合、泛型、事件、委托等相关知识，读者请参见其他相关资料。

2.　语言特色

C#在经历了几个版本的变革后，虽然在大的编程方向和设计理念上没有产生太多的变化，但每次版本更新都带来了一些新的特性，这使 C#语言更加具有灵活性和方便性的特色。例如，匿名类型、对象和集合的初始化器、Lambda 表达式以及 LINQ 等新增特性大大地提高了 C#程序开发的自由度，关于这些知识，读者请参见其他相关资料。

小　　结

本章主要介绍了 C#语言基础知识和面向对象编程等内容。通过本章的学习，能够使读者掌握 C#的基础理论和相关要点，使读者掌握代码编写的基本规范和应用技巧，为后续的学习打下坚实的语言基础。

习　　题

一、填空题

1．C#每条语句以＿＿＿＿＿＿＿＿字符结尾。

2．C#提供了两种注释方法：单行注释和＿＿＿＿＿＿＿＿。

3．C#值类型包括简单类型、＿＿＿＿＿＿＿＿和枚举类型。

4．实数在 C#中采用两种数据类型来表示：＿＿＿＿＿＿＿＿和双精度。

5．C#中提供了＿＿＿＿＿＿＿＿和显式转换两种转换类型。

6．C#中提供了 3 种程序控制语句：顺序语句、＿＿＿＿＿＿＿＿和＿＿＿＿＿＿＿＿。

7．面向对象的三大特性为：封装性、继承性和＿＿＿＿＿＿＿＿。

8．C#中类的方法可以分为 3 种类型：无返回值方法、有返回值方法和＿＿＿＿＿＿＿＿。

9．C#方法的参数有 4 种类型：值参数、＿＿＿＿＿＿＿＿、＿＿＿＿＿＿＿＿和参数数组。

10．C#中区分重载方法的条件是：不同的参数类型或者＿＿＿＿＿＿＿＿。

11．C#中多态性分为＿＿＿＿＿＿＿＿和运行时的多态性。

二、简答题

1．简述 C#简单类型由哪几种数据类型组成。

2．叙述 C#中常用的字符串操作及其功能。

3．简述 C#中装箱和拆箱的基本概念。

4．叙述 C#中变量的命名规则。

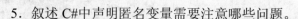

5．叙述 C#中声明匿名变量需要注意哪些问题。

6．叙述 C#中隐式转换和显示转换的概念和特点。

7．简述 C#中 DateTime 关键字应用的基本形式和表示日期时间的范围。

8．简述 C#中运算符的特点与分类标准。

9．简述 C#中 continue 语句和 break 语句用于循环结构中的区别。

10．叙述 C#中常用的类修饰符的名称及其含义。

11．简述 C#中 static 字段的特点与含义。

12．简述 C#中 this 关键字的特点与含义。

13．叙述 C#中使用扩展方法需要注意的事项。

14．简述 C#中类索引器的含义和功能。

15．叙述 C#中构造函数的功能与特性。

16．简述 C#中接口的概念及其特点。

ASP.NET 4.0 网站结构与页面框架

学习目标

- 了解 ASP.NET 网站结构
- 掌握 ASP.NET 页面框架
- 理解 web.config 配置文件功能与用法
- 了解 Global.asax 文件及其应用

知识结构

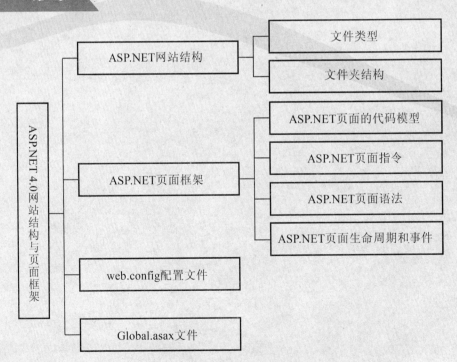

Web 应用程序是一种以网页作为编程和用户界面的应用程序，ASP.NET 网站便是一种 Web 应用程序，它是所有文件、页面、模块、处理程序以及可执行代码的总称。

3.1　ASP.NET 网站结构

一个 ASP.NET 网站主要由 Web 窗体页、代码隐藏文件、用户控件文件、Web 服务、web.config 配置文件、Global.asax 文件以及其他组件构成。

3.1.1　文件类型

ASP.NET 网站包含多种类型的文件，具体描述如下所示。

(1) .aspx 文件：Web 窗体页文件，即页面文件，它是 ASP.NET 网站设计的基础。用于页面的显示逻辑，即用户界面、可视化组件或可视元素。

(2) .cs 文件：代码隐藏文件，和网站的开发语言相关联，用于页面的业务逻辑，即编程逻辑或者代码。使用该文件能够实现用户界面与代码逻辑的分离。

(3) .ascx 文件：Web 用户控件文件，用于定义可重复使用的自定义用户控件。

(4) .asmx 文件：Web 服务文件，用于提供一系列方法以供其他应用程序进行调用。

(5) web.config 文件：是一个基于 XML 的 ASP.NET 配置文件，该文件中主要包含数据库连接、状态管理、内存管理以及安全设置等 ASP.NET 相关的配置信息。

(6) Global.asax 文件：网站全局文件，用于处理应用程序级事件的可选文件。

(7) .master 文件：母版页文件，用于定义 ASP.NET 网站中页面布局。

(8) 其他文件：如资源文件、CSS 文件、纯 HTML 文件、XML 文件以及数据库文件等。

3.1.2　文件夹结构

ASP.NET 中除了包含开发者创建的普通文件夹外，还包含有默认的文件夹，用于存放 ASP.NET 网站中不同类型的资源和文件。在操作过程中某些默认的文件夹会自动添加，例如，在创建一个类文件时，会提示是否将该类文件放置到 App_Code 默认文件夹中，如第 2 章图 2-19 所示，如果选择"是"，则系统会自动创建 App_Code 文件夹并将新建的类文件保存到该文件夹中。

在 Visual Studio 2010 中查看这些默认文件夹的方法为：在"解决方案资源管理器"中，右击网站名称，在弹出的快捷菜单中选择"添加 ASP.NET 文件夹"命令，其子项中便包含了这几个文件夹，如图 3-1 所示。各文件夹包含的内容和功能见表 3-1。

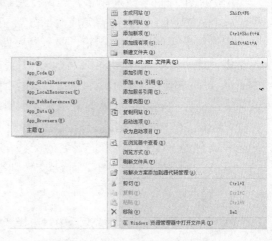

图 3-1　ASP.NET 默认文件夹视图

表 3-1　ASP.NET 默认文件夹内容与功能

文件夹名称	内容与功能
App_Code	包含源代码文件，如.cs、.vb 或者.jsl 文件等，可以被编译成实用工具类和业务对象。当向应用程序发出首次请求时，ASP.NET 会编译该文件夹中的代码。如果文件夹中的内容发生了改变，该文件夹将重新被编译
App_Data	包含 ASP.NET 网站的数据文件，如 XML 文件、MDF 文件以及其他的数据存储文件
App_Browsers	包含 ASP.NET 用于标识个别浏览器并确定其功能的浏览器定义文件(.browser)
App_GlobalResources	包含 ASP.NET 网站中对所有页面都可见的全局资源(.resx 和.resources 文件)
App_LocalResources	包含与 ASP.NET 网站中的特定页、用户控件或者母版页相关联的资源(.resx 和.resources 文件)
App_WebReferences	包含 ASP.NET 网站使用的 Web 服务文件以及在网站中使用的 Web 引用的引用协定文件、架构文件和发现文档文件
Bin	包含 ASP.NET 网站所需的所有已编译的程序集文件(.dll)，网站中的任何页面都可以使用这个文件夹中的程序集
主题	包含用于定义 ASP.NET 网页和控件外观的文件集合(.skin 和.css 文件以及图像文件和一般资源)

3.2　ASP.NET 页面框架

一个 ASP.NET 页面主要包含页面指令、页面语法、页面生命周期以及页面事件等项。

3.2.1　ASP.NET 页面的代码模型

ASP.NET 提供了两种用于管理可视元素和代码的模型：单文件页模型和代码隐藏页模型。每个 ASP.NET 页面需要完成两部分功能：页面的显示逻辑和页面的业务逻辑。页面的显示逻辑用于管理 HTML 标记、服务器控件、静态文本以及页面布局等；页面的业务逻辑是指进行逻辑处理的 ASP.NET 代码，主要用于和网页进行交互。单文件页模型是指在一个.aspx 文件中既包含显示逻辑部分，又包含业务逻辑部分，即将这两个部分放置在同一个文件中；而在代码隐藏页模型中，显示逻辑部分和业务逻辑部分分别放置在两个不同的文件中。.aspx 文件主要放置用于显示逻辑的代码，而单独设置一个代码隐藏文件(如 C#中代码隐藏文件是一个以.cs 为扩展名的文件)放置操作业务逻辑的代码。在代码隐藏页模型中，.aspx 文件称为页面文件，而.cs 文件则称为代码隐藏文件。

1. 代码隐藏页模型

在第 1 章【例 1-2】求解过程中，选择了代码隐藏页模型，即在图 1-21 中使右下角"将代码放在单独的文件中"复选框被选中。

使用该模型可以将页面代码存放到页面文件中，而将用于逻辑处理的程序代码存放到代码隐藏文件中，能够实现用户界面与代码逻辑的分离，因而这种模式代码结构清晰并且便于调试和维护，符合大型网站项目的代码规范要求，被多数软件开发者所使用，本书也默认采用此种方式。

例 1-2 中页面文件命名为"1-2.aspx"，基本代码如下：

```
<%@ Page Language="C#" AutoEventWireup="true" CodeFile="1-2.aspx.cs" Inherits="_1_2" %>
<!DOCTYPE html PUBLIC "-//W3C//DTD XHTML 1.0 Transitional//EN"
"http:// www.w3.org/TR/xhtml1/DTD/xhtml1-transitional.dtd">
<html xmlns="http://www.w3.org/1999/xhtml">
<head runat="server">
    <title>第 1 个 ASP.NET 程序实例</title>
</head>
<body>
    <form id="form1" runat="server">
    <div style="background-color: #C0C0C0">
        <asp:Label ID="Label1" runat="server" Font-Size="X-Large"
            Text="请输入最喜欢的计算机程序设计技术: "></asp:Label>
        <br/>
        <asp:TextBox ID="TextBox1" runat="server" Height="42px" Width="205px"
            Font-Size="X-Large"></asp:TextBox>
        <asp:Button ID="Button1" runat="server" Height="42px" Text="显示信息"
            Width="132px" onclick="Button1_Click" Font-Size="X-Large"/>
        <br/>
        <asp:Label ID="Label2" runat="server" Text="Label" Font-Size="X-Large">
</asp:Label>
    </div>
    </form>
</body>
</html>
```

注意

该页面文件中第一行代码为 Page 指令，该指令的 CodeFile 属性将页面文件和代码隐藏文件联系起来。具体代码如下：

```
<%@  Page  Language="C#"  AutoEventWireup="true"  CodeFile="1-2.aspx.cs"
Inherits="_1_2" %>
```

例 1-2 中代码隐藏文件命名为"1-2.aspx.cs"，具体代码如下：

```
using System;
using System.Collections.Generic;
using System.Linq;
using System.Web;
using System.Web.UI;
using System.Web.UI.WebControls;
public partial class _1_2 : System.Web.UI.Page
```

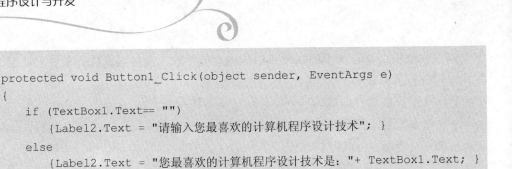

```
{
    protected void Button1_Click(object sender, EventArgs e)
    {
        if (TextBox1.Text== "")
            {Label2.Text = "请输入您最喜欢的计算机程序设计技术"; }
        else
            {Label2.Text = "您最喜欢的计算机程序设计技术是："+ TextBox1.Text; }
    }
}
```

2. 单文件页模型

在单文件页模型中，将显示逻辑和业务逻辑两个部分放置在同一个.aspx 文件中，业务逻辑代码在.aspx 文件中位于<script runat="server">…</script>块中，其中 runat="server"属性表示将块中的代码标记为在服务器上执行的代码。

在第 1 章例 1-2 求解过程中，如果想用单文件页模型来实现，可以在图 1-21 中使右下角"将代码放在单独的文件中"复选框不被选中即可。此时.aspx 文件(命名为 1-21.aspx)中既包含显示逻辑代码，又包含业务逻辑代码，具体如下：

```
<%@ Page Language="C#" %>
<!DOCTYPE html PUBLIC "-//W3C//DTD XHTML 1.0 Transitional//EN" "http://www.
w3.org/TR/xhtml1/DTD/xhtml1-transitional.dtd">
<script runat="server">
    protected void Button1_Click(object sender, EventArgs e)
    {
        if (TextBox1.Text == "")
        { Label2.Text = "请输入您最喜欢的计算机程序设计技术"; }
        else
        { Label2.Text = "您最喜欢的计算机程序设计技术是：" + TextBox1.Text; }
    }
</script>
<html xmlns="http://www.w3.org/1999/xhtml">
<head runat="server">
    <title>第 1 个 ASP.NET 程序实例</title>
</head>
<body>
    <form id="form1" runat="server">
    <div style="background-color: #C0C0C0">
        <asp:Label ID="Label1" runat="server" Font-Size="X-Large"
            Text="请输入最喜欢的计算机程序设计技术："></asp:Label>
        <br/>
        <asp:TextBox ID="TextBox1" runat="server" Height="42px" Width="205px"
            Font-Size="X-Large"></asp:TextBox>
        <asp:Button ID="Button1" runat="server" Height="42px" Text="显示信息"
            Width="132px" onclick="Button1_Click" Font-Size="X-Large"/>
        <br/>
```

```
        <asp:Label ID="Label2" runat="server" Text="Label" Font-Size="X-Large">
</asp:Label>
        </div>
        </form>
    </body>
    </html>
```

3.2.2 ASP.NET 页面指令

ASP.NET 页面文件中的前面几行，一般是诸如<%@…%>的代码，称为页面指令，如上面 1-2.aspx 文件中的 Page 指令。页面指令用于为相应页面指定页属性和配置信息，每个页面指令都包含一个或多个属性与值，各属性之间使用空格进行间隔。页面指令的基本语法格式如下：

```
<%@ 指令名称 属性 1="值" ……%>
```

1. Page 指令

Page 指令是 ASP.NET 页面中最常用的属性，每个页面只能拥有一个 Page 指令，主要用于定义 ASP.NET 页面分析器和编译器使用的特定属性，一般放置在 ASP.NET 页面的顶端。Page 指令常用属性见表 3-2。

表 3-2　Page 指令的常用属性

属性名称	属性功能
Language	设置该页面代码所使用的语言，包括 Visual Basic、C#或者 JavaScript 等。每个页面只能指定和使用一种语言
AutoEventWireup	布尔值，默认取值为 True。如果取值为 True，表示启用该页面控件与事件自动关联；如果取值为 False，表示取消该页面控件与事件自动关联
CodeFile	用于代码隐藏页模型中，设置该页面引用的代码隐藏文件的路径，与 Inherits 属性一起使用可以将页面文件和代码隐藏文件关联起来
MaintainScrollPositionOnPostback	通过单击按钮提交页面信息后，再返回该页面时，如果该属性值设置为 False，页面返回时的位置是页面的顶端；如果该属性值设置为 True，页面返回时的位置是原来的浏览位置
ErrorPage	设置在出现未处理的页面异常时用于重定向的目标 URL
CodePage	取值为整数，用于设置页面所使用的编码
Trace	设置是否启用了跟踪。如果取值为 True，表示启用了跟踪；如果该属性值设置为 False，表示取消了跟踪

2. 其他的页面指令

除了 Page 指令外，ASP.NET 还提供了一些其他页面指令，见表 3-3。

表 3-3　ASP.NET 常用页面指令

指令名称	指令功能
@ Import	用于将命名空间导入到 ASP.NET 页面中，以便程序可以直接运用该命名空间的类和接口。一个@Import 指令只能导入一个命名空间
@ Implements	以声明的方式指示页或者用户控件要实现的接口
@ OutputCache	以声明的方式控制页或者用户控件的输出缓存策略
@ Register	允许用户注册其他控件以便在页面上使用。该指令用于声明控件的标记前缀和控件程序集的位置。如果要向页面添加用户控件或者自定义 ASP.NET 控件，则必须使用此指令
@ Assembly	以声明的方式将程序集链接到当前页面或者用户控件上，以使程序集的所有类和接口都可用在该页面上
@ Master	将页面标识为 ASP.NET 母版页，并定义 ASP.NET 页分析器和编译器使用的属性。这个指令只能包含在 Master 页面(.Master 文件)中

3.2.3　ASP.NET 页面语法

在 ASP.NET 单文件页模型中，将显示逻辑和业务逻辑两个部分放置在同一个.aspx 文件中，此时用于业务逻辑的代码模块分为两种：代码声明块和代码呈现块。

1.　代码声明块

在 .aspx 文件中以<script runat="server">标签开头，以</script>标签结束的代码模块，称为代码声明块。一般在代码声明块中声明函数与事件处理程序，而后在页面中调用所需的函数或者事件处理程序。

其详细的语法格式如下：

```
<script runat="server" language="codelanguage" src="pathname" >
        声明代码部分
</script>
```

说明：

(1) runat 属性：该属性取值为 runat="server"，表示声明代码部分中的代码模块是在服务器而不是在客户端上执行的。

(2) language 属性：用来指定使用哪一种语言来编写代码声明块中的代码，可以是 .NET Framework 支持的各种语言，如 Visual Basic.NET、Visual C#或者 JScript.NET 等。如果没有使用 language 属性指定一种语言，则默认为 Web 主页面文件或用户控件利用@Page 或者@Control 页面指令所设置的程序语言。如果也没有使用页面指令指定程序语言，则默认为 Visual Basic.NET(在网站的 web.config 配置文件中指定默认的程序语言)。

　注意

如果在多处指定程序语言，那么所指定的程序语言必须一致。

(3) src 属性: 指定要加载的外部脚本文件的路径和文件名。如果使用该属性,则代码声明块<script>与</script>之间的所有内容都会被忽略。在这种情况下,应在开头标记<script>的尾端使用一个结束斜线,具体格式如下:

```
<script runat="server" src="pathfilename.cs" />
```

在第 1 章【例 1-2】求解过程中,在图 1-21 中使右下角"将代码放在单独的文件中"复选框不被选中,则生成的 1-21.aspx 为单文件页模型,代码声明块请参见 3.2.1 节中单文件页模型部分的页面代码(即 1-21.aspx 文件代码)。该代码声明块中主要用于实现 Button 控件的单击事件处理程序。

2. 代码呈现块

代码呈现块是指在页面文件中插入以"<%"标签开头,以"%>"标签结束的代码模块,用于定义当页面呈现时所要执行的内嵌代码或者内嵌表达式。代码呈现块可以放置在页面文件中合理位置的任何地方,通常用于数据绑定、属性输出和调用方法等操作。代码呈现块通常有两种基本形式: 内嵌代码和内嵌表达式。

1) 内嵌代码

定义内嵌代码的基本语法格式如下:

```
<%内嵌代码%>
```

主要用于定义独立的控制流程块或者代码块。

2) 内嵌表达式

定义内嵌表达式的基本语法格式如下:

```
<%= 内嵌表达式%>
```

主要用于定义并执行表达式的值,并将该值显示出来。

【例 3-1】编制程序,实现内嵌代码和内嵌表达式的功能。

具体实现步骤如下所示。

(1) 启动 Microsoft Visual Studio 2010 程序。选择【文件】→【新建】→【网站】命令,在弹出的【新建网站】对话框中,选择【ASP.NET 空网站】模板,单击【浏览】按钮设置网站存储路径,网站文件夹命名为"3",单击【确定】按钮,完成新网站的创建工作。该网站将作为本章所有例题的默认网站。

(2) 然后选择【网站】→【添加新项】命令,在弹出的【添加新项】对话框中,选择【Web 窗体】项,单击【添加】按钮即可。注意: 左侧【已安装的模板】处选择"Visual C#",底部【名称】一项命名为"3-1.aspx",右下角取消选中"将代码放在单独的文件中"复选框。

(3) 在 3-1.aspx 页面中选择"源"选项卡,将页面切换到代码视图,具体代码如下:

```
<%@ Page Language="C#" %>
<!DOCTYPE html PUBLIC "-//W3C//DTD XHTML 1.0 Transitional//EN"
"http://www.w3.org/TR/xhtml1/DTD/xhtml1-transitional.dtd">
<html xmlns="http://www.w3.org/1999/xhtml">
<head id="Head1" runat="server">
    <title>内嵌代码与内嵌表达式</title>
```

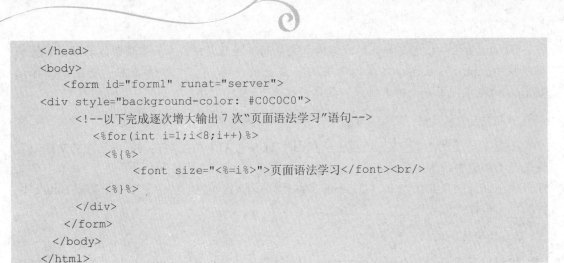

```
</head>
<body>
    <form id="form1" runat="server">
<div style="background-color: #C0C0C0">
    <!--以下完成逐次增大输出 7 次"页面语法学习"语句-->
        <%for(int i=1;i<8;i++)%>
        <%{%>
            <font size="<%=i%>">页面语法学习</font><br/>
        <%}%>
    </div>
    </form>
  </body>
</html>
```

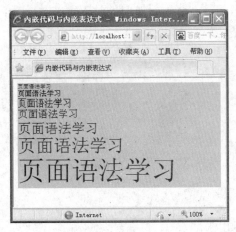

图 3-2　例 3-1 运行结果

上例中主要演示了内嵌代码和内嵌表达式的用法，程序运行时，将逐次增大输出 7 次"页面语法学习"文字，其运行结果如图 3-2 所示。

代码声明块与代码呈现块十分相似，主要区别有如下两点。

(1) 代码声明块能够被 ASP.NET 编码成计算机更容易识别的机器码，这使得代码声明块比代码呈现块稳定性更高并且运行速度更快。

(2) 代码声明块中的代码只有被调用时才会执行，而代码呈现块在页面呈现时就已经执行了。

3. 页面代码注释

注释是一段被编译器忽略的代码，仅作为读者阅读程序时的参考，帮助读者理解程序的功能和含义，是增强程序可读性的一个必不可少的手段。

ASP.NET 页面代码注释主要分为 HTML 注释和服务器端注释两种。

1) HTML 注释标记

HTML 注释标记是以 "<!--" 标签开头，以 "-->" 标签结束。一个 HTML 注释可以注释多行。在【例 3-1】中使用了 HTML 注释，其使用形式如下：

```
<!--以下完成逐次增大输出 7 次"页面语法学习"语句-->
```

2) 服务器端注释标记

服务器端注释标记是以 "<%--" 标签开头，以 "--%>" 标签结束。该注释可以添加到 ASP.NET 页面文件的任何地方(除了<script>代码块内部)，注释之间的任何内容，无论是显示逻辑代码，还是业务逻辑代码，都不会在服务器上进行处理且不会呈现在结果页面上。

在【例 3-1】中，可以在 for 语句之外添加服务器端注释标记，代码段如下：

```
<%--
    <%for(int i=1;i<8;i++)%>
```

```
<%{%>
    <font size="<%=i %>">页面语法学习</font><br/>
<%}%>
--%>
```

则程序在运行时，将不会输出任何结果。

 注意

　　服务器端注释用于页面的主体，不能用于代码声明块(使用<script runat="server"> </script>标记的代码模块)和代码呈现块(使用<% %>标记的代码模块)中，在代码声明块或者代码呈现块中如果要添加注释，应使用相应编码语言的注释语法，如使用 C# 作为编码语言，则添加注释时需使用 C#注释语法，具体参见 2.1.3 节。

3.2.4　ASP.NET 页面生命周期和事件

1．页面生命周期

　　ASP.NET 页面在运行时将经历一个生命周期,在该生命周期中将执行一系列处理步骤,主要包括页面初始化、加载、呈现、卸载等。了解页面生命周期过程非常重要,因为这样就可以使用户在生命周期的合适阶段编写代码,从而到达预期的设计效果。

　　常规页面的生命周期阶段描述如下所示。

　　(1) 页面请求：页面请求发生在页面生命周期开始之前。当用户请求页面时，ASP.NET 将确定是否需要分析和编译页面(从而开始页面的生命周期)，或者是否可以在不运行页面的情况下发送页面的缓存版本以进行响应。

　　(2) 页面开始：在页面初始化开始前发生。在页面开始阶段，将设置页面属性，同时还将确定页面请求是新请求还是回传请求，并设置页面 IsPostBack 属性。

　　IsPostBack 属性是一个逻辑值，如果其值为 false，表示页面是首次被加载和访问；如果其值为 true，表示页面是为响应客户端回传而再次加载的。

　　(3) 页面初始化：在该阶段，可以使用页面中的控件并且任何主题都将应用于页面。如果当前请求是回传请求，则回传数据尚未加载，并且控件属性值尚未还原为视图状态中的值。

　　(4) 页面加载：在该阶段，将引发页面的 Load 事件。如果当前请求是回传请求，则将使用从视图状态和控件状态恢复的信息来加载控件属性。

　　(5) 页面验证：在该阶段，将调用所有验证控件的 Validate 方法，以用于设置各个验证控件和页面的 IsValid 属性。

　　IsValid 属性是一个逻辑值，表示页面验证是否成功。

　　(6) 回传请求事件处理：如果当前请求是回传请求，则将调用所有事件处理程序。

　　(7) 页面呈现：在页面呈现之前，页面和所有控件视图状态将被保存。在该阶段，页面会针对每个控件调用 Render 方法，它会提供一个文本编写器，用于将控件的输出写入页面 Response 属性的 OutputStream 中。

(8) 页面卸载：在该阶段，将引发页面的 Unload 事件，对页面使用过的资源进行最后的清除处理。

 注意

ASP.NET 的 Web 服务器控件也都有自己的生命周期，它们与页面生命周期相似。

2. 页面事件

从页面生命周期中可以看出，在整个生命周期阶段会贯穿着许多页面事件，如 PreInit、Init、Load 和 Unload 事件等。当这些事件被引发时，会自动调用其事件处理程序来响应这些事件，以完成特定的页面功能。

ASP.NET 页面支持自动事件链接，即当页面事件发生时，ASP.NET 会自动查找具有对应名称的事件处理程序，并自动执行该事件处理程序。只要将页面指令@Page 的 AutoEventWireup 属性设置为 true(该属性默认值为 true)，就能实现上述自动关联。如当页面事件 Load 被引发时，会自动执行该事件处理程序 Page_Load 中的代码。

常用的页面事件描述如下所示。

(1) PreInit 事件：在页面初始化开始时发生，其执行的操作主要有检查 IsPostBack 属性值来判断页面是否是首次被加载，动态设置主控页面，动态设置 Theme 属性，创建或重新创建动态控件，读取或者设置配置文件的属性值。

(2) Init 事件：在所有控件都已初始化并且已应用所有外观设置后发生，用来读取或者初始化控件属性。

(3) Load 事件：在页面加载阶段，当 Web 服务器控件加载到 Page 对象中时发生，功能是使用 OnLoad 方法来设置控件中的属性并建立数据库连接。

(4) PreRender 事件：在加载 Control 对象之后并且页面呈现之前发生，其执行的操作主要有 Page 对象会针对每个控件和页面调用 EnsureChildControls，对页面和页面中控件内容进行最后更改。页面上的每个控件都会引发 PreRender 事件。

(5) Unload 事件：在页面卸载阶段，当 Web 服务器控件从内存中卸载时发生。该事件首先针对每个控件发生，而后再针对该页面发生。使用该事件可对页面和特定控件进行最后清理工作，如关闭打开的数据库连接等操作。

3.3　web.config 配置文件

在 ASP.NET 中提供了一种便捷地保存网站配置信息的办法，那就是利用配置文件，配置文件的文件后缀一般是.config，可以实现各种功能的配置，如身份验证模式、自定义错误、编译器选项、页缓存、调试和跟踪选项等。

ASP.NET 提供了两种配置文件：machine.config 和 web.config。

1. machine.config 配置文件

machine.config 文件用于存储服务器的配置信息，这个文件描述了所有 ASP.NET 网站所用的默认设置。该文件默认安装在"[硬盘盘符名]:\WINDOWS\Microsoft.NET\Framework\ 对应 .NET Framework 版本号标识的目录\Config\"目录中。machine.config 文件是一个 XML 格式的文本文件。

2. web.config 配置文件

web.config 文件也是一个 XML 文本文件,它用来存储 ASP.NET 网站的配置信息,可以出现在网站的每一个目录中。在发布网站时 web.config 文件并不编译进 dll 文件中。如果将来客户端发生了变化,仅仅需要用记事本打开 web.config 文件编辑相关设置就可以重新正常使用,非常方便。

当通过 ASP.NET 新建一个网站后,默认情况下会在根目录中自动创建一个 web.config 文件,其内容包括初始的配置设置,所有的子目录都将继承这个文件的配置设置。如果想修改子目录的配置设置,可以在该子目录下新建一个 web.config 文件,这个文件可以提供除从父目录继承的配置信息以外的配置信息,也可以重写或修改父目录中定义的配置信息。

3. web.config 配置文件内容描述

在【例 3-1】中,新建一个网站后,会在"解决方案资源管理器"中显示出自动创建的 web.config 文件,如图 3-3 所示。

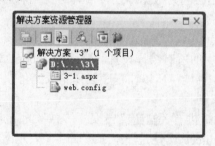

图 3-3　网站根目录下的 web.config 文件

该文件的内容如下:

```xml
<?xml version="1.0"?>
<!--
    有关如何配置 ASP.NET 应用程序的详细信息,请访问
    http://go.microsoft.com/fwlink/?LinkId=169433
-->
<configuration>
    <system.web>
        <compilation debug="true" targetFramework="4.0"/>
    </system.web>
</configuration>
```

因为例 3-1 比较简单,因而其对应的配置文件内容也十分简洁。在"[硬盘盘符名]:\WINDOWS\Microsoft.NET\Framework\ 对应 .NET Framework 版本号标识的目录\ Config\"目录中还有一个 web.config 文件,该文件包含了 ASP.NET 网站常用的配置信息,其内容完整而且复杂。

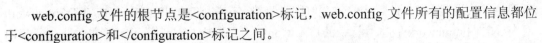

web.config 文件的根节点是<configuration>标记，web.config 文件所有的配置信息都位于<configuration>和</configuration>标记之间。

在根节点<configuration>下常见的子节点有<authentication>、<authorization>、<connectionStrings>和<system.web>等。这些子节点都有特定的结构和处理程序，下面将简单介绍一下常用子节点的功能。

1) <authentication>子节点

用于配置 ASP.NET 身份验证模式，有 4 种身份验证模式：Windows、Forms、Passport 和 None。<authentication>只能在计算机、站点或者应用程序级别声明，必须与<authorization>子节点配合使用。

2) <authorization>子节点

用于控制对 URL 资源的客户端访问，如是否允许匿名用户访问。<authorization>可以在计算机、站点、应用程序、子目录或者页面等任何级别上声明，必须与<authentication>子节点配合使用。

3) <connectionStrings>子节点

用于为 ASP.NET 网站指定数据库连接字符串(名称/值配对的形式)的集合。其优点是一旦开发时所用的数据库和部署时的数据库不一致时，仅仅需要使用文本编辑工具编辑 connectionStrings 即可，而不必因为数据库连接信息的变化而需要改动程序代码或者重新部署，方便维护。

4) <compilation>子节点

用于配置 ASP.NET 使用的所有编译设置。默认的 debug 属性为"true"，即允许调试，在这种情况下会影响网站的性能，所以在程序编译完成交付使用之后应将其设为"false"。

5) <customErrors>子节点

用于为 ASP.NET 网站提供有关自定义错误的信息。此节点有 mode 和 defaultRedirect 两个属性，其中 defaultRedirect 属性是一个可选属性，表示网站发生错误时重定向到的默认 URL，如果没有指定该属性则显示一般性错误。Mode 是一个必选属性。

6) <httpRuntime>子节点

用于配置 ASP.NET HTTP 运行时的设置，以确定如何处理对 ASP.NET 网站的请求。

7) <pages>子节点

用于表示对特定页的设置，主要有 3 个属性：buffer、enableViewStateMac 和 validateRequest。

8) <sessionState>子节点

用于配置当前 ASP.NET 网站的会话状态设置，如设置是否启用会话状态以及会话状态的保存位置。

3.4 Global.asax 文件

Global.asax 文件称为网站全局文件，也称为 ASP.NET 应用程序文件，放在 ASP.NET 网站的根目录中。Global.asax 文件是可选的，用于包含响应 ASP.NET 或 HTTP 模块引发的应用程序级别事件的代码，例如包含响应 Application_Start、Application_End、Session_Start 和 Session_End 等事件的代码。

1. 创建 Global.asax 文件

具体步骤如下所示。

在网站"3"中，选择【网站】→【添加新项】命令，然后在弹出的【添加新项】对话框中，选择【全局应用程序类】项，如图 3-4 所示，单击【添加】按钮即可。注意：左侧【已安装的模板】处选择"Visual C#"选项。

图 3-4　创建 Global.asax 文件

创建后的 Global.asax 文件内容如下：

```
<%@ Application Language="C#" %>
<script runat="server">
    void Application_Start(object sender, EventArgs e)
    {
        //在应用程序启动时运行的代码
    }
    void Application_End(object sender, EventArgs e)
    {
        //在应用程序关闭时运行的代码
    }
    void Application_Error(object sender, EventArgs e)
    {
        //在出现未处理的错误时运行的代码
    }
    void Session_Start(object sender, EventArgs e)
    {
        //在新会话启动时运行的代码
    }
    void Session_End(object sender, EventArgs e)
    {
        //在会话结束时运行的代码
        // 注意：只有在 web.config 文件中的 sessionState 模式设置为
        // InProc 时，才会引发 Session_End 事件。如果会话模式
```

```
            //设置为 StateServer 或 SQLServer，则不会引发该事件
    }
</script>
```

2. Global.asax 文件举例

【例 3-2】编制程序，实现当一个新用户浏览网页时，在线人数加 1；当某用户离开或者会话超时后，在线人数减 1。

在 Global.asax 文件的 Application_Start、Session_Start 和 Session_End 中分别编写代码如下：

```
<%@ Application Language="C#" %>
<script runat="server">
    void Application_Start(object sender, EventArgs e)
    {
        Application["OnlinePeople"] = 0;                //初始化统计在线人数计数器变量
    }
    void Session_Start(object sender, EventArgs e)//当一个新用户浏览网页时触发
    {
        //设置 Session 超时时间为 1 分钟
        Session.Timeout = 1;
        //在线人数增 1
        Application.Lock();
        Application["OnlinePeople"] = (int)Application["OnlinePeople"] + 1;
        Application.UnLock();
    }
    void Session_End(object sender, EventArgs e)    //当某用户离开或者会话超时
后触发
    {
        //在线人数减 1
        Application.Lock();
        Application["OnlinePeople"] = (int)Application["OnlinePeople"] - 1;
        Application.UnLock();
    }
</script>
```

在网站"3"中，利用代码隐藏页模型添加一个 Web 窗体 3-2.aspx，在 3-2.aspx.cs 的 Page_Load 事件中编写实现代码，具体如下：

```
protected void Page_Load(object sender, EventArgs e)
{
    //输出在线人数
    Response.Write("当前在线人数：" + Application["OnlinePeople"].ToString());
}
```

本例设置了 Session 的超时时间为 1 分钟，如果超过 1 分钟不操作该页面，然后再刷新该页面，则在线人数会不断减少。程序运行结果如图 3-5 所示。

图 3-5　例 3-2 运行结果

小　　结

本章主要介绍了 ASP.NET 网站结构、ASP.NET 页面框架、web.config 配置文件以及 Global.asax 文件等内容。通过本章的学习，能够使读者掌握 ASP.NET 网站结构和页面框架的相关知识，能够理解 web.config 配置文件和 Global.asax 文件的基本内容和使用方法。

习　　题

一、填空题

1. 一个 ASP.NET 页面主要包含页面指令、页面语法、_____以及页面事件几部分。

2. ASP.NET 提供了两种用于管理可视元素和代码的模型：单文件页模型和_____。

3. 每个 ASP.NET 页面需要完成两部分功能：页面的显示逻辑和_____。

4. 在 ASP.NET 单文件页模型中，用于业务逻辑的代码模块分为两种：代码声明块和_____。

5. ASP.NET 提供了两种配置文件：machine.config 和_____。

二、简答题

1. 叙述 ASP.NET 网站包含的文件类型及其功能。

2. 叙述 ASP.NET 默认文件夹的内容及其功能。

3. 简述 Page 指令的常用属性及其功能。

4. 叙述 ASP.NET 页面生命周期中各个阶段的内容与作用。

5. 简述 web.config 配置文件的内容与功能。

6. 简述 Global.asax 文件的基本内容。

第 4 章

ASP.NET 4.0 服务器控件

- 了解 HTML 服务器控件的相关知识
- 了解 Web 服务器控件的基本内容
- 掌握常用标准控件的基础知识和使用方法
- 能够使用 ASP.NET 服务器控件设计简单的应用程序

知识结构

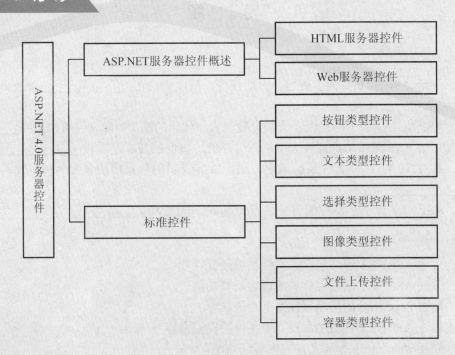

ASP.NET 网站具有交互性，除了提供超级链接给用户单击之外，还提供了如用户注册、输入信息查询、文章发表和回复等诸多网络交互性行为。ASP.NET 网站的交互性是通过其服务器控件来实现的，这些控件不仅增强了 ASP.NET 的功能，同时可以将以往由开发人员完成的许多重复工作都交由控件去完成，大大提高了开发人员的工作效率。

4.1 ASP.NET 服务器控件概述

服务器控件是指在服务器上执行程序代码的组件。服务器控件会提供特定的用户界面，以便客户端用户执行相应的操作，但这些操作行为只有在服务器端才能完成。ASP.NET 提供了两种不同类型的服务器控件：HTML 服务器控件和 Web 服务器控件。其中 Web 服务器控件是 ASP.NET 网站的精华所在，因而本书将主要介绍 Web 服务器控件的相关知识。

4.1.1 HTML 服务器控件

HTML 服务器控件是以 HTML 标记为基础而衍生出来的控件。默认情况下，服务器无法使用页面上的 HTML 元素，但是通过将 HTML 元素转换为 HTML 服务器控件后，服务器就能够使用 HTML 元素并可对其编程。

页面上的 HTML 元素通过添加 runat="server"属性，就可转化为 HTML 服务器控件。如果在代码中作为成员引用该控件，则还应当为控件分配 ID 属性。

HTML 服务器控件位于 System.Web.UI.HtmlControls 命名空间中，在该命名空间中，包含 20 多个 HTML 控件类，数据类型可以分为 HTML 输入控件、HTML 容器控件等。所有的 HTML 服务器控件都继承自 HtmlControl 基类，该类提供了所有的 Html 服务器控件都具有的基本属性和方法。

【例 4-1】HTML 服务器控件的使用。

(1) 启动 Microsoft Visual Studio 2010 程序。选择【文件】→【新建】→【网站】命令，在弹出的【新建网站】对话框中，选择【ASP.NET 空网站】模板，单击【浏览】按钮设置网站存储路径，网站文件夹命名为 "4"，单击【确定】按钮，完成新网站的创建工作。该网站将作为本章所有例题的默认网站。

(2) 然后选择【网站】→【添加新项】命令，在弹出的【添加新项】对话框中，选择【Web 窗体】项，单击【添加】按钮即可。注意：左侧【已安装的模板】处选择 "Visual C#" 选项，底部【名称】一项命名为 4-1.aspx，选中右下角 "将代码放在单独的文件中" 复选框(默认选择)。

(3) 将页面文件 4-1.aspx 切换到设计视图，打开工具箱，选择 "HTML" 选项卡，如图 4-1 所示。按住鼠标左键拖动某个 HTML 控件，如 Input(Button)至设计视图中，松开鼠标左键，在页面中即可出现该控件。

图 4-1 HTML 控件

ASP.NET 程序设计与开发

注意

此时 Input(Button)控件并不是 HTML 服务器控件,只是一个纯粹的客户端 HTML 控件。

切换到页面代码视图,该控件对应的 HTML 代码如下:

```
<input id="Button1" type="button" value="button" />
```

如果想把 Input(Button)控件转换成 HTML 服务器控件,必须在该控件上述代码的基础上添加 runat="server"属性。添加 runat="server"属性后的代码如下:

```
<input id="Button1" type="button" value="button" runat="server"/>
```

上述代码表示 Input(Button)控件已经是 HTML 服务器控件了。

4.1.2 Web 服务器控件

Web 服务器控件包含多种控件类型:标准控件、验证控件、数据控件、导航控件、登录控件和用户控件。本章将重点介绍标准控件的相关知识,后续章节中将逐步介绍验证控件和数据控件等控件的相关知识。

1. 标准控件

该控件位于 Microsoft Visual Studio 2010 工具箱中的"标准"选项卡上,它们是 ASP.NET 服务器控件的主要组成部分,也是 ASP.NET 程序开发最常用的服务器控件。

2. 验证控件

验证控件按照一个预先定义的标准来检验用户输入的信息是否有效,例如,验证用户输入的身份证号码或者电话号码是否合法。验证控件为所有常用类型的标准验证提供了一种便捷的检验机制,另外还提供了自定义编写验证的方法。

3. 数据控件

用于封装并显示大量数据的控件,如 GridView、DataList 等。数据控件支持一些高级特性,例如使用模板、编辑、分页和排序等。

4. 导航控件

用于显示站点地图,并为用户提供站点导航,即允许用户从一个页面可以导航到另一个页面。

5. 登录控件

用于简化创建用户登录页面的过程,为网站提供了一套齐全的、立即可使用的用户授权和管理程序。

112

6. 用户控件

这类控件是用户为了个性化开发 ASP.NET 应用程序，自行开发创建的。使用用户控件应主要遵守以下两条注意事项。

(1) 不能独立地请求用户控件，用户控件必须包含在 ASP.NET 页面内才能使用。

(2) 用户控件文件的扩展名必须为 .ascx，而且用户控件中不包含 html、body 或者 form 标记。

将页面文件 4-1.aspx 切换到设计视图，打开工具箱，选择"标准"选项卡。按住鼠标左键拖动某个标准控件，如 Button 至设计视图中，松开鼠标左键，在页面中即可出现该控件。

该控件对应的页面代码如下：

```
<asp:Button ID="Button2" runat="server" Text="Button" />
```

上面代码和使用 HTML 服务器控件代码不同。

4.2　标　准　控　件

标准控件是 ASP.NET 应用程序中最常使用的控件，其位于 System.Web.UI.WebControls 命名空间中，所有的标准控件都从 WebControl 基类派生。与 HTML 服务器控件相比，标准控件提供了一个相对抽象的、一致的编程模型。标准控件位于 Microsoft Visual Studio 2010 工具箱中的"标准"选项卡中，可细分为不同种类型，下面将详细介绍。

4.2.1　按钮类型控件

按钮类型控件可以使用户通过单击执行相应的代码，并提交页面信息给服务器。标准控件中包括 3 种类型的按钮：Button 控件(普通按钮)、ImageButton 控件(图像按钮)和 LinkButton 控件(超链接按钮)。

1. 普通按钮(Button)控件

Button 控件是页面中的常用控件，该控件呈现的是一个标准的命令按钮，一般用来提交页面信息。定义 Button 控件的语法格式如下：

```
<asp:Button ID="Button1" runat="server" Text="按钮上的文本" onclick="Button1_Click" />
```

Button 控件的常用属性、方法和事件见表 4-1。

表 4-1　Button 控件的常用属性、方法和事件

名　　称	类　　型	说　　明
ID	属性	设置分配给 Button 控件的编程标识符
Text	属性	设置在 Button 控件中显示的文本标题
AccessKey	属性	设置 Button 控件使用的键盘快捷键，可以是单个字母或数字。设置该属性后，通过按键盘上的 Alt 键和指定字符键，即可快速触发该控件

名　称	类　型	说　明
DataBind	方法	将数据源绑定到被调用的服务器控件及其所有子控件
Focus	方法	使 Button 控件获得焦点，此时直接按 Enter 键即可触发该控件
Click	事件	当单击 Button 控件时引发的事件
Command	事件	当单击 Button 控件并定义关联的命令时激发

【例 4-2】Button 控件使用举例。

该实例的实现过程如下所示。

(1) 使用例 4-1 中的(1)、(2)两步骤，建立页面文件 4-2.aspx。

(2) 将页面文件 4-2.aspx 切换到设计视图，可以使用下述两种方法之一向页面中添加控件。

① 拖动工具箱中"标准"选项卡上的控件到页面中。

② 先将光标定位到页面中的一个位置，而后在工具箱中双击要添加的控件，就会在刚才光标所在位置上插入这个控件。

利用上述方法，在页面中添加 3 个控件：一个 Button 控件、两个 Label 控件。

(3) 通过属性窗口设置各个控件的属性，方法为：单击选中页面中的控件，在【属性】窗口中就会出现该控件对应的所有属性，如图 4-2 所示。根据实际要求调整和设置相应控件的属性。本例中 3 个控件的主要属性设置和功能见表 4-2。

经过(2)、(3)两步，设置好的页面如图 4-3 所示。

表 4-2　控件的属性设置及功能

控件名称	属　性	属性值	功　能
Button	ID	Button1	单击按钮在 Label 中显示信息
	Text	显示信息	
Label	ID	Label1	用于显示提示信息
	Text	Button 控件的使用演示：	
	ID	Label2	单击 Button 按钮时，显示程序的最终输出结果
	Text	Label	

图 4-2　控件"属性"设置界面

图 4-3　添加控件后的页面

(4) 本例中，复选框"将代码放在单独的文件中"被选中(默认选择)，此时系统会自动生成一个以 .cs 为扩展名的文件 4-2.aspx.cs。4-2.aspx 文件主要放置用于显示逻辑的代码，而 4-2.aspx.cs 文件则主要放置用于操作业务逻辑的代码。本例中需要处理 Button 控件的鼠标单击事件，即单击【显示信息】按钮实现结果的显示，如果要完成这项功能，需要在 4-2.aspx.cs 文件中编写相关代码。Microsoft Visual Studio 2010 集成开发环境能自动生成事件代码模板，用户只需在生成的模板中添加自己的代码即可。

为按钮对象【显示信息】添加鼠标单击事件代码有两种方法。

① 单击要编写代码的命令按钮，系统自动打开代码编辑器，并出现代码行如下：

```
protected void Button1_Click(object sender, EventArgs e)
    {      }
```

注意

在页面设计视图中，通过双击某个服务器控件，只能创建该控件最常用的事件代码编辑框架，如 Button 控件的 Click 事件。由于服务器控件有多个事件，如果要创建其他事件的代码编辑框架，请使用下面方法。

② 在 Button 控件的属性窗口中，单击 图标，添加 Click 事件方法"Button1_ Click"，如图 4-4 所示。双击"Click"则系统自动切换到代码编辑器并生成如①所示的代码。

本例根据要实现的功能，需要输入如下的程序代码，整体如图 4-5 所示。

```
Label2.Text = "本例为 Button 控件的使用演示，例题步骤详细，后续例题解题步骤与此类似！";
```

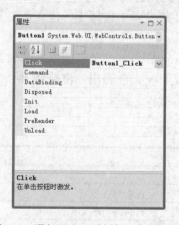

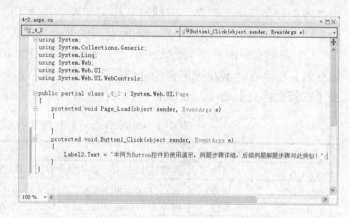

图 4-4 添加 Button 控件的 Click 事件　　　　图 4-5 用户添加的程序代码

(5) 保存应用程序。使用【文件】菜单中的【全部保存】命令或单击工具栏上的【全部保存】按钮，可以将所有编辑过的代码和设计的网页保存。单击工具栏中的 按钮调试和运行程序。

运行程序后，单击【显示信息】按钮，程序会显示"本例为 Button 控件的使用演示，例题步骤详细，后续例题解题步骤与此类似！"信息，如图 4-6 所示。

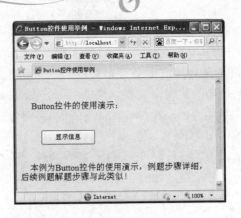

图 4-6 例 4-2 运行结果

2. 图像按钮(ImageButton)控件

ImageButton 控件用于显示具体的图像，在功能上和 Button 控件相同。定义 ImageButton 控件的语法格式如下：

```
<asp: ImageButton ID="ImageButton1" runat="server" onclick="ImageButton1_
Click"  ImageUrl="图像的 URL"/>
```

ImageButton 控件的常用属性和事件见表 4-3。

将图像文件添加到本网站中，有如下两种方法。

(1) 在"解决方案资源管理器"中右击网站名称文件夹，在弹出的快捷菜单中选择【添加现有项】命令，在弹出的"添加现有项"对话框中找到待添加的图像文件，单击【添加】按钮即可将图像添加到本网站中。最好在网站中新建一个专门保存图像的文件夹(方法：右击"解决方案资源管理器"中网站名称文件夹，在弹出的快捷菜单中选择【新建文件夹】命令)，如 Images，将网站中用到的所有图像都添加到其中。

(2) 在硬盘中的网站文件夹中创建一个子文件夹(如 Images)，将网站用到的所有图像都保存到其中。在"解决方案资源管理器"中右击网站名称文件夹，在弹出的快捷菜单中选择【刷新文件夹】命令，就能看到该文件夹和其内部的图像文件。

表 4-3 ImageButton 控件的常用属性和事件

名　　称	类　　型	说　　明
ImageUrl	属性	设置在 ImageButton 控件中显示的图像的位置
ImageAlign	属性	设置 ImageButton 控件相对于网页上其他元素的对齐方式
PostBackUrl	属性	设置单击 ImageButton 控件时从当前页发送到的网页的 URL
AlternateText	属性	设置当图像不可用时，ImageButton 控件中显示的替换文本
Click	事件	当单击 Button 控件时引发的事件

3. 超链接按钮(LinkButton)控件

LinkButton 控件与 Button 控件功能非常相似，允许向服务器端提交页面信息，但是 LinkButton 控件的外观呈现为一个超级链接的样式，这与 Button 控件外观风格有着非常明显的区别。

【例4-3】ImageButton 控件和 LinkButton 控件使用举例。

在网站"4"中添加 Web 窗体 4-3.aspx。在页面中添加两个 ImageButton 控件、一个 LinkButton 控件和一个 Label 控件，控件属性设置参见表 4-4。

表 4-4　控件的属性设置及功能

控件名称	属　　性	属性值	功　　能
ImageButton	ID	ImageButton1	显示 ImageButton 控件图像不可用时的替换文本
	AlternateText		
	ImageUrl		
	ID	ImageButton2	显示 ImageButton 控件图像
	AlternateText		
	ImageUrl		
LinkButton	ID	LinkButton1	单击时，在 Label 控件中显示输出信息
	Text	LinkButton	
Label	ID	Label1	用于显示输出信息
	Text	Label	

在 4-3.aspx.cs 文件中编写代码，主要代码如下：

```
protected void Page_Load(object sender, EventArgs e)
{
    ImageButton1.AlternateText = "暂时没有设置图像";
    ImageButton2.ImageUrl = "~/Images/FuWa.gif";
}
protected void LinkButton1_Click(object sender, EventArgs e)
{
    Label1.Text = "欢迎使用上面的 ImageButton 控件和 LinkButton 控件！";}
```

程序运行时，单击 LinkButton 按钮，运行结果如图 4-7 所示。

图 4-7　例 4-3 运行结果

4.2.2 文本类型控件

1. 标签(Label)控件

Label 控件主要用来在页面上显示静态文本。使用 Label 控件，可以在设计时或者在运行时从程序中设置 Label 控件的文本。如果将 Label 控件的 Text 属性绑定到数据源上，则可在页面上显示数据库数据信息。定义 Label 控件的语法格式如下：

```
<asp:Label ID="Label1" runat="server" Text="显示的文本"></asp:Label>
```

Label 控件的常用属性见表 4-5。

表 4-5　Label 控件的常用属性

名　称	类　型	说　明
Text	属性	设置在 Label 控件中显示的文本
Width	属性	设置 Label 控件的宽度
BackColor	属性	设置 Label 控件的背景颜色
BorderColor	属性	设置 Label 控件的边框颜色
BorderStyle	属性	设置 Label 控件的边框样式

2. 文本框(TextBox)控件

TextBox 控件主要功能是为用户提供输入文本的区域。在默认情况下，TextBox 控件将呈现为一个单行文本框的样式，可以进行相关设置，使其成为多行文本框或者密码框(用于保护用户的输入信息)。定义 TextBox 控件的语法格式如下：

```
<asp:TextBox ID="TextBox1" runat="server" ontextchanged="TextBox1_TextChanged"
TextMode="MultiLine"></asp:TextBox>
```

TextBox 控件的常用属性、方法和事件见表 4-6。

表 4-6　TextBox 控件的常用属性、方法和事件

名　称	类　型	说　明
Text	属性	设置 TextBox 控件中文本内容
TextMode	属性	设置 TextBox 控件的显示模式，选项有：单行(默认)、多行或密码
AutoPostBack	属性	设置在用户修改了 TextBox 控件中的文本后且焦点离开该控件时，数据是否会自动回发到服务器，默认为 False
ReadOnly	属性	指示能否更改 TextBox 控件的内容，即是否只读，默认为 False
MaxLength	属性	设置 TextBox 控件最多允许输入的字符数
Rows	属性	设置多行文本框显示的行数
Columns	属性	设置多行文本框显示的宽度(以字符为单位)
Wrap	属性	指示多行文本框中的文本内容是否自动换行，默认为 True(自动换行)
Focus	方法	使 TextBox 控件获得输入焦点
TextChanged	事件	TextBox 控件中的内容发生改变时引发的事件

说明：

(1) TextMode 属性的取值有以下 3 种。

① SingleLine：将 TextBox 控件设置为单行文本框，用户只能在一行中输入信息。可以通过设置 MaxLength 属性值来限制输入的最大字符数。

② MultiLine：将 TextBox 控件设置为多行文本框，用户可以输入多行文本并执行换行。可以通过设置 Rows 属性值来限制文本框显示的行数。

③ Password：将 TextBox 控件设置为密码文本框，此时用户输入的字符将被"●"屏蔽，以保护用户输入的信息。

(2) 当 TextBox 控件的 AutoPostBack 属性设置为 True 时，若用户修改了 TextBox 控件中的文本后且焦点离开该控件时，将立即触发 TextChanged 事件，页面内容将马上被提交给服务器；当 TextBox 控件的 AutoPostBack 属性设置为 False 时(默认)，若用户修改了 TextBox 控件中的文本后且焦点离开该控件时，并不立即触发 TextChanged 事件，而是在提交页面时才在服务器上触发。

注意

如果用户修改了 TextBox 控件中的文本后按 Enter 键，即便此时 AutoPostBack 属性值为 False，也将触发 TextChanged 事件。

【例 4-4】Label 控件和 TextBox 控件使用举例。

在网站"4"中添加 Web 窗体 4-4.aspx。在页面中添加 3 个 Label 控件、两个 TextBox 控件，控件属性设置参见表 4-7。

表 4-7 控件的属性设置及功能

控件名称	属　　性	属性值	功　　能
Label	ID	Label1	提示输入用户名称
	Text	用户名称：	
	ID	Label2	提示输入用户密码
	Text	用户密码：	
	ID	Label3	用于输出在用户名称文本框中输入的用户名称信息
	Text	Label	
TextBox	ID	TextBox1	用于输入用户名称
	AutoPostBack	True	
	TextMode	SingleLine	
	ID	TextBox2	用于输入用户密码
	AutoPostBack	False	
	TextMode	Password	

在 4-4.aspx.cs 文件中编写代码，主要代码如下：

```
protected void TextBox1_TextChanged(object sender, EventArgs e)
{
    Label3.Text = "您输入的用户名称是："+ TextBox1.Text;
}
```

程序运行时，在用户名称和用户密码文本框中分别输入信息，当输入完用户名称后按 Enter 键或者焦点离开用户名文本框后，在标签中就会显示出输入的用户名称信息，运行结果如图 4-8 所示。

图 4-8　例 4-4 运行结果

4.2.3　选择类型控件

1.　单选按钮(RadioButton)控件

RadioButton 控件很少单独使用，通常在页面中添加一组 RadioButton 控件，这一组 RadioButton 控件被分配一个相同的组名(GroupName)，它们之间的关系是互斥的，程序运行时，每次只能选择该组中的一个单选按钮。当然可以在同一个页面中创建多个单选按钮组，每一组均有自己独立的组名，每一组内的单选按钮间互斥。定义 RadioButton 控件的语法格式如下：

```
<asp:RadioButton ID="RadioButton1" oncheckedchanged="RadioButton1_CheckedChanged"
runat="server"  GroupName="组名"  Text="按钮旁显示的文本"/>
```

RadioButton 控件的常用属性和事件见表 4-8。

表 4-8　RadioButton 控件的常用属性和事件

名　　称	类　　型	说　　明
Text	属性	设置 RadioButton 控件旁的文本内容
AutoPostBack	属性	指示在单击 RadioButton 控件时，是否自动回发到服务器，默认为 False
GroupName	属性	设置 RadioButton 控件所属的组名，在同一个组内只能有一个 RadioButton 控件处于选中状态
TextAlign	属性	设置 RadioButton 控件关联的文本标签的对齐方式
Checked	属性	指示 RadioButton 控件是否被选中，默认为 False，表示未被选中
Enabled	属性	设置 RadioButton 控件是否可用，默认为 True(可用)
CheckedChanged	事件	当用户更改了 RadioButton 控件选定项时(Checked 属性值发生改变时)引发该事件

说明：当 RadioButton 控件的 AutoPostBack 属性设置为 True 时，若用户更改了

RadioButton 控件选定项时，将立即触发 CheckedChanged 事件；当 RadioButton 控件的 AutoPostBack 属性设置为 False 时(默认)，若用户更改了 RadioButton 控件选定项时，并不立即触发 CheckedChanged 事件，而是在提交页面时才在服务器上触发。

【例 4-5】RadioButton 控件使用举例。

在网站"4"中添加 Web 窗体 4-5.aspx。在页面中添加 3 个 RadioButton 控件、一个 Label 控件，控件属性设置参见表 4-9。

表 4-9　控件的属性设置及功能

控件名称	属　　性	属性值	功　　能
Label	ID	Label1	当用户选择了 RadioButton 控件后，用于输出用户的选择信息
	Text	Label	
RadioButton	ID	RadioButton1	"红灯亮"单选按钮
	AutoPostBack	True	
	GroupName	light	
	Text	红灯亮	
	ID	RadioButton2	"绿灯亮"单选按钮
	AutoPostBack	True	
	GroupName	light	
	Text	绿灯亮	
	ID	RadioButton3	"黄灯亮"单选按钮
	AutoPostBack	True	
	GroupName	light	
	Text	黄灯亮	

在 4-5.aspx.cs 文件中编写代码，主要代码如下：

```
protected void RadioButton1_CheckedChanged(object sender, EventArgs e)
{
    if (RadioButton1.Checked)
      Label1.Text = "您选择了  "+RadioButton1.Text;
    else if (RadioButton2.Checked)
      Label1.Text = "您选择了  "+RadioButton2.Text;
    else if (RadioButton3.Checked)
      Label1.Text = "您选择了  "+RadioButton3.Text;
}
```

因为 3 个单选按钮位于同一组中，组名为 light，因而可以实现互斥选择。当单击任何一个单选按钮时，在标签中就会显示出相应的选择信息，运行结果如图 4-9 所示。

ASP.NET 还提供了单选按钮列表(RadioButtonList)控件，它可以看成是一个 RadioButton 控件的集合。RadioButtonList 控件可以直接添加选项，也可以通过绑定数据源来添加选项，各选项之间也是互斥的，即只能实现单项选择。

RadioButtonList 控件不允许用户在其各选项之间插入文本，但是它提供了自动分组功能，如果页面中需要添加多组单选按钮时，或者需要创建一组基于数据源中数据的单选按钮时，使用 RadioButtonList 控件是很好的选择。当希望单独设置单选按钮的布局和外观时，使用 RadioButton 控件是更好的选择。

图 4-9　例 4-5 运行结果

2.　复选框(CheckBox)控件

CheckBox 控件提供了一种在二选一(如真/假、是/否)选项之间切换的方法。和 RadioButton 类似，多个 CheckBox 控件也可以组成一组，但与 RadioButton 控件不同的是，一组 CheckBox 控件中用户可以选择其中的一项或者多项，而一组 RadioButton 控件中用户只能选择其中的一项。定义 CheckBox 控件的语法格式如下：

```
<asp:CheckBox ID="CheckBox1" oncheckedchanged="CheckBox1_CheckedChanged"
 runat="server"  Text="复选框旁显示的文本" />
```

CheckBox 控件的常用属性和事件见表 4-10。

表 4-10　CheckBox 控件的常用属性和事件

名　　称	类　型	说　　明
Text	属性	设置 CheckBox 控件旁的文本内容
AutoPostBack	属性	该属性指示在单击 CheckBox 控件时，是否自动回发到服务器，默认为 False
TextAlign	属性	设置 CheckBox 控件关联的文本标签的对齐方式
Checked	属性	指示 CheckBox 控件是否被选中，默认为 False，表示未被选中
CheckedChanged	事件	当用户更改了 CheckBox 控件选定项时(Checked 属性值发生改变时)引发该事件

说明：

CheckBox 控件的 AutoPostBack 属性和 CheckedChanged 事件配合使用情况与 RadioButton 控件相似。

【例 4-6】CheckBox 控件使用举例。

在网站"4"中添加 Web 窗体 4-6.aspx。在页面中添加 4 个 CheckBox 控件、两个 Label 控件，控件属性设置参见表 4-11。

表 4-11　控件的属性设置及功能

控件名称	属　性	属性值	功　能
Label	ID	Label1	提示用户进行选择
	Text	下面哪些项是 CheckBox 控件的属性(多选)：	
	ID	Label2	当用户选择了 CheckBox 控件后，用于输出选择正确与否信息
	Text	Label	
CheckBox	ID	CheckBox1	"Text 属性"复选框
	AutoPostBack	True	
	Text	Text 属性	
	ID	CheckBox2	"Checked 属性"复选框
	AutoPostBack	True	
	Text	Checked 属性	
	ID	CheckBox3	"AutoPostBack 属性"复选框
	AutoPostBack	True	
	Text	AutoPostBack 属性	
	ID	CheckBox4	"GroupName 属性"复选框
	AutoPostBack	True	
	Text	GroupName 属性	

在 4-6.aspx.cs 文件中编写代码，主要代码如下：

```
protected void CheckBox1_CheckedChanged(object sender, EventArgs e)
{
    if (CheckBox1.Checked && CheckBox2.Checked && CheckBox3.Checked && !CheckBox4.Checked)
        Label2.Text = "恭喜你，您的作答完全正确！";
    else
        Label2.Text = "很遗憾，您没有选全或者选错了，继续努力！";
}
```

程序运行时，只有同时选择"Text 属性"、"Checked 属性"和"AutoPostBack 属性"3 个复选框，而不选中"GroupName 属性"复选框时，才会输出"恭喜你，您的作答完全正确！"提示信息，其余选择情况均会输出"很遗憾，您没有选全或者选错了，继续努力！"的错误信息，运行结果如图 4-10 所示。

3．列表框(ListBox)控件

1) ListBox 控件概述

ListBox 控件用于显示一组列表项，通过 Items 集合来提供这些列表项，用户可以从这些列表项中选择一项或者多项。如果列表项的总数超出可以显示的项数，则 ListBox 控件会自动添加滚动条。定义 ListBox 控件的语法格式如下：

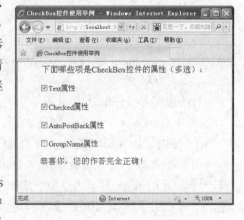

图 4-10　例 4-6 运行结果

```
<asp:ListBox ID="ListBox1" runat="server"  Height="列表框的高度"  Width="列
表框的宽度"  Rows="显示的行数" onselectedindexchanged="ListBox1_SelectedIndexChanged"
    SelectionMode="列表框的选择模式">
    <asp:ListItem Value="选项1">选项1显示的文本</asp:ListItem>
    <asp:ListItem Value="选项2">选项2显示的文本</asp:ListItem>
    ⋮
</asp:ListBox>
```

ListBox 控件的常用属性、方法和事件见表 4-12。

表 4-12   ListBox 控件的常用属性、方法和事件

名　　称	类　　型	说　　明
Rows	属性	设置 ListBox 控件中显示的行数
Width	属性	设置 ListBox 控件的宽度
Height	属性	设置 ListBox 控件的高度
AutoPostBack	属性	设置当用户更改了 ListBox 控件的选定项时,是否自动回发到服务器,默认为 False
SelectionMode	属性	设置 ListBox 控件的选择模式,有两种选项:Single(只能选中一个列表项,默认值)或 Multiple(可同时选中多个列表项)
SelectedItem	属性	获取 ListBox 控件中所有选中项中索引值最小的选定项,该属性为只读属性
SelectedValue	属性	获取 ListBox 控件中选定项的 Value 属性值,或者选择 ListBox 控件中包含指定值的项。该属性为只读属性
SelectedIndex	属性	获取 ListBox 控件中所有选中项中最低序号的索引值。如果没有选择任何选项,该属性值为-1
ClearSelection	方法	清除 ListBox 控件中所有列表项的选中状态,并使所有列表项的 Selected 属性设置为 False
GetSelectedIndices	方法	获取 ListBox 控件中当前所有选定项的索引值数组
SelectedIndexChanged	事件	当用户更改了 ListBox 控件选定项时引发该事件

说明:

(1) ListBox 控件的 AutoPostBack 属性和 SelectedIndexChanged 事件配合使用情况与 TextBox 控件的 AutoPostBack 属性和 TextChanged 事件配合使用情况相似。

(2) SelectedItem 和 SelectedValue 属性为只读属性,在设计时不可用,只能在程序代码中读取这些属性的值。

2) ListBox 控件的基本用法

(1) 向 ListBox 控件中添加列表项。

① 使用设计视图添加。在设计视图中,从工具箱中的"标准"选项卡中拖动 ListBox 控件到页面中,会自动显示如图 4-11 所示的"ListBox 任务"列表。如果该任务列表被隐藏,可单击 ListBox 控件右上角的按钮 ▷ 将其展开。在"ListBox 任务"列表中,"选择数据源"命令用于将 ListBox 控件绑定到某个数据表指定的字段上。选择【编辑项】命令,会弹出"ListItem 集合编辑器"对话框。

注意

选中 ListBox 控件，在属性窗口单击"Items"属性后的 <u>...</u> 按钮，同样会弹出"ListItem 集合编辑器"对话框。

在"ListItem 集合编辑器"对话框中单击【添加】按钮，会弹出图 4-12 所示的对话框。在该对话框中，每个列表项之前带有一个数字编号，该编号为该列表项的索引值(Index)，第一个列表项的索引值默认为 0，以后的每个列表项的索引值在前一列表项索引值的基础上增 1。对话框右侧窗口中列出了每一个列表项的 4 个属性，其含义见表 4-13。

图 4-11　ListBox 控件的任务列表　　　　图 4-12　【ListItem 集合编辑器】对话框

表 4-13　ListBox 控件列表项的属性

名　称	说　明
Enabled	设置列表项是否可用，默认值为 True
Selected	设置列表项是否被选中，默认值为 False
Text	设置列表项显示的文本
Value	指定一个与该列表项关联但不显示的值，默认与 Text 属性值相同。例如，对应于某一列表项，其 Text 属性可以设置为学生的姓名，而 Value 属性可设置为学生的年龄

在图 4-12 中，设置第一个列表项的 Text 属性为"李磊"(学生姓名)，Value 属性为"26"(学生年龄)。按照上述过程，再添加 4 个列表项，它们的 Text 属性和 Value 属性依次为：高明，25；刘璐，23；吴军，22；赵阳，28。添加完毕的列表项状况如图 4-13 所示，对应的 ListBox 控件状态如图 4-14 所示。

图 4-13　列表项添加状态图　　　　　　　图 4-14　ListBox 控件

② 使用代码添加。添加列表项的代码如下(以添加"李磊"数据为例)：

```
ListBox1.Items.Add(new ListItem("李磊", "26"));
```

可以看到，代码中采用 Add 方法添加每一列表项(包括 Text 属性和 Value 属性两个部分)，ListBox1 为待添加列表项的 ListBox 控件的 ID 属性值。

(2) 删除 ListBox 控件中的列表项。

① 使用设计视图删除。在图 4-13 左侧窗口中选择某一个列表项，单击【移除】按钮，便可将该列表项删除。

② 使用代码删除。删除列表项的代码如下：

```
ListBox1.Items.Remove(列表项);
ListBox1.Items.RemoveAt(索引值);
```

如果要删除图 4-14 中索引值为 0 的列表项，即"李磊"列表项，代码如下：

```
ListBox1.Items.RemoveAt(0);
```

(3) 设置 ListBox 控件中某一列表项选中的代码如下：

```
ListBox1.Items[i].Selected = true;
```

i 表示待选中列表项的索引值。

(4) 获取某一列表项的 Text 属性和 Value 属性的代码如下：

```
ListBox1.Items[i].Text              //获取列表项的 Text 属性
ListBox1.Items[i].Value             //获取列表项的 Value 属性
```

i 表示待获取属性列表项的索引值。

(5) SelectedItem 属性用法。SelectedItem 属性用于获取 ListBox 控件(SelectionMode 属性设置为 Multiple)中所有选中项中索引值最小的选定项。根据图 4-14 所示列表框，举例如下：

```
ListBox1.Items[2].Selected = true; //使索引值为 2 的列表项("刘璐"列表项)被选中
 ListBox1.Items[3].Selected = true; //使索引值为 3 的列表项("吴军"列表项)被选中
    Response.Write(ListBox1.SelectedItem.Value);
                                 //输出索引值为 2 的列表项的 Value 属性
Response.Write(ListBox1.SelectedItem.Text);
                                 //输出索引值为 2 的列表项的 Text 属性
    ListBox1.Items.Remove(ListBox1.SelectedItem);   //删除索引值为 2 的列表项
```

上述代码首先选中索引值为 2 和 3 的列表项，使用 ListBox1.SelectedItem 获得所有选中项中索引值最小的选定项，即获得索引值为 2 的列表项("刘璐"列表项)。在输出索引值为 2 的列表项的 Value 属性("26")和 Text 属性("刘璐")后，将索引值为 2 的列表项("刘璐"列表项)删除掉。

(6) SelectedValue 属性用法。SelectedValue 属性用于获取 ListBox 控件中选定项的 Value 属性值，代码如下：

```
ListBox1.SelectedValue              //获取 ListBox 控件中选定项的 Value 属性值
```

例如下面代码将获得图 4-14 所示"赵阳"列表项的属性值(即"28")。

```
ListBox1.Items[4].Selected = true;    //使索引值为 4 的列表项("赵阳"列表项)被选中
ListBox1.SelectedValue    //获取索引值为 4 的列表项("赵阳"列表项)的 Value 属性值
```

(7) SelectedIndex 属性用法。SelectedIndex 属性获取 ListBox 控件(SelectionMode 属性设置为 Multiple)中所有选中项中最低序号的索引值。如果没有选择任何选项，该属性值为-1。下面代码将获得图 4-14 所示"吴军"列表项的索引值("3")。

```
ListBox1.Items[3].Selected = true; //使索引值为 3 的列表项("吴军"列表项)被选中
ListBox1.Items[4].Selected = true; //使索引值为 4 的列表项("赵阳"列表项)被选中
Response.Write(ListBox1. SelectedIndex);//输出索引值为 3 的列表项("吴军")的索引值
```

(8) 获取 ListBox 控件中列表项的数目(图 4-14 中列表项的数目为 5)，代码如下：

```
ListBox1.Items.Count    //获取 ListBox 控件中列表项的数目
```

(9) GetSelectedIndices 方法用法。GetSelectedIndices 方法用于获取 ListBox 控件中当前所有选定项的索引值数组。下面代码将输出图 4-14 所示"李磊"列表项的索引值("0")和"高明"列表项的索引值("1")。

```
ListBox1.Items[0].Selected = true; //使索引值为 0 的列表项("李磊"列表项)被选中
ListBox1.Items[1].Selected = true; //使索引值为 1 的列表项("高明"列表项)被选中
    foreach (int i in ListBox1.GetSelectedIndices())
        Response.Write(i);            //输出"李磊"列表项和"高明"列表项的索引值
```

3) ListBox 控件举例

【例 4-7】ListBox 控件使用举例。

在网站"4"中添加 Web 窗体 4-7.aspx。在页面中添加两个 ListBox 控件、两个 Label 控件和两个 Button 控件，使用表格("表菜单"中【插入表】命令添加)调整页面布局。主要控件属性设置参见表 4-14。

表 4-14　主要控件的属性设置及功能

控件名称	属　　性	属性值	功　　能
Button	ID	Button1	向 ListBox2 列表框中添加列表项
	Text	添加>>	
	ID	Button2	从 ListBox2 列表框中移除列表项
	Text	<<移除	
ListBox	ID	ListBox1	显示"体育运动名称"列表
	SelectionMode	Multiple	
	BackColor	#66FF33	
	ID	ListBox2	显示"您喜欢的体育运动名称"列表
	SelectionMode	Multiple	
	BackColor	#66FF33	

在 4-7.aspx.cs 文件中编写代码，主要代码如下：

```
protected void Page_Load(object sender, EventArgs e)
{ //添加"体育运动名称"列表框中列表项
    if (!IsPostBack)                    //只有该页面首次加载时才执行其语句部分
    {
        ListBox1.Items.Add(new ListItem("篮球", "篮球"));
        ListBox1.Items.Add(new ListItem("足球", "足球"));
        ListBox1.Items.Add(new ListItem("排球", "排球"));
        ListBox1.Items.Add(new ListItem("乒乓球", "乒乓球"));
        ListBox1.Items.Add(new ListItem("羽毛球", "羽毛球"));
        ListBox1.Items.Add(new ListItem("网球", "网球"));
    }
}
protected void Button1_Click(object sender, EventArgs e)
{ //实现"您喜欢的体育运动名称"列表框中列表项的添加
    for (int i = 0; i < ListBox1.Items.Count; i++)
    {//对于"体育运动名称"列表框中的所有列表项执行下列操作
        if (ListBox1.Items[i].Selected)            //如果当前列表项处于选中状态
        {   //判断当前列表项是否被添加过
            ListItem li = ListBox2.Items.FindByText(ListBox1.Items[i].Text);
            if (li == null)                    //当前列表项没有被添加过
            {   //将当前列表项添加到"您喜欢的体育运动名称"列表框中
                ListBox2.Items.Add(ListBox1.Items[i].Text);
            }
        }
    }
    ListBox1.ClearSelection();}    //清除"体育运动名称"列表框中列表项的选中状态
protected void Button2_Click(object sender, EventArgs e)
{ //实现"您喜欢的体育运动名称"列表框中列表项的移除
    for (int i = 0; i < ListBox2.Items.Count; i++)
    {//对于"您喜欢的体育运动名称"列表框中的所有列表项执行下列操作
        if (ListBox2.Items[i].Selected)            //如果当前列表项处于选中状态
        {
            ListBox2.Items.RemoveAt(i);            //将当前列表项移除
        }
    }
    ListBox2.ClearSelection();//清除"您喜欢的体育运动名称"列表框中列表项的选中状态
}
```

程序运行时，单击【添加】按钮，可以实现"您喜欢的体育运动名称"列表框的列表项的添加操作；单击【移除】按钮，可以实现"您喜欢的体育运动名称"列表框中列表项的移除操作，运行结果如图 4-15 所示。

图 4-15　例 4-7 运行结果

4. 下拉列表框(DropDownList)控件

1) DropDownList 控件概述

DropDownList 控件在页面上呈现为下拉列表框，其使用方式与 ListBox 控件相似，也是通过 Items 集合来提供这些列表项，但 DropDownList 控件只允许用户从预定义的多个列表项中选择一项。在选择前，用户只能看到第一个列表项，其余的列表项都被"隐藏"起来。定义 DropDownList 控件的语法格式如下：

```
<asp:DropDownList ID="DropDownList1" runat="server" Height="下拉列表框的高度"
    onselectedindexchanged="DropDownList1_SelectedIndexChanged" Width="下
拉列表框的宽度">
        <asp:ListItem Value="选项 1">选项 1 显示的文本</asp:ListItem>
        <asp:ListItem Value="选项 2">选项 2 显示的文本</asp:ListItem>
        ⋮
</asp:DropDownList>
```

DropDownList 控件的常用属性、方法和事件与 ListBox 控件相似，见表 4-15。

表 4-15　ListBox 控件的常用属性、方法和事件

名　　称	类　　型	说　　明
AutoPostBack	属性	设置当用户更改了 DropDownList 控件的选定项时，是否自动回发到服务器，默认为 False
DataSource	属性	设置数据源对象，DropDownList 控件从该对象中获取其列表项
DataTextField	属性	设置为列表项提供文本内容的数据源字段
DataValueField	属性	设置为各列表项提供值的数据源字段
DataBind	方法	将数据源绑定到被调用的服务器控件及其所有子控件
SelectedIndexChanged	事件	当用户更改了 DropDownList 控件选定项时引发该事件

说明：

DropDownList 控件的 AutoPostBack 属性和 SelectedIndexChanged 事件配合使用情况与 ListBox 相似。

2) DropDownList 控件的基本用法

① 添加和删除 DropDownList 控件中列表项与 ListBox 控件添加和删除列表项方法类似。

② DataSource 属性用法。DataSource 属性用于设置数据源对象，DropDownList 控件将从该对象中获取其列表项。下面的代码将实现 DropDownList 控件利用 DataSource 属性从数组中获取其列表项。

```
string [] myColorArray = new string[3]{ "红色", "黄色", "蓝色"};
DropDownList1.DataSource = myColorArray;
DropDownList1.DataBind();                //将数组绑定到 DropDownList1 空间上
```

上述代码执行后，DropDownList1 下拉列表框将获得 3 个列表项："红色"、"黄色"和"蓝色"。

3) DropDownList 控件举例

【例 4-8】DropDownList 控件使用举例。

在网站"4"中添加 Web 窗体 4-8.aspx。在页面中添加一个 DropDownList 控件、两个 Label 控件。控件属性设置参见表 4-16。

表 4-16 主要控件的属性设置及功能

控件名称	属性	属性值	功能
Label	ID	Label1	显示提示信息
	Text	请在下拉列表中选择颜色列表项：	
	ID	Label2	从 DropDownList 下拉列表框选择列表项后显示输出信息
	Text	Label	
DropDownList	ID	DropDownList1	"颜色"下拉列表框
	AutoPostBack	True	

在 4-8.aspx.cs 文件中编写代码，主要代码如下：

```
protected void Page_Load(object sender, EventArgs e)
{    //添加"颜色"下拉列表框中列表项
    if (!IsPostBack)   //只有该页面首次加载时才执行其语句部分
    {
        DropDownList1.Items.Add(new ListItem("红色", "红色"));
        DropDownList1.Items.Add(new ListItem("黄色", "黄色"));
        DropDownList1.Items.Add(new ListItem("蓝色", "蓝色"));
    }
}
protected void DropDownList1_SelectedIndexChanged(object sender, EventArgs e)
{    //当在"颜色"下拉列表框中选择列表项时，改变下拉列表框的背景颜色并输出信息
    //变量 color 中保存了在"颜色"下拉列表框中选择的列表项
    string color = DropDownList1.SelectedItem.Text;
    switch (color)
    {
        case "红色":
            DropDownList1.BackColor = System.Drawing.Color.Red;
```

```
        Label2.Text = "您选择了红色，下拉列表框背景颜色将被设置成红色！";
        break;
    case "黄色":
        DropDownList1.BackColor = System.Drawing.Color.Yellow;
        Label2.Text = "您选择了黄色，下拉列表框背景颜色将被设置成黄色！";
        break;
    case "蓝色":
        DropDownList1.BackColor = System.Drawing.Color.Blue;
        Label2.Text = "您选择了蓝色，下拉列表框背景颜色将被设置成蓝色！";
        break;
    default:
        DropDownList1.BackColor = System.Drawing.Color.White;
        Label2.Text = "您没有做任何选择，下拉列表框将保持默认颜色！";
        break;
    }
}
```

程序运行时，当在“颜色”下拉列表框中选择列表项后，下拉列表框的背景颜色将跟随改变并输出信息，运行结果如图 4-16 所示。

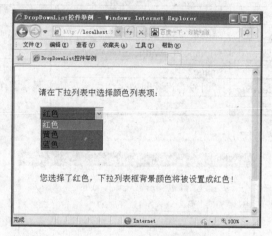

图 4-16　例 4-8 运行结果

4.2.4　图像类型控件

图像类型控件包含两种：Image 控件和 ImageMap 控件。Image 控件用于简单的显示图像，ImageMap 控件用于创建客户端的、可单击的图像映射。本小节主要介绍 Image 控件的相关知识。

Image 控件可以在页面上显示图像，也可以在设计时或者运行时以编程方式为 Image 控件指定图像文件。Image 控件能够利用 ImageUrl 属性绑定到一个数据源上，从而可以根据数据库的信息显示图像。定义 Image 控件的语法格式如下：

```
<asp:Image ID="Image1" runat="server" Height="Image 控件的高度" ImageUrl=
"图像的 URL " Width="Image 控件的宽度" />
```

Image 控件的常用属性见表 4-17。

表 4-17　Image 控件的常用属性

名　　称	类　　型	说　　明
ImageUrl	属性	设置在 Image 控件中显示的图像的位置
ImageAlign	属性	设置 Image 控件相对于网页上其他元素的对齐方式
ToolTip	属性	设置当鼠标指针悬停 Image 控件上时显示的文本。如果未指定该属性，某些浏览器将使用 AlternateText 属性值作为控件提示文本
AlternateText	属性	设置当图像不可用时，Image 控件中显示的替换文本
Height	属性	设置 Image 控件的高度
Width	属性	设置 Image 控件的宽度

【例 4-9】Image 控件使用举例。

在网站"4"中添加 Web 窗体 4-9.aspx。在页面中添加两个 Image 控件，控件属性设置参见表 4-18。

表 4-18　控件的属性设置及功能

控件名称	属　　性	属　性　值	功　　能
Image	ID	Image1	显示 Image 控件图像
	ToolTip	漂亮的福娃图片	
	ImageUrl	~/Images/FuWaPic.gif	
	ID	Image2	显示图像不可用时的替换文本
	AlternateText	暂时没有设置图像	
	ImageUrl		

程序运行结果如图 4-17 所示。

图 4-17　例 4-9 运行结果

4.2.5　文件上传控件

FileUpload 控件又称为文件上传控件，主要用于向指定目录上传图片文件、文本文件或者其他文件。FileUpload 控件呈现为一个文本框和一个【浏览】按钮组合的形式，用户可以直接在文本框中输入待上传的文件路径和文件名，或者单击【浏览】按钮选择待上传的文件。FileUpload 控件不会自动上传文件,必须设置相关的事件处理程序,并在程序中实现文件的上传。定义 FileUpload 控件的语法格式如下:

```
<asp:FileUpload ID="FileUpload1" runat="server" Width="控件宽度" Height=
"控件高度"/>
```

FileUpload 控件的常用属性和方法见表 4-19。

表 4-19 FileUpload 控件的常用属性和方法

名 称	类 型	说 明
FileName	属性	获取客户端上使用 FileUpload 控件上传的文件名称(包括扩展名),但利用该属性不能获取上传文件在客户端的全路径
HasFile	属性	用于检测 FileUpload 控件中是否包含待上传的文件,若包含则返回 True,否则返回 False
PostedFile	属性	获取使用 FileUpload 控件上传的文件的基础 HttpPostedFile 对象
Height	属性	设置 FileUpload 控件的高度
Width	属性	设置 FileUpload 控件的宽度
SaveAs	方法	用于将上传的文件保存到服务器端的指定路径中。该方法的参数为服务器端保存上传文件的路径和上传文件名

使用 FileUpload 控件上传文件的基本步骤如下所示。

(1) 在设计视图中添加 FileUpload 控件。

(2) 在相关的事件处理程序中,执行下面的操作。

① 测试 FileUpload 控件的 HasFile,检查该控件中是否包含有待上传的文件。

② 检查待上传文件的扩展名,确保该文件属于允许上传的文件类型。

③ 通过 FileUpload 控件的 FileName 属性获取上传文件的名称和扩展名(注意:FileName 属性不能获取上传文件在客户端的全路径)。

④ 设置上传文件在服务器端保存的新位置,如果要上传到默认网站的某文件夹中,可使用如下代码获取路径信息。

```
string serverPath = Server.MapPath("~/文件夹名/ ");  //获取上传文件在默认网站中的保存路径
```

⑤ 利用 FileUpload 控件的 SaveAs 方法将上传的文件保存到服务器端的指定路径中。SaveAs 方法的参数为服务器端保存上传文件的路径和上传文件名。

【例 4-10】FileUpload 控件使用举例。

在网站“4”中添加 Web 窗体 4-10.aspx。在页面中添加一个 FileUpload 控件、两个 Label 控件、一个 Button 控件和一个 Image 控件。控件属性设置参见表 4-20。

表 4-20 控件的属性设置及功能

控件名称	属 性	属性值	功 能
Label	ID	Label1	显示文件上传成功信息
	Text	Label	
	ID	Label2	文件上传成功后,显示上传文件的详细信息
	Text	Label	

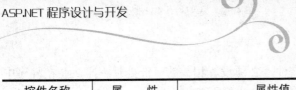

控件名称	属　性	属性值	功　能
Button	ID	Button1	单击实现图片文件的上传操作
	Text	上传图片文件	
Image	ID	Image1	用于显示上传的图片文件
FileUpload	ID	FileUpload1	文件上传控件

在 4-10.aspx.cs 文件中编写代码，主要代码如下：

```
protected void Button1_Click(object sender, EventArgs e)
{
    Boolean fileType = false;        //初始化判断上传文件类型合法性的标志
    if (FileUpload1.HasFile)
    {
        try
        {
            //获取客户端上使用 FileUpload 控件上传文件的扩展名
            String fileExten = System.IO.Path.GetExtension(FileUpload1.FileName).
ToLower();
            String[] allowedExtens = { ".gif", ".png", ".jpeg", ".jpg", ".bmp" };
            //根据图片文件扩展名检查文件类型
            for (int i = 0; i < allowedExtens.Length; i++)
            {
                //检查待上传的文件是否为允许的图片文件格式
                if (fileExten == allowedExtens[i])
                {
                    //设置标志，指示上传文件类型符合要求
                    fileType = true;
                }
            }
            if (fileType)        //上传文件类型符合要求
            {
                string upFileName = FileUpload1.FileName;  //获取上传文件的名称
                //设置上传图片文件在服务器端的保存路径
                string serPath = Server.MapPath("imageUpLoad");
                if (!System.IO.Directory.Exists(serPath))  //指定的文件夹不存在
                {
                    System.IO.Directory.CreateDirectory(serPath);  //创建文件夹
                }
                //设置上传图片文件在服务器端的新路径
                string newPath = serPath + "\\" + upFileName;
                FileUpload1.SaveAs(newPath);        //保存上传的图片文件
                //显示上传文件的相关信息
                Label1.Text = "图片文件上传成功！";
                Label2.Text = "上传文件详细信息如下：" + "<br />";
                Label2.Text += "上传文件在客户端的详细路径：" + FileUpload1.
PostedFile.FileName + "<br />";
```

```
                Label2.Text += "上传文件的名称: " + FileUpload1.FileName + "<br />";
                Label2.Text += " 上 传 文 件 大 小 ： " + FileUpload1.PostedFile.
ContentLength/1024 +"KB"+ "<br />";
                Label2.Text += " 上 传 文 件 类 型 ： " + FileUpload1.PostedFile.
ContentType + "<br />";
                Label2.Text += "文件上传后在服务器端的新路径: " + newPath + "<br />";
                //显示上传的图片文件
                Image1.ImageUrl = "~/imageUpLoad/" + upFileName;
            }
            else  //上传文件的类型不是图片文件
            {
                ClientScript.RegisterStartupScript(this.GetType(), "", "alert
('请选择图片文件！');", true);
            }
        }
        catch      //上传操作发生异常
        {
            ClientScript.RegisterStartupScript(this.GetType(), "", "alert
('文件上传失败！');", true);
        }
    }
    else        //没有选择待上传的文件
    {
        ClientScript.RegisterStartupScript(this.GetType(), "", "alert('请
选择要上传的图片文件！');", true);
    }
}
```

程序运行时，单击【上传图片文件】按钮进行上传图片文件操作，文件上传成功后，会显示上传的图片文件的详细信息，运行结果如图 4-18 所示。

图 4-18 例 4-10 运行结果

4.2.6　容器类型控件

容器类型控件是指可以放置其他控件的一类控件，主要是为了方便页面设计和布局而引入的。容器类型控件主要分为两种：Panel 控件和 PlaceHolder 控件，本节主要介绍 Panel 控件的相关知识。

Panel 控件又称为面板控件，是一种用来对其他控件进行分组的容器控件。使用 Panel 控件可以使页面布局更加规范，并且更加清晰美观。同时 Panel 控件可以将放置其内的多个控件作为一个单元进行管理，实际应用中，如果开发人员希望控制一组控件的整体行为(如同时显示、隐藏或者禁用一组控件)，可以使用 Panel 控件。

定义 Panel 控件的语法格式如下：

```
<asp:Image ID="Image1" runat="server" Height="Image 控件的高度" ImageUrl=
"图像的URL " Width="Image 控件的宽度" />
```

Panel 控件的常用属性见表 4-21。

表 4-21　Panel 控件的常用属性

名　　称	类　　型	说　　明
HorizontalAlign	属性	设置或者获取面板内容的水平对齐方式
Direction	属性	设置或者获取在 Panel 控件中显示包含文本的控件的方向
GroupingText	属性	设置或者获取 Panel 控件中包含的控件组的标题
ScrollBars	属性	设置或者获取 Panel 控件中滚动条的可见性和位置
Visible	属性	用于指示 Panel 控件是否可见
BackColor	属性	设置或者获取 Panel 控件的背景颜色
Wrap	属性	用于指示 Panel 控件中的内容是否换行

【例 4-11】Panel 控件使用举例。

在网站 "4" 中添加 Web 窗体 4-11.aspx。在页面中添加两个 Panel 控件、3 个 Label 控件、两个 TextBox 控件、两个 Button 控件和两个 CheckBox 控件。其中 3 个 Label 控件、两个 TextBox 控件和两个 Button 控件放置于 Panel1 控件中；两个 CheckBox 控件放置于 Panel2 控件中，主要控件的属性设置参见表 4-22。

表 4-22　主要控件的属性设置及功能

控件名称	属　　性	属性值	功　　能
Panel	ID	Panel1	用于放置 3 个 Label 控件、两个 TextBox 控件和两个 Button 控件
	BackColor	Silver	
	ID	Panel2	用于放置两个 CheckBox 控件
	BackColor	Silver	
Button	ID	Button1	没有为该控件编写代码，只是起到装饰界面的作用
	Text	登录	
	ID	Button2	用于显示或者隐藏 Panel2 控件
	Text	Button	

续表

控件名称	属性	属性值	功能
CheckBox	ID	CheckBox1	位于 Panel2 控件内，用于表明登录用户为管理员身份
	Checked	True	
	Text	管理员	
	ID	CheckBox2	位于 Panel2 控件内，用于完成记住密码功能
	Checked	True	
	Text	记住密码	

在 4-11.aspx.cs 中编写实现显示和隐藏 Panel2 控件的代码，具体如下：

```
public partial class _4_11 : System.Web.UI.Page
{
    protected void Page_Load(object sender, EventArgs e)
    {
        if (!Page.IsPostBack)          //只有该页面首次加载时才执行其语句部分
        {   //程序加载时 Panel2 控件隐藏并且 Button2 控件的表面文本显示为"选项↓"
            Panel2.Visible = false;
            Button2.Text = "选项↓";
        }
    }
    protected void Button2_Click(object sender, EventArgs e)
    {
        if (!Panel2.Visible)           //如果 Panel2 控件隐藏
        {
            Panel2.Visible = true;     //使 Panel2 控件显示
            Button2.Text = "收起↑";    //设置 Button2 控件的表面文本
        }
        else                           //如果 Panel2 控件显示
        {
            Panel2.Visible = false;    //使 Panel2 控件隐藏
            Button2.Text = "选项↓";    //设置 Button2 控件的表面文本
        }
    }
}
```

程序运行时，将显示如图 4-19 所示的界面，此时 Panel2 控件处于隐藏状态。单击【选项↓】按钮，将使得 Panel2 控件得以显示，如图 4-20 所示，此时如果单击【收起↑】按钮，将重新回到图 4-19 所示的隐藏状态。

标准控件中还包括一些其他控件，如日历(Calendar)控件、动态广告(AdRotator)控件、表格(Table)控件以及向导(Wizard)控件等。

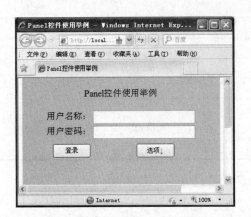

图 4-19　Panel2 控件处于隐藏状态

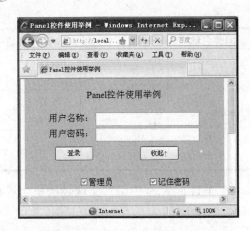

图 4-20　Panel2 控件处于显示状态

小　　结

　　本章主要介绍了 ASP.NET 服务器控件的基础知识以及常用标准控件的使用方法。通过本章的学习，能够使读者掌握 ASP.NET 标准控件的相关知识和使用技巧，能够使用 ASP.NET 服务器控件设计出简单的应用程序。

习　　题

一、填空题

1. ASP.NET 提供了两种不同类型的服务器控件：HTML 服务器控件和_____。
2. 标准控件中包括 3 类型的按钮：Button 控件、_____和 LinkButton 控件。
3. 图像类型控件包含两种：_____和 ImageMap 控件。
4. 容器类型控件主要分为两种：_____和 PlaceHolder 控件。

二、简答题

1. 叙述 Web 服务器控件包含的控件类型及其功能。
2. 简述 TextBox 控件 TextMode 属性的取值及其含义。
3. 简述 RadioButton 控件与 CheckBox 控件的功能与区别。
4. 叙述 ListBox 控件的常用属性、方法和事件及其功能。
5. 简述 DropDownList 控件的特点与基本语法格式。
6. 叙述使用 FileUpload 控件上传文件的基本步骤。

第 5 章

验证控件和用户控件

- 了解验证控件的类型和数据验证的方式
- 掌握 6 种验证控件的基础知识和使用方法
- 了解验证组的应用方法和用户控件的相关知识

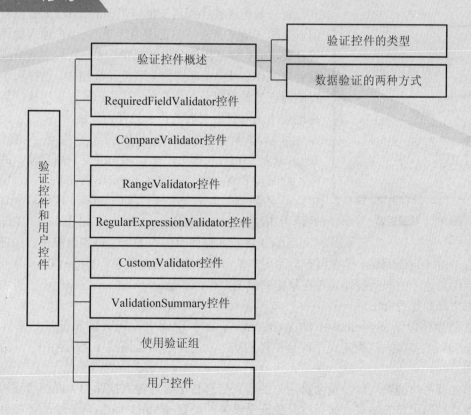

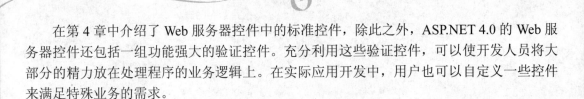

在第 4 章中介绍了 Web 服务器控件中的标准控件，除此之外，ASP.NET 4.0 的 Web 服务器控件还包括一组功能强大的验证控件。充分利用这些验证控件，可以使开发人员将大部分的精力放在处理程序的业务逻辑上。在实际应用开发中，用户也可以自定义一些控件来满足特殊业务的需求。

5.1 验证控件概述

为了增强程序的健壮性，通常需要对各种输入控件进行验证。例如，在网站注册会员的过程中，会遇到必须输入用户名和密码、输入的邮箱格式不正确等错误提示。以前的程序开发过程中，开发人员为了防止用户输入的信息不符合系统的要求，常常要编写大量的代码对用户输入的信息进行验证，ASP.NET 4.0 提供了验证控件用于代替上述繁琐的操作，开发人员只需对验证控件做一些简单的设置，就可以完成对用户输入信息的验证处理，十分便捷。

5.1.1 验证控件的类型

ASP.NET 4.0 提供了 6 类验证控件：RequiredFieldValidator、CompareValidator、RangeValidator、RegularExpressionValidator、CustomValidator 和 ValidationSummary，它们位于 Microsoft Visual Studio 2010 工具箱中的"验证"选项卡中，如图 5-1 所示。

图 5-1　验证控件

每一种验证控件都用于特定类型的检验，如有没有输入值以及输入值是否在特定范围内等等。当用户输入的信息不符合要求时，验证控件会提示报错信息，同时中断后续的数据处理操作。可将验证控件关联到验证组中，这样属于同一组的验证控件可以一起进行验证，并且可以使用验证组有选择地启用或者禁用页面上相关控件的验证。

可以将多个验证控件附加到同一个输入控件(如 TextBox 控件)上，从而可以实现多角度控制用户输入的有效性。此时需要将这些验证的 ControlToValidate 属性(用于指定验证对象)都指向同一个控件(如 TextBox 控件)。例如，同时使用 RequiredFieldValidator、RangeValidator 和 CompareValidator 3 种验证控件对输入的出生日期信息进行验证。其中 RequiredFieldValidator 控件用于检测用户是否输入出生日期信息；RangeValidator 控件用于检查用户输入的出生日期是否在指定的范围之内；CompareValidator 控件用于检查用户输入的出生日期是否合法。

验证控件位于 System.Web.UI.WebContorls 命名空间中，所有的验证控件都派生自 BaseValidator 基类，该类定义了验证控件的基本功能，因而验证控件之间存在一些通用的属性和方法。

当处理用户的输入时，页面将用户的输入信息传送给与输入控件相关联的验证控件。验证控件检测用户的输入，如果没有验证错误，则设置 IsValid 属性(每一个验证控件都有一个 IsValid 属性，用于返回验证控件的验证结果)值为 True。如果页面中所有验证控件的 IsValid 属性都返回 True，那么页面的 IsValid 属性也返回 True。

验证控件通常在呈现的页面中不可见，但是如果控件检测到错误，则它将显示指定的错误信息文本。验证错误信息文本有 4 种显示方法，见表 5-1。

表 5-1 验证错误信息文本的显示方法

显示方法	验证错误信息文本显示方法的说明
内联方法	每一个验证控件可以单独就地显示一条验证错误信息，该信息通常显示在被验证控件的旁边
摘要方法	利用 ValidationSummary 控件集中验证错误信息并显示在页面的同一个位置，如顶部。该方法通常和内联方法结合使用。如果使用了验证组，则每个单独的验证组均需要一个 ValidationSummary 控件
内联和摘要方法	同一验证错误信息的内联显示和摘要显示可能会有所不同。使用该方法可以在内联中显示简短错误信息，而在摘要中显示更为详尽的信息
自定义方法	捕获到验证错误信息后，自定义错误信息的显示文本并予以输出

5.1.2 数据验证的两种方式

ASP.NET 4.0 有两种数据验证的方式：客户端验证和服务器端验证。当用户向服务器提交页面之后，提交的数据经客户端浏览器发送到服务器端，页面在发送到服务器之前，使用 JavaScript 脚本验证输入到页面上的数据，这一过程称为客户端验证；也可以在服务器端验证用户提交数据的有效性，称之为服务器验证。如果客户端支持 JavaScript 并且设置验证控件的 EnableClientScript 属性值为 True，便可启动客户端验证，否则只能进行服务器端验证。

1. 客户端验证

客户端验证是在页面发送到服务器之前，使用 JavaScript 脚本对输入到页面上的数据进行的有效性验证。其优点是能够快速向用户展示验证结果，在数据传输到服务器之前就会显示出错误信息，减轻了服务器的负担。缺点是无法实现对用户合法性的验证，用户可以很容易地查看到页面的代码，而且有可能伪造页面提交的数据，甚至可以绕过客户端的验证。因此，单纯依靠客户端的验证是不安全的。

默认情况下，在执行客户端验证时，如果页面上出现错误，则用户无法将页面发送到服务器，但仍然可以通过 JavaScript 显示关于出错的文本信息。比较理想的方案是先进行客户端验证，在页面传送到服务器后，再使用服务器端验证。

2. 服务器端验证

当用户向服务器提交页面之后，服务器端将逐个调用验证控件来检查用户的输入信息。如果在任意一个输入控件中检测到验证错误，则该页面将自动设置为无效状态。

即使客户端已经进行了验证，ASP.NET 仍会在服务器端执行验证。服务器端验证不容易被绕过，而且也不用考虑客户端浏览器是否支持客户端的脚本语言，因而是比较安全的。在服务器端一旦验证到提交的数据是无效的，便会将页面回送到客户端中。

5.2 RequiredFieldValidator 控件

如果要求用户必须在某个输入控件中输入信息，而不可以保持空白，则需使用 RequiredFieldValidator 控件进行验证。在网页布局时，通常将 RequiredFieldValidator 控件放置到被验证控件的旁边。定义 RequiredFieldValidator 控件的语法格式如下：

```
<asp:RequiredFieldValidator ID="RequiredFieldValidator1" ControlToValidate=
"被验证控件的ID"runat="server">验证错误提示信息文本</asp:RequiredFieldValidator>
```

RequiredFieldValidator 控件的常用属性和方法见表 5-2。

表 5-2　RequiredFieldValidator 控件的常用属性和方法

名　　称	类型	说　　明
ControlToValidate	属性	设置被验证控件的 ID，将验证控件绑定到被验证控件上(二者必须在相同的容器中)。如果没有为验证控件设置该属性，则在显示页面时会引发异常
ErrorMessage	属性	设置当被验证的控件没有通过验证，并且在页面中添加了 ValidationSummary 控件时，在 ValidationSummary 控件中显示的验证错误提示信息文本
Text	属性	设置当被验证的控件没有通过验证时，在验证控件本身中所显示的验证错误提示信息文本。如果设置了 ErrorMessage 属性值，但没有设置 Text 属性值，则 ErrorMessage 属性将自动替换 Text 属性
IsValid	属性	返回一个布尔类型值(True 或 False)，该值用于指示和验证控件相关联的被验证控件是否通过验证
Enabled	属性	用于设置验证控件是否可用，默认值为 True
EnableClientScript	属性	指示是否启用了客户端验证，默认值为 True
ValidationGroup	属性	允许多个验证控件进行分组，以便实现多种不同类型的验证。该属性用于设置验证控件所属的验证组的名称
ForeColor	属性	设置验证错误信息提示文本的颜色
SetFocusOnError	属性	指示在验证失败时是否将焦点移动到被验证控件上，以方便用户更容易地修订错误。如果设置值为 True，如果页面上存在有多个验证控件验证失败时，则焦点将移动到页面上第一个验证失败的控件上
Display	属性	设置验证控件错误信息的显示方式
InitialValue	属性	指定验证控件的初始值，默认值为空字符串。如果被验证控件中输入的值与 InitialValue 属性值不同，则通过验证，否则验证不通过
Validate	方法	用于对被验证控件执行验证并更新 IsValid 属性。当页面回发时，这个方法将自动被调用，可以在代码中调用这个方法，进行强制验证

说明：

(1) Display 属性用于设置验证错误信息的显示方式。当错误信息出现在页面上时，它就成为页面布局的一部分，因此要合理设置页面布局以放置可能出现的任何错误信息文本。Display 属性取值情况及其说明见表 5-3。

(2) 表 5-2 所示中列出的属性和方法皆为所有验证控件通用的属性和方法，所有验证控件的这些属性和方法的功能和用法类似，在介绍后续的验证控件时，由于篇幅所限，这些通用的属性和方法就不再赘述。

表 5-3　Display 属性取值及其说明

名　　称	说　　明
Static	如果验证失败，验证控件中将显示错误信息文本。即使通过了验证，每个验证控件也将占用空间。当验证控件显示其错误信息时，页面布局不变。由于页面布局是静态的，多个验证控件必须占据页面上的不同物理位置
Dynamic	如果验证失败，验证控件中将显示错误信息文本；如果通过了验证，验证控件将不会占用空间。允许多个验证控件共享页面上的同一个物理位置，但在显示错误信息时，页面的布局将会改变，有时会导致控件更改位置
None	验证控件不在页面上显示，即当验证失败时，不会在验证控件中显示错误信息文本，此时只能在 ValidationSummary 控件中显示验证错误提示信息文本

【例 5-1】RequiredFieldValidator 控件使用举例。

(1) 启动 Microsoft Visual Studio 2010 程序。选择【文件】→【新建】→【网站】命令，在弹出的【新建网站】对话框中，选择【ASP.NET 空网站】模板，单击【浏览】按钮设置网站存储路径，网站文件夹命名为 "5"，单击【确定】按钮，完成新网站的创建工作。该网站将作为本章所有例题的默认网站。

(2) 然后选择【网站】→【添加新项】命令，在弹出的【添加新项】对话框中，选择【Web 窗体】项，单击【添加】按钮即可。注意：左侧【已安装的模板】处选择 "Visual C#"，底部【名称】一项命名为 "5-1.aspx"，选中右下角 "将代码放在单独的文件中" 复选框(默认选择)。

(3) 在页面中添加两个 RequiredFieldValidator 控件、4 个 Label 控件、一个 Button 控件和 3 个 TextBox 控件。主要控件的属性设置见表 5-4。

表 5-4　主要控件的属性设置及功能

控件名称	属　　性	属性值	功　　能
TextBox	ID	TextBox1	用于输入 "用户名"
	ID	TextBox2	用于输入 "密码"
	TextMode	Password	
	ID	TextBox3	用于输入 "职业"
Button	ID	Button1	单击按钮实现输入控件的验证
	Text	提交	
RequiredFieldValidator	ID	RequiredFieldValidator1	对 TextBox1 文本框实现非空输入验证
	Text	必须输入用户名信息！	
	ControlToValidate	TextBox1	
	ID	RequiredFieldValidator2	对 TextBox2 文本框实现非空输入验证
	Text	必须输入密码信息！	
	ControlToValidate	TextBox2	

在 5-1.aspx 文件中，切换到"源"视图，添加与设置两个 RequiredFieldValidator 控件对应的代码具体如下所示。

(1) RequiredFieldValidator1 对应的代码：

```
<asp:RequiredFieldValidator ID="RequiredFieldValidator1" ControlToValidate=
"TextBox1"runat="server" >必须输入用户名信息! </asp:RequiredFieldValidator>
```

(2) RequiredFieldValidator2 对应的代码：

```
<asp:RequiredFieldValidator ID="RequiredFieldValidator2" ControlToValidate=
"TextBox2"runat="server" >必须输入密码信息! </asp:RequiredFieldValidator>
```

程序运行时，如果不填写"用户名"和"密码"信息就单击【提交】按钮，会显示出错误提示信息，如图 5-2 所示。

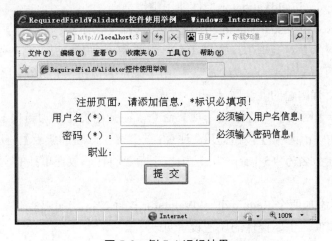

图 5-2　例 5-1 运行结果

5.3　CompareValidator 控件

CompareValidator 控件通常可用来实现 3 种类型的数据验证操作。

(1) 将输入控件中的值与一个固定值进行比较。如使用 CompareValidator 控件检查在输入控件中输入的年龄是否超过 18 岁。

(2) 将两个输入控件中的值进行比较。如使用 CompareValidator 控件检查密码输入框和重复密码输入框中两次输入的密码是否一致。

(3) 数据类型检查。如使用 CompareValidator 控件检查在输入控件中输入的生日是否属于日期类型。

定义 CompareValidator 控件的语法格式如下：

```
<asp:CompareValidator ID="CompareValidator1" ControlToValidate="被验证控件的ID"
    runat="server">验证错误提示信息文本</asp:CompareValidator>
```

CompareValidator 控件的常用属性见表 5-5。

表 5-5　CompareValidator 控件的常用属性

名　称	类型	说　明
Type	属性	在进行比较之前，用于指定进行比较的两个值的数据类型，比较值会先转换成指定的数据类型再进行比较
Operator	属性	验证过程中使用的比较操作符，用于指示要进行哪一种比较运算
ControlToCompare	属性	设置与被验证的控件进行比较的控件的 ID
ValueToCompare	属性	设置一个值，该值与被验证控件中的输入值进行比较

说明：

(1) Type 设置的数据类型由 ValidationDataType 枚举指定，该枚举允许使用 5 种类型名：String(字符串数据类型，默认值)、Integer(32 位有符号整数数据类型)、Double(双精度数据类型)、Date(日期数据类型)和 Currency(可以包含货币符号的十进制数据类型)。例如，要验证密码框和重复密码框中两次输入的密码是否一致，可以将比较值设置为 String 类型，代码如下：

```
CompareValidator1.Type = ValidationDataType.String;
```

(2) 当被验证的控件与另一个控件的值进行比较时，ControlToCompare 属性用于设置为另一个控件的 ID。例如，ID 属性为 TextBox1 的 TextBox 控件(用于输入密码，设置为与被验证控件进行比较的控件)与 ID 属性为 TextBox2 的 TextBox 控件(用于重复输入密码，设置为被验证控件)，代码如下：

```
CompareValidator1.ControlToValidate = "TextBox2";    //设置被验证控件
CompareValidator1.ControlToCompare = "TextBox1";     //设置与被验证控件进
行比较的控件
```

(3) 注意尽可能不要同时设置 ControlToCompare 属性和 ValueToCompare 属性。如果同时设置了这两个属性，则 ControlToCompare 属性优先。

(4) Operator 属性由 ValidationCompareOperator 枚举指定，该枚举允许取下列值。

① Equal: 指定被验证控件中的输入值与其他控件中的输入值或者常数值之间的相等比较。

② NotEqual: 指定被验证控件中的输入值与其他控件中的输入值或者常数值之间的不相等比较。

③ LessThan: 指定被验证控件中的输入值与其他控件中的输入值或者常数值之间的小于比较。

④ LessThanEqual: 指定被验证控件中的输入值与其他控件中的输入值或者常数值之间的小于或者等于比较。

⑤ GreaterThan: 指定被验证控件中的输入值与其他控件中的输入值或者常数值之间的大于比较。

⑥ GreaterThanEqual: 指定被验证控件中的输入值与其他控件中的输入值或者常数值之间的大于或者等于比较。

⑦ DataTypeCheck: 指定被验证控件中的输入值与 Type 属性指定的数据类型之间进行

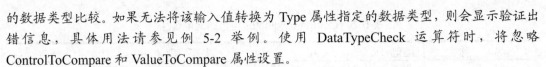

的数据类型比较。如果无法将该输入值转换为 Type 属性指定的数据类型，则会显示验证出错信息，具体用法请参见例 5-2 举例。使用 DataTypeCheck 运算符时，将忽略 ControlToCompare 和 ValueToCompare 属性设置。

【例 5-2】CompareValidator 控件使用举例。

在网站 "5" 中添加 Web 窗体 5-2.aspx。在页面中添加 3 个 CompareValidator 控件、5 个 Label 控件、一个 Button 控件和 4 个 TextBox 控件。主要控件的属性设置见表 5-6。

表 5-6　主要控件的属性设置及功能

控件名称	属　性	属性值	功　能
TextBox	ID	TextBox1	用于输入"年龄"
	ID	TextBox2	用于输入"密码"
	ID	TextBox3	用于输入"重复密码"
	ID	TextBox4	用于输入"入学日期"
Button	ID	Button1	单击按钮实现输入控件的验证
	Text	提交	
CompareValidator	ID	CompareValidator1	对 TextBox1 文本框中输入的年龄信息进行验证
	Text	输入的年龄需小于等于 100！	
	ControlToValidate	TextBox1	
	Operator	LessThanEqual	
	ValueToCompare	100	
	Type	Integer	
	ID	CompareValidator2	对 TextBox2 文本框中输入的密码和 TextBox3 文本框中输入的重复密码的一致性进行验证
	Text	两次密码输入不一致！	
	ControlToValidate	TextBox3	
	ControlToCompare	TextBox2	
	Operator	Equal	
	Type	String	
	ID	CompareValidator3	对 TextBox4 文本框中输入的日期格式进行验证
	Text	输入日期格式不对！	
	ControlToValidate	TextBox4	
	Operator	DataTypeCheck	
	Type	Date	

在 5-2.aspx 文件中，切换到"源"视图，添加与设置的 3 个 CompareValidator 控件对应的代码，具体如下：

(1) CompareValidator1 对应的代码：

```
<asp:CompareValidator ID="CompareValidator1"  runat="server"  ControlToValidate=
"TextBox1"
  Operator="LessThanEqual"  Type="Integer"  ValueToCompare="100">输入的年龄需
小于等于 100！</asp:CompareValidator>
```

(2) CompareValidator2 对应的代码：

```
<asp:CompareValidator ID="CompareValidator2"  runat="server"  ControlToCompare=
```

```
"TextBox2" Type="String" ControlToValidate="TextBox3" Operator="Equal" >两次
密码输入不一致！</asp:CompareValidator>
```

（3）CompareValidator3 对应的代码：

```
<asp:CompareValidator ID="CompareValidator3" runat="server" Operator=
"DataTypeCheck"ControlToValidate="TextBox4" Type="Date">输入日期格式不对</asp:
CompareValidator>
```

程序运行时，在"年龄"、"密码"、"重复密码"和"入学日期" 4 个文本框中分别输入信息，单击"提交"按钮，如果输入信息不符合要求，会显示出错误提示信息，如图 5-3 所示。

图 5-3　例 5-2 运行结果

注意

如果被验证控件保持为空白(不输入任何内容)，则其将通过 CompareValidator 控件验证。因而实际应用中，为保持 CompareValidator 控件验证的有效性，还应结合 RequiredFieldValidator 控件，强制用户输入被验证控件的值。

5.4　RangeValidator 控件

RangeValidator 控件用于验证输入控件中的数据是否在指定的上限和下限范围之间。例如，输入的学号数据应介于 1～30 之间，输入的日期数据应介于 2012-1-25～2012-1-31 之间。RangeValidator 控件必须指定输入控件中要验证值的数据类型，如果用户的输入无法被转换成为指定的数据类型(如无法转换为日期类型)，则验证将失败。

定义 RangeValidator 控件的语法格式如下：

```
<asp:RangeValidator ID="RangeValidator1" runat="server" Type="比较值的数
据类型" ControlToValidate="被验证控件的ID " MaximumValue="上限值" MinimumValue=
"下限值" >验证错误提示信息文本</asp:RangeValidator>
```

RangeValidator 控件的常用属性见表 5-7。

表 5-7　RangeValidator 控件的常用属性

名　称	类型	说　明
Type	属性	在进行比较之前，用于指定进行比较的两个值的数据类型，比较值会先转换成指定的数据类型再进行比较
MinimumValue	属性	设置验证范围的下限(最小)值
MaximumValue	属性	设置验证范围的上限(最大)值

说明：

Type 用于设置在进行比较之前，将比较值隐式地转换成指定的数据类型。如果数据转换失败，则验证也会失败。与 CompareValidator 控件一样，Type 属性的取值也为 5 种：String(默认值)、Integer、Double、Date 和 Currency。它们的功能和使用方法与 CompareValidator 控件也一致。

注意

和 CompareValidator 控件一样，如果被验证控件保持为空白(不输入任何内容)，则其将通过 RangeValidator 控件验证。因而实际应用中，为保持 RangeValidator 控件验证的有效性，还应结合 RequiredFieldValidator 控件，强制用户输入被验证控件的值。

【例 5-3】RangeValidator 控件使用举例。

在网站"5"中添加 Web 窗体 5-3.aspx。在页面中添加两个 RangeValidator 控件、两个 RequiredFieldValidator 控件、3 个 Label 控件、一个 Button 控件和两个 TextBox 控件。主要控件的属性设置见表 5-8。

表 5-8　主要控件的属性设置及功能

控件名称	属　性	属性值	功　能
TextBox	ID	TextBox1	用于输入"学号"
	ID	TextBox2	用于输入"出发日期"
Button	ID	Button1	单击按钮实现输入控件的验证
	Text	提交	
RequiredFieldValidator	ID	RequiredFieldValidator1	对 TextBox1 文本框中输入的学号信息进行非空验证
	Text	请输入学号信息！	
	ControlToValidate	TextBox1	
	Display	Dynamic	
	ID	RequiredFieldValidator2	对 TextBox2 文本框中输入的出发日期信息进行非空验证
	Text	请输入出发日期信息！	
	ControlToValidate	TextBox2	
	Display	Dynamic	

续表

控件名称	属　　性	属性值	功　　能
RangeValidator	ID	RangeValidator1	对 TextBox1 文本框中输入的学号范围进行验证
	Text	学号应在 1～30 之间！	
	ControlToValidate	TextBox1	
	MinimumValue	1	
	MaximumValue	30	
	Type	Integer	
	ID	RangeValidator2	对 TextBox2 文本框中输入的出发日期范围进行验证
	Text	出发日期应在 2012-1-25 ～ 2012-1-31 之间！	
	ControlToValidate	TextBox2	
	MinimumValue	2012-1-25	
	MaximumValue	2012-1-31	
	Type	Date	

在 5-3.aspx 文件中，切换到"源"视图，添加与设置的两个 RangeValidator 控件对应的代码，具体如下：

(1) RangeValidator1 对应的代码：

```
<asp:RangeValidator ID="RangeValidator1" runat="server" ControlToValidate=
"TextBox1" MaximumValue="30" MinimumValue="1" Type="Integer">学号应在 1～30 之
间！</asp:RangeValidator>
```

(2) RangeValidator2 对应的代码：

```
<asp:RangeValidator ID="RangeValidator2" runat="server" ControlToValidate=
"TextBox2" MaximumValue="2012-1-31" MinimumValue="2012-1-25" Type="Date">出
发日期应在 2012-1-25～2012-1-31 之间！</asp:RangeValidator>
```

注意

本程序为了使 RangeValidator 控件验证有效，对 TextBox 控件增加了 RequiredFieldValidator 控件非空验证。对于 TextBox1 和 TextBox2 文本框，程序中都绑定了两种验证：RangeValidator 验证和 RequiredFieldValidator 验证。为了页面布局的规整性，需将 RequiredFieldValidator 控件的 Display 属性设置为 Dynamic。

程序运行时，在"学号"和"出发日期"两个文本框中分别输入信息，单击"提交"按钮，如果输入信息不符合要求，会显示出错误提示信息，如图 5-4 所示。

图 5-4　例 5-3 运行结果

5.5　RegularExpressionValidator 控件

1. RegularExpressionValidator 控件概述

RegularExpressionValidator 控件用于验证输入控件的值是否与某个正则表达式所定义的模式相匹配。该控件使用时只需预先定义好用于验证的正则表达式，就可以灵活地实现各种各样的验证，如对电子邮件地址、身份证号码、电话号码等的验证。定义 RegularExpressionValidator 控件的语法格式如下：

```
<asp:RegularExpressionValidator ID="RegularExpressionValidator1" runat="server"
ControlToValidate="被验证控件的 ID " ValidationExpression="正则表达式">验证错误提
示信息文本</asp:RegularExpressionValidator>
```

RegularExpressionValidator 控件最关键的属性是 ValidationExpression，用于设置对输入控件的值进行验证的正则表达式，默认为空字符串。Microsoft Visual Studio 2010 提供了一个正则表达式编辑器，该编辑器中包含了一些常用的正则表达式。打开该编辑器的方法为：在页面中添加并选中 RegularExpressionValidator 控件，在其属性窗口中找到 ValidationExpression 属性并单击其右侧的按钮，即可弹出【正则表达式编辑器】对话框。

图 5-5　【正则表达式编辑器】对话框

在【正则表达式编辑器】对话框中，上面的"标准表达式"列表列出了常用的正则表达式名称，如果任意选择其中一个，则该项对应的正则表达式的具体内容将显示在下面的文本框中，如图 5-5 所示。单击【确定】按钮，就表示 RegularExpressionValidator 控件将使用这个正则表达式进行验证。

> **注意**
>
> 和 RangeValidator 控件一样，如果被验证控件保持为空白(不输入任何内容)，则其将通过 RegularExpressionValidator 控件验证。因而实际应用中，为保持 RegularExpressionValidator 控件验证的有效性，还应结合 RequiredFieldValidator 控件，强制用户输入被验证控件的值。

2. 正则表达式简介

Microsoft Visual Studio 2010 提供的"正则表达式编辑器"有时并不能满足用户的实际需求，此时就需要开发人员自定义正则表达式，因而开发人员需要了解正则表达式的相关知识。

正则表达式就是用某种模式去匹配一类字符串的公式。正则表达式由两种字符组成：文本字符和元字符。常用的正则表达式字符及其说明见表 5-9。

表 5-9　常用的正则表达式字符及其说明

字符名称	说　明
\	将下一字符标记为一个特殊字符、文本、反向引用或八进制转义符。例如，'n'匹配字符"n"，'\n'匹配一个换行符，序列'\\'匹配"\"，而'\('则匹配" ("
[...]	匹配括号中的任何一个字符。如[0,9]表示只能匹配 0～9 之间的单个字符；[A,Z][a,z]表示可以匹配两个字符，其中第一个只能是 A～Z 之间的单个字符，第二个只能是 a～z 之间的单个字符
[^...]	匹配不在括号中的任何一个字符。如[^0,9]表示不与 0～9 之间的任意字符相匹配
\d	匹配任何 0 到 9 之间的单个数字，相当于[0-9]
\D	不匹配任何 0 到 9 之间的单个数字，相当于[^0-9]
\s	匹配任何空白字符，包括空格、制表符、换页符等
\S	匹配任何非空白字符
\w	匹配包括下划线的任何单词字符，相当于[a-zA-Z0-9_]
\W	匹配任何非单词字符，相当于[^a-zA-Z0-9_]
\b	匹配一个单词边界，即单词与空格间的位置。例如，'er\b'能够匹配"never"中的"er"，但不能匹配"verb"中的"er"
\B	匹配非单词边界。例如，'er\b'能够匹配"verb"中的"er"，但不能匹配"never"中的"er"
{n}	n 是非负整数，表示正好匹配前面的子表达式 n 次。例如，'e{2}'与"Bed"中的"e"不匹配，但与"beef"中的两个"e"匹配。
{n,}	n 是非负整数，表示至少匹配前面的子表达式 n 次。例如，'e{2,}'不匹配"Bed"中的"e"，但可以匹配"beeeeef"中的所有的"e"
{n,m}	n 和 m 是非负整数，其中 n <= m。表示匹配前面的子表达式至少n次，至多 m 次。例如，'e{1,3}'匹配"beeeeef"中的前 3 个"e"
*	匹配前面的子表达式 0 次或者多次，相当于{0,}。例如，'be*'能匹配"b"或者"be"或者"bee"
?	匹配前面的子表达式 0 次或者 1 次，相当于{0,1}。例如，'be? '能匹配"b"或者"be"，但不能匹配"bee"
+	匹配前面的子表达式 1 次或者多次，相当于{1,}。例如，'be+'能匹配"be"或者"bee"，但不能匹配"b"
$	匹配输入字符串结尾的位置，某些情况下，$ 还会与"\n"或"\r"之前的位置匹配
.	匹配除"\n" 以外的任何单个字符
|	匹配前面的子表达式或者后面的子表达式。例如，'bed|bee|beef'可以匹配" bed "或者" bee "或者" beef "三者之一
(...)	用于分块，相当于数学运算中的小括号

注意

客户端的正则表达式验证语法与服务器端的略有不同。客户端使用的是 JavaScript 正则表达式语法，在服务器端使用的是 Regex 正则表达式语法。

举例：图 5-5 所示的"中华人民共和国身份证号码(ID 号)"的正则表达式为 "\d{17}[\d|X]|\d{15}"，其含义说明如下所示。

(1) 以"|"为中心分为两个部分："\d{17}[\d|X]"和"\d{15}"，这两个部分只能选择其一。

(2) "\d{17}[\d|X]"表示一个 18 位的身份证号码。其中"\d{17}"表示 17 位数字，"[\d|X]"表示第 18 位或者是一位数字或者是字符"X"。

(3) "\d{15}"表示具有 15 位数字的身份证号码。

【例 5-4】RegularExpressionValidator 控件使用举例。

在网站"5"中添加 Web 窗体 5-4.aspx。在页面中添加两个 RegularExpressionValidator 控件、3 个 Label 控件、一个 Button 控件和两个 TextBox 控件。主要控件的属性设置见表 5-10。

表 5-10　主要控件的属性设置及功能

控件名称	属　　性	属 性 值	功　　能
TextBox	ID	TextBox1	用于输入"身份证号"
	ID	TextBox2	用于输入"电子邮件"
Button	ID	Button1	单击按钮实现输入控件的验证
	Text	提交	
RegularExpressionValidator	ID	RegularExpressionValidator1	对 TextBox1 文本框中输入的身份证号码进行验证
	Text	身份证号码不正确！	
	ControlToValidate	TextBox1	
	ValidationExpression	\d{17}[\d|X]|\d{15}	
	ID	RegularExpressionValidator2	对 TextBox2 文本框中输入的电子邮件进行验证
	Text	电子邮件不正确！	
	ControlToValidate	TextBox2	
	ValidationExpression	\w+([-+.']\w+)*@\w+([-.]\w+)*\.\w+([-.]\w+)*	

在 5-4.aspx 文件中，切换到"源"视图，添加与设置两个 RegularExpressionValidator 控件对应的代码，具体如下所示。

(1) RegularExpressionValidator1 对应的代码：

```
<asp:RegularExpressionValidator ID="RegularExpressionValidator1" runat="server"
ControlToValidate="TextBox1" ValidationExpression="\d{17}[\d|X]|\d{15}"> 身份证号码
不正确！ </asp:RegularExpressionValidator>
```

(2) RegularExpressionValidator2 对应的代码：

```
<asp:RegularExpressionValidator ID="RegularExpressionValidator2" runat="server"
ValidationExpression="\w+([-+.']\w+)*@\w+([-.]\w+)*\.\w+([-.]\w+)*"ControlTo
Validate="TextBox2">电子邮件不正确! </asp:RegularExpressionValidator>
```

程序运行时，在“身份证号”和“电子邮件”两个文本框中分别输入信息，单击“提交”按钮，如果输入信息不符合要求，会显示出错误提示信息，如图 5-6 所示。

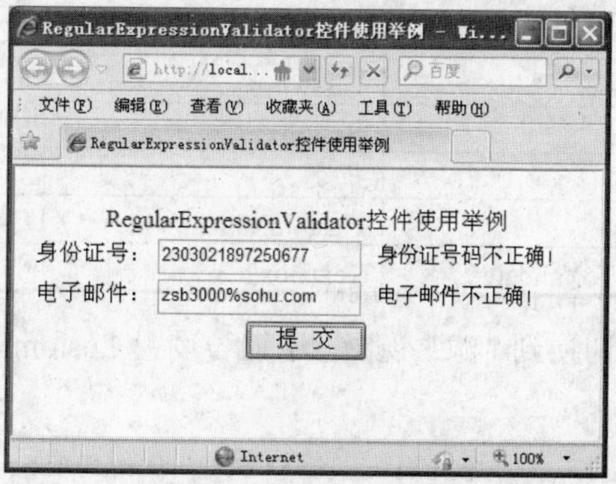

图 5-6　例 5-4 运行结果

5.6　CustomValidator 控件

有时使用现有的验证控件可能满足不了实际应用的需求，此时需要开发人员自己来编写验证规则，即自定义验证代码，以检查用户的输入是否符合要求，CustomValidator 控件便可完成此项功能。定义 CustomValidator 控件的基本语法格式如下：

```
<asp:CustomValidator ID="CustomValidator1"  runat="server"
ControlToValidate="被验证控件的 ID " >验证错误提示信息文本
</asp: RegularExpressionValidator>
```

CustomValidator 控件可以在服务器端或者客户端执行验证。

1. CustomValidator 控件在服务器端执行验证

在服务器端执行验证时，主要用到 CustomValidator 控件的 ServerValidate 的事件。为 CustomValidator 控件添加 ServerValidate 事件后，其事件处理程序代码如下：

```
protected void CustomValidator1_ServerValidate(object source, Server
ValidateEventArgs args)
{
    //用于添加自定义验证代码，实现对输入控件中的值进行自定义验证  }
```

事件处理程序中主要用于添加自定义验证代码，目标是实现对输入控件中的值进行自定义验证。该事件处理程序提供了两个参数，参数 source 是对引发此事件的自定义验证控件的引用。参数 args 有两个属性，具体含义如下所示。

(1) Value 属性：在输入控件中输入被验证的内容。

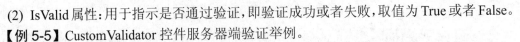

(2) IsValid 属性：用于指示是否通过验证，即验证成功或者失败，取值为 True 或者 False。

【例 5-5】CustomValidator 控件服务器端验证举例。

在网站"5"中添加 Web 窗体 5-5.aspx。在页面中添加一个 CustomValidator 控件、两个 Label 控件、一个 Button 控件和一个 TextBox 控件。主要控件的属性设置见表 5-11。

表 5-11　主要控件的属性设置及功能

控件名称	属　　性	属　性　值	功　　能
TextBox	ID	TextBox1	用于输入"密码"
	TextMode	Password	
Button	ID	Button1	单击按钮实现输入控件的验证
	Text	提交	
CustomValidator	ID	CustomValidator1	对 TextBox1 文本框中输入的密码进行验证
	ControlToValidate	TextBox1	

在 5-5.aspx 文件中，切换到"源"视图，添加与设置 CustomValidator 控件对应的代码，具体如下：

```
<asp:CustomValidator  ID="CustomValidator1"  runat="server"  ControlToValidate=
"TextBox1" ErrorMessage="CustomValidator"  onservervalidate="CustomValidator1_
ServerValidate">
</asp:CustomValidator>
```

为了实现 CustomValidator 控件的验证功能，在 5-5.aspx.cs 文件的 ServerValidate 事件处理程序中编写相应代码，具体如下：

```
protected void CustomValidator1_ServerValidate(object source, ServerValidateEventArgs args)
{
    string password = args.Value.ToString();        //取得输入控件中的值
    if (password.Length >= 6 && password.Length <= 11)
                                                    //密码长度应介于 6 至 11 之间
    {
        args.IsValid = true;                        //设置验证通过标志
    }
    else
    {
        CustomValidator1.Text = "密码长度应介于 6 至 11 位之间！";
                                                    //验证错误提示信息
        args.IsValid = false;                       //设置验证未通过标志
    }
}
```

程序运行时，在"密码"文本框中输入信息，单击"提交"按钮，如果输入密码信息长度不符合要求，会显示出错误提示信息，如图 5-7 所示。

图 5-7　例 5-5 运行结果

2. CustomValidator 控件在客户端执行验证

在客户端执行验证时，主要用到 CustomValidator 控件的 ClientValidationFunction 属性，该属性用于指定一个完成客户端验证的函数名称。

【例 5-6】CustomValidator 控件客户端验证举例。

在网站"5"中添加 Web 窗体 5-6.aspx。在页面中添加一个 CustomValidator 控件、两个 Label 控件和一个 TextBox 控件。主要控件的属性设置及功能见表 5-12。

表 5-12　主要控件的属性设置及功能

控件名称	属　　性	属性值	功　　能
TextBox	ID	TextBox1	用于输入"密码"
	TextMode	Password	
CustomValidator	ID	CustomValidator1	对 TextBox1 文本框中输入的密码进行验证
	ControlToValidate	TextBox1	
	Text	密码长度应介于 6 至 11 位之间！	
	ClientValidationFunction	checkPassword	

在 5-6.aspx 文件中，切换到"源"视图，添加客户端 JavaScript 脚本，定义 checkPassword 函数用于对密码长度进行验证，如图 5-8 所示。

图 5-8　添加客户端脚本

程序运行时，在"密码"文本框中输入信息，如果输入密码信息长度不符合要求，当"密码"文本框失去焦点时，便会显示出错误提示信息，如图 5-9 所示。

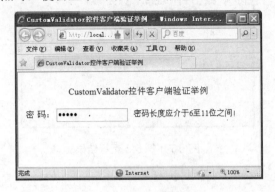

图 5-9　例 5-6 运行结果

注意

即使执行了客户端验证，服务器端验证也仍旧进行。比较好的做法是，开发人员同时执行客户端验证和服务器端验证，客户端验证用于完成基本的输入验证处理，而服务器端用于完成与业务逻辑相关的验证操作。

5.7　ValidationSummary 控件

ValidationSummary 控件用于收集本页面中所有验证控件的错误信息，将它们组织好并在指定的区域或以一个弹出信息框的形式显示给用户。定义 ValidationSummary 控件的语法格式如下：

```
<asp:ValidationSummary ID="ValidationSummary1" runat="server" ShowSummary="True"
HeaderText="显示在错误信息上方的自定义标题文本"  DisplayMode="显示模式" />
```

注意

ValidationSummary 控件自身并不执行任何验证，该控件必须与其他验证控件一起使用，ValidationSummary 控件统一显示的各验证控件的错误信息是由各验证控件的 ErrorMessage 属性确定的。如果某验证控件的 ErrorMessage 属性没有被设置，则在 ValidationSummary 控件中将不显示该验证控件的错误信息。

实际应用中，每一个验证控件捕获的错误信息文本可以通过 Text 属性和 ErrorMessage 属性共同设置。Text 属性设置的错误信息简明扼要，其主要显示在验证控件本身中(被验证控件旁，如果设置了 ErrorMessage 属性值，但没有设置 Text 属性值，则 ErrorMessage 属性将自动替换 Text 属性)。ErrorMessag 属性设置的错误信息详细具体，其主要集中在

ValidationSummary 控件中显示。如果对于一个验证控件，如果同时设置了 Text 属性和 ErrorMessage 属性，则验证错误信息将出现两次，这显然是没必要的。可以将所有验证控件的 Display 属性设置为 None，这样就可以使得所有验证控件的错误信息只能集中在 ValidationSummary 控件中显示。

ValidationSummary 控件的常用属性见表 5-13。

表 5-13　ValidationSummary 控件的常用属性

名　　称	类型	说　　明
HeaderText	属性	设置显示在错误信息上方的自定义标题文本
DisplayMode	属性	设置 ValidationSummary 控件的显示模式
ShowMessageBox	属性	设置是否以弹出信息框的形式显示错误信息，默认为 False
ShowSummary	属性	设置 ValidationSummary 控件是显示还是隐藏，默认为 True

说明：

(1) DisplayMode 属性取值有以下 3 种。

① BulletList：默认的显示模式，该模式将使得错误信息以项目符号列表的形式显示。

② List：该模式将使得错误信息以列表的形式显示。

③ SingleParagraph：该模式将使得错误信息以单个段落的形式显示。

(2) 如果设置 ShowMessageBox 属性为 True，ShowSummary 属性也为 True，则在页面和弹出的信息框中将同时显示错误信息；如果设置 ShowMessageBox 属性为 True，ShowSummary 属性为 False，则只在弹出的信息框中显示错误信息；如果设置 ShowMessageBox 属性为 False，ShowSummary 属性为 True，则只在页面中显示错误信息(默认方式)。

【例 5-7】ValidationSummary 控件使用举例。

在网站"5"中添加 Web 窗体 5-7.aspx。在页面中添加一个 RequiredFieldValidator 控件、一个 CompareValidator 控件、一个 RangeValidator 控件、一个 RegularExpressionValidator 控件、一个 ValidationSummary 控件、6 个 Label 控件、一个 Button 控件和 5 个 TextBox 控件。主要控件的属性设置及功能见表 5-14。

表 5-14　主要控件的属性设置及功能

控件名称	属　　性	属性值	功　　能
TextBox	ID	TextBox1	用于输入"用户名"
	ID	TextBox2	用于输入"密码"
	ID	TextBox3	用于输入"确认密码"
	ID	TextBox4	用于输入"年龄"
	ID	TextBox5	用于输入"固定电话"
Button	ID	Button1	单击按钮实现输入控件的验证
	Text	提交	

续表

控件名称	属 性	属性值	功 能
RequiredFieldValidator	ID	RequiredFieldValidator1	对 TextBox1 文本框中输入的用户名信息进行非空验证
	ErrorMessage	必须输入用户名信息！	
	ControlToValidate	TextBox1	
	Display	None	
CompareValidator	ID	CompareValidator1	对 TextBox2 文本框中输入的密码和 TextBox3 文本框中输入的确认密码的一致性进行验证
	ErrorMessage	两次密码输入不一致！	
	ControlToValidate	TextBox3	
	ControlToCompare	TextBox2	
	Operator	Equal	
	Type	String	
	Display	None	
RangeValidator	ID	RangeValidator1	对 TextBox4 文本框中输入的年龄进行范围验证
	ErrorMessage	年龄应在 18~35 之间！	
	ControlToValidate	TextBox4	
	MinimumValue	18	
	MaximumValue	35	
	Type	Integer	
	Display	None	
RegularExpressionValidator	ID	RegularExpressionValidator1	对 TextBox5 文本框中输入的固定电话信息进行验证
	ErrorMessage	固定电话输入不正确！	
	ControlToValidate	TextBox5	
	ValidationExpression	(\(\d{3}\)|\d{3}-)?\d{8}	
	Display	None	
ValidationSummary	ID	ValidationSummary1	汇总并显示各验证控件捕获的错误信息
	HeaderText	页面所有错误信息汇总如下：	
	DisplayMode	BulletList	
	ShowMessageBox	False	
	ShowSummary	True	

在 5-7.aspx 文件中，切换到"源"视图，添加与设置 ValidationSummary 控件对应的代码，具体如下：

```
<asp:ValidationSummary ID="ValidationSummary1" runat="server" ShowMessageBox=
" False "
        HeaderText="页面所有错误信息汇总如下： " DisplayMode=" BulletList"
    ShowSummary= " True " />
```

程序运行时，在"用户名"、"密码"、"确认密码"、"年龄"和"固定电话"5 个文本框中分别输入信息，单击【提交】按钮，如果输入信息不符合要求，会显示出错误提示信息，而且这些错误信息集中显示在 ValidationSummary 控件(页面底端)中，如图 5-10 所示。

如果设置 ValidationSummary 控件的 ShowMessageBox 属性为 True，ShowSummary 属性为 False，则错误信息将只在弹出的信息框中显示，如图 5-11 所示。

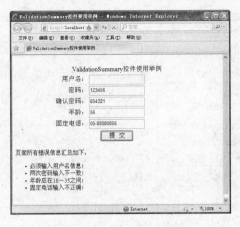

图 5-10 例 5-7 运行结果

图 5-11 在信息框中显示错误信息

5.8 使用验证组

使用验证组可以将页面上的验证控件归为一组，可以只针对每个验证组执行验证，该验证与同一页面中的其他验证组无关。创建验证组的方法是将待归为一组的所有控件的 ValidationGroup 属性(默认值为空字符串)设置为同一名称，即同一验证组内的所有控件都具有相同 ValidationGroup 属性值，而不同的验证组的控件之间具有不同的 ValidationGroup 属性值。

每次页面提交时，只在一个验证组上执行验证，此时页面的 IsValid 属性取决于该验证组中的验证控件。如果该验证组中所有验证控件的验证均通过，则页面的 IsValid 属性返回值为 True。

【例 5-8】验证组使用举例。

在网站"5"中添加 Web 窗体 5-8.aspx。在页面中添加 4 个 RequiredFieldValidator 控件、5 个 Label 控件、两个 Button 控件和 4 个 TextBox 控件。主要控件的属性设置见表 5-15。

表 5-15 主要控件的属性设置及功能

控件名称	属　　性	属性值	功　　能
TextBox	ID	TextBox1	用于输入"用户名"
	ID	TextBox2	用于输入"密码"
	ID	TextBox3	用于输入"年龄"
	ID	TextBox4	用于输入"固定电话"
Button	ID	Button1	单击按钮实现验证组1中的验证
	Text	验证组 1	
	ValidationGroup	group1	
	ID	Button2	单击按钮实现验证组2中的验证
	Text	验证组 2	
	ValidationGroup	group2	

续表

控件名称	属　　性	属性值	功　　能
RequiredFieldValidator	ID	RequiredFieldValidator1	对 TextBox1 文本框中输入的用户名信息进行非空验证
	Text	必须输入用户名信息！	
	ControlToValidate	TextBox1	
	ValidationGroup	group1	
	ID	RequiredFieldValidator2	对 TextBox2 文本框中输入的密码信息进行非空验证
	Text	必须输入密码信息！	
	ControlToValidate	TextBox2	
	ValidationGroup	group1	
	ID	RequiredFieldValidator3	对 TextBox3 文本框中输入的年龄信息进行非空验证
	Text	必须输入年龄信息！	
	ControlToValidate	TextBox3	
	ValidationGroup	group2	
	ID	RequiredFieldValidator4	对 TextBox4 文本框中输入的固定电话信息进行非空验证
	Text	必须输入固定电话信息！	
	ControlToValidate	TextBox4	
	ValidationGroup	group2	

在 5-8.aspx 文件中，切换到"源"视图，添加与设置 RequiredFieldValidator1 控件对应的代码，具体如下：

```
<asp:RequiredFieldValidator ID="RequiredFieldValidator1" runat="server"
    ControlToValidate="TextBox1" ValidationGroup="group1">必须输入用户名信息！
</asp:RequiredFieldValidator>
```

RequiredFieldValidator2 控件与 RequiredFieldValidator1 控件代码类似。RequiredFieldValidator3 控件和 RequiredFieldValidator4 控件代码类似，只是 ValidationGroup 属性取值为 group2。

在页面文件中，添加与设置的 Button1("验证组 1"按钮)控件对应的代码如下：

```
<asp:Button ID="Button1" runat="server" Font-Size="Large" Height="30px"
    Text="验证组 1" Width="93px" style="text-align: center" ValidationGroup=
"group1" />
```

Button2 控件与 Button1 控件代码相似，只是 ValidationGroup 属性取值为 group2。

程序运行时，在"用户名"、"密码"、"年龄"和"固定电话"4 个文本框中均不输入任何信息。如果单击【验证组 1】按钮，则系统只针对 group1 验证组执行验证并输出错误信息；如果单击【验证组 2】按钮，则系统只针对 group2 验证组执行验证并输出错误信息，如图 5-12 所示。

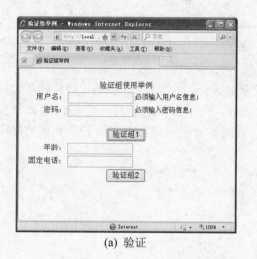

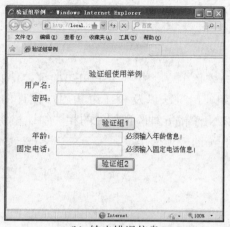

(a) 验证　　　　　　　　　　　　　(b) 输出错误信息

图 5-12　例 5-8 运行结果

5.9　用户控件

在实际应用开发中，为了满足特殊业务的需求，用户需要自定义一些控件来扩展 ASP.NET 中 HTML 服务器控件和内置 Web 服务器控件的功能，用户控件便能实现上述操作。用户控件是一种能够在其中放置标记和内置 Web 服务器控件的容器，并且可以将用户控件作为一个单元对待，可为其定义属性和方法。

用户控件是一种复合控件，其工作原理与 ASP.NET 页面(.aspx 文件)十分相似，可以像创建页面一样创建和设置用户控件。二者不同之处主要体现在以下几个方面。

(1) 用户控件文件的扩展名必须为.ascx，而页面文件的扩展名为.aspx。

(2) 用户控件中没有@Page 指令，而是包含@Control 指令，该指令对配置以及其他属性进行定义。

(3) 用户控件不能作为独立文件运行，和其他控件一样，必须包含在 ASP.NET 页面内才能使用。

(4) 用户控件中不包含 html、body 或者 form 标记，但放置用户控件的页面中需包含这些标记。

使用用户控件的优点如下所示。

(1) 可以将常用的内容、控件或者程序逻辑封装到用户控件中，然后在多个页面中重复使用该用户控件，从而可以省略许多重复性的工作，提高开发效率。例如，许多页面均使用导航栏，此时可以将导航栏设计为一个用户控件，在多个页面中重复使用。

(2) 根据实际需求，当页面内容需要动态改变时，只需修改用户控件中的内容，则包含该用户控件的页面会自动跟随改变，从而使维护工作变得简单易行。

关于用户控件的创建与使用的详细知识，读者请参见其他相关资料。

小　结

本章主要介绍了 ASP.NET 验证控件的类型和数据验证的方式，6 种验证控件的基础知识和使用方法以及验证组和用户控件的相关知识。通过本章的学习，能够使读者掌握 ASP.NET 的 6 种验证控件的相关知识和使用技巧，能够使用 ASP.NET 验证控件完成实际应用程序的验证操作。

习　题

一、填空题

1．ASP.NET 有两种数据验证的方式：客户端验证和_____。

2．CompareValidator 控件的 Type 属性设置的数据类型由 ValidationDataType 枚举指定，该枚举允许使用 5 种类型名：String、_____、Double、_____和 Currency。

3．CustomValidator 控件在服务器端执行验证时，主要用到 ServerValidate 事件，该事件处理程序提供了两个参数：参数 source 和_____。

4．ValidationSummary 控件的 DisplayMode 属性取值有 3 种：_____、List 和 SingleParagraph。

二、简答题

1．叙述 ASP.NET 验证控件的特点和基本功能。

2．简述验证控件的通用属性及其功能。

3．简述 CompareValidator 控件用于实现的 3 种数据验证操作。

4．简述 RangeValidator 控件的功能及其常用属性。

5．叙述常用的正则表达式字符及其说明。

6．简述 CustomValidator 控件的功能和基本语法格式。

7．简述验证组的特点与功能。

8．简述使用用户控件的优点。

第 6 章

ASP.NET 4.0 内置对象

学习目标

- 掌握 Response 对象、Request 对象和 Server 对象的基础知识和使用方法
- 掌握 Cookie 对象和 Application 对象的基础知识和使用方法
- 掌握 Session 对象和 ViewState 对象的基础知识和使用方法
- 能够使用 ASP.NET 内置对象设计简单的应用程序

知识结构

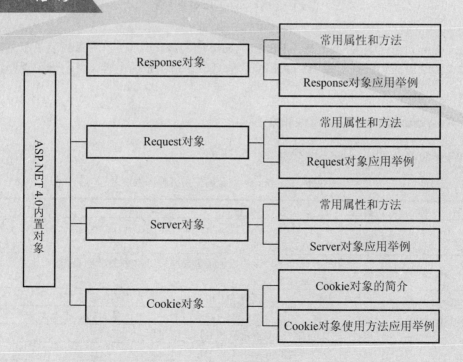

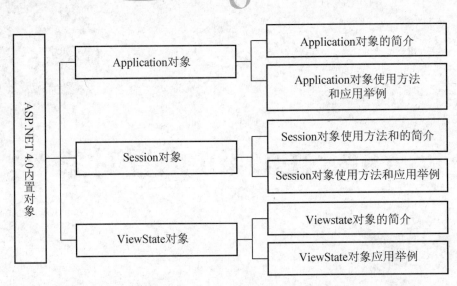

本章将介绍的 Response 对象、Request 对象和 Server 对象主要用于完成服务器和客户端浏览器之间的联系，Cookie 对象、Application 对象、Session 对象和 ViewState 对象主要用于 ASP.NET 4.0 网站状态管理。这些内置对象是由 .NET Framework 中封装好的类来实现的，它们在 ASP.NET 页面初始化请求时被自动创建，属于全局对象，因而无须对所属类进行实例化操作就能在网站中任何地方直接调用它们。

6.1　Response 对象

Response 对象是类 System.Web.HttpResponse 的实例化对象，该对象封装了服务器对客户端请求的响应，它用来操作 HTTP 相应的信息，输出指定的内容，并将结果返回给请求用户。

6.1.1　Response 对象的常用属性和方法

Response 对象的常用属性和方法见表 6-1。

表 6-1　Response 对象的常用属性和方法

名　　称	类型	说　　明
Buffer	属性	设置一个值，该值指示是否缓冲输出，并在处理完整个响应之后将其发送，默认为 True
BufferOutput	属性	设置一个值，该值指示是否缓冲输出，并在处理完整个页面之后将其发送，默认为 True
IsClientConnected	属性	获取一个值，该值用于指示客户端是否仍连接在服务器上
ContentEncoding	属性	该属性的取值是包含当前响应的字符集信息的 Encoding 对象
Charset	属性	设置或者获取输出流的 HTTP 字符集
ContentType	属性	设置或者获取输出流的 HTTP MIME 类型，默认值为 text/html
Cookies	属性	获取响应 Cookie 集合，该属性可以将 Cookie 信息输出到客户端

续表

名　称	类型	说　明
Expires	属性	设置在浏览器上缓存的页面过期之前的分钟数。如果用户在页面过期之前返回该页面，则显示缓存的版本
ExpiresAbsolute	属性	设置从缓存中移除缓存信息的绝对日期和时间
Clear	方法	清除缓冲区流中的所有内容输出
ClearContent	方法	清除缓冲区中的所有内容
End	方法	将当前缓冲区中的所有内容发送到客户端，停止该页面的执行，并引发 EndRequest 事件
Flush	方法	将当前缓冲区中的所有内容发送到客户端，该属性不停止页面的执行
Write	方法	将信息写入到 HTTP 响应输出流，并显示到客户端浏览器中
WriteFile	方法	将指定的文件直接写入 HTTP 响应输出流
BinaryWrite	方法	将一个二进制字符串写入 HTTP 输出流，并显示到客户端浏览器中
Redirect	方法	将客户端里浏览器重定向到 URL 指定的目标位置

6.1.2　Response 对象应用举例

1. 向客户端浏览器输出信息

1) 使用 Write 方法

使用 Write 方法输出的字符串会被浏览器按 HTML 语法进行解释，因此可以使用 Write 方法直接输出 HTML 代码来实现页面内容和格式的定制。使用 Write 方法还可以实现更复杂信息的输出。

2) 使用 WriteFile 方法

使用 WriteFile 方法可以将指定的文件内容直接写入 HTTP 输出流。在使用该方法之前，应使用 Response 对象的 ContentType 属性设置输出流的 HTTP MIME 类型。ContentType 属性默认值为 text/html，常用的取值还有 image/jpeg、image/gif、application/vnd.ms-excel 和 application/msword 等。

3) 使用 BinaryWrite 方法

使用 BinaryWrite 方法可以将一个二进制字符串写入 HTTP 输出流，并显示到客户端浏览器中。

例如，在网站根目录下的 "resource" 子目录中包含有一个二进制图片文件 "FuWaHuan.jpeg"，使用 Response 对象的 BinaryWrite 方法将该图片输出到客户端的浏览器中，如图 6-1 所示。具体代码如下：

图 6-1　BinaryWrite 方法输出二进制图像

```
//打开图片文件"FuWaHuan.jpeg"，并将其存储到文件流 fileOut 中
FileStream fileOut = new FileStream(Server.MapPath("~/resource/FuWaHuan.
jpeg"), FileMode.Open);
long fileSize = fileOut.Length;
                        //获取文件流 fileOut 的长度，并存储到变量 fileSize 中
byte[] fileArray = new byte[(int)fileSize];        //定义一个二进制数组 fileArray
```

```
//从文件流 fileOut 中读取字节块并写入到二进制数组 fileArray(相当于缓冲区)中
fileOut.Read(fileArray, 0, (int)fileSize);
fileOut.Close();                              //关闭文件流 fileOut
Response.BinaryWrite(fileArray);              //将图片文件输出到客户端浏览器中
```

注意

上述代码中用到了文件流 FileStream，因而需要使用 using 指令将命名空间 System.IO 引入到程序中。

2. 页面重定向

Redirect 方法可以将客户端浏览器重定向到 URL 指定的目标位置。例如，如果用户输入了正确的用户名和密码之后，可以以会员的身份转入到资料下载或者视频点播等页面，否则转入到登录出错信息页面。

注意

使用 Redirect 方法实现原页面到新页面跳转的过程中，新页面将无法访问到原页面提交的数据信息，需要借助于 Request 对象来实现页面之间信息的传递。

3. 缓冲机制

是指将输出信息暂时存放在服务器的缓冲区中，待程序执行结束或者执行 Flush 或 End 指令时，再将缓冲区中的数据信息发送到客户端浏览器。Response 对象的 BufferOutput 属性和 Buffer 属性都是用于是否进行缓冲的标志，默认值均为 True。举例如下：

```
Response.BufferOutput = true;       //设置使用缓冲标志为 True
Response.Write("欢迎您学习 Response 对象的使用方法！"); //向缓冲区中写入内容
Response.Flush();                   //使缓冲区中的内容立即输出
Response.Write("这部分信息将无法显示到客户端浏览器中！"); //向缓冲区中再写入内容
Response.ClearContent();            //清除缓冲区中的内容
```

上述代码在执行第一个 Response.Write 方法时将把字符串"欢迎您学习 Response 对象的使用方法！"写入到缓冲区，接着执行 Response.Flush 方法立即将此字符串输出到客户端浏览器中。执行第二个 Response.Write 方法时再把字符串"这部分信息将无法显示到客户端浏览器中！"写入到缓冲区，但是接着执行的 Response.ClearContent 方法将缓冲区中的该字符串清除了，所以字符串"这部分信息将无法显示到客户端浏览器中！"将不被显示，最终在客户端浏览器只显示字符串"欢迎您学习 Response 对象的使用方法！"。

【例 6-1】Response 对象使用举例。

(1) 启动 Microsoft Visual Studio 2010 程序。选择【文件】→【新建】→【网站】命令，在弹出的【新建网站】对话框中，选择【ASP.NET 空网站】模板，单击【浏览】按钮设置网站存储路径，网站文件夹命名为 "6"，单击【确定】按钮，完成新网站的创建工作。该网站将作为本章所有例题的默认网站。

(2) 然后选择【网站】→【添加新项】命令，在弹出的【添加新项】对话框中，选择【Web 窗体】项，单击【添加】按钮即可。注意：左侧【已安装的模板】处选择 "Visual C#"，底部【名称】一项命名为 "6-1.aspx"，选中右下角 "将代码放在单独的文件中" 复选框(默认选择)。

(3) 在页面中添加一个 LinkButton 控件。该控件的属性设置见表 6-2。

表 6-2　控件的属性设置及功能

控件名称	属　　性	属性值	功　　能
LinkButton	ID	LinkButton1	单击该按钮时，实现页面的跳转
	Text	页面跳转	

(4) 在 6-1.aspx.cs 文件的 Page_Load 事件中编写代码，具体如下：

```
protected void Page_Load(object sender, EventArgs e)
{
    Response.Write("<center><font face=隶书 size=4 color=blue >Response 对象
向客户端浏览器输出信息举例</font></center><br><br>");        //显示输出标题
    Response.Write("当前时间为： " + DateTime.Now.ToLongTimeString() + " ");
                                                        //显示时间
    Response.Write("<a href='javascript:window.opener=null;window.close()'> 关
闭窗口</a>" + "<br><br>");              //显示"关闭窗口"链接，单击该链接将关闭窗口
    Response.Write("以下内容是通过 WriteFile 方法输出文件 stuResponse.txt 中的内
容！ " + "<br><br>");                                  //提示信息
    Response.ContentType = "text/html";              //设置 ContentType 属性
    //指定"gb2312"编码方案，如果省略此代码，输出时可能会在浏览器中出现乱码
    Response.ContentEncoding = System.Text.Encoding.GetEncoding("gb2312");
    Response.WriteFile("~/resource/stuResponse.txt");   //输出文件内容
}
```

(5) 在 6-1.aspx.cs 文件中，为 LinkButton1 按钮的 Click 事件编写代码，用于实现页面的重定向，具体如下：

```
protected void LinkButton1_Click(object sender, EventArgs e)
{
    Response.Redirect("http://www.sohu.com");  //当前页面跳转到"搜狐"网站 }
```

页面加载时，通过代码首端的 3 个 Response.Write 方法分别输出标题信息、当前时间和 "关闭窗口" 链接。然后使用 Response 对象的 WriteFile 方法显示网站根目录下 "resource" 子目录中包含的文本文件 "stuResponse.txt" 的内容。如果单击 "页面跳转" 超链接按钮，页面会跳转到搜狐网站(http://www.sohu.com)，程序运行结果如图 6-2 所示。

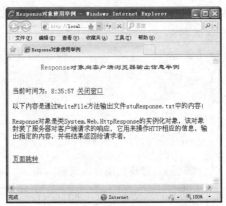

图 6-2 例 6-1 运行结果

6.2 Request 对象

Request 对象是类 System.Web.HttpRequest 的实例化对象。当用户通过客户端浏览器向服务器发送请求时，服务器会接收到一个 HTTP 请求，它包含了所有查询字符串参数或者表单参数、Cookie 数据以及浏览器的信息等，系统会将这些客户端的请求信息封装在 Request 对象中。

6.2.1 Request 对象的常用属性和方法

Request 对象的常用属性和方法见表 6-3。

表 6-3 Request 对象的常用属性和方法

名　　称	类型	说　　明
Browser	属性	设置或者获取有关正在请求的客户端浏览器功能的信息，该属性包含有许多用于返回客户端浏览器信息的子属性
Cookies	属性	获取客户端发送的 Cookie 的集合
ContentLength	属性	指定客户端发送的内容长度(以字节计)
FilePath	属性	获取当前页面的虚拟路径
Form	属性	获取客户端表单元素中所填入的信息，即页面变量集合
Files	属性	获取采用多部分 MIME 格式的由客户端上传的文件集合
Path	属性	获取当前请求的虚拟路径
Params	属性	获取 QueryString、Form、ServerVaribles 和 Cookies 项的组合集合
QueryString	属性	获取 HTTP 查询字符串变量的集合
ServerVariables	属性	获取服务器变量的集合
Url	属性	获取有关当前请求的 URL 信息
UserHostAddress	属性	获取远程客户端的 IP 主机地址
Headers	属性	获取 HTTP 头集合
RequestType	属性	设置或者获取客户端使用的 HTTP 数据传输方法(GET 或 POST)
SaveAs	方法	将客户端的 HTTP 请求保存到磁盘
MapPath	方法	将当前请求的 URL 中的虚拟路径映射到服务器上的物理路径

6.2.2 Request 对象应用举例

1. 页面之间数据的传递

客户端使用的 HTTP 数据传输方式有两种：GET(默认方式)或者 POST。GET 方式将把表单中的所有信息(要传递的信息)作为字符串附加在所需执行程序的 URL 后面，其间用"？"隔开，而表单域之间(传递的各数据之间)则用"&"隔开。由于受到系统环境变量长度的限制，使用 GET 方式传送的信息不能太多，而且使用这种方式在浏览器的地址栏中将以明文的形式显示各表单域的值，保密性较差。POST 方式将把表单中的所有信息进行包装后再进行传送(信息保存在 Request 对象的 Form 属性中)。这种方式对所传送的信息量基本上没有什么限制，而且在浏览器的地址栏中也不会显示各表单域的值，故保密性较好。

1) 使用 QueryString 属性接收数据

Request 对象的 QueryString 属性主要用于接收以 GET 方式发送的数据，即接收用户请求 URL 地址中"？"后面的数据。

实际应用中，使用 Response 对象的 Redirect 方法可以同时传递多个参数，其基本语法格式如下：

```
Response.Redirect("目标页面?待传递的参数 1 &待传递的参数 2 &...& 待传递的参数 n");
```

在目标页面中使用 Request 对象的 QueryString 属性接收参数的基本语法格式如下：

```
string 接收参数的变量 = Request.QueryString["包含参数的变量"];
```

【例 6-2】使用 Request 对象的 QueryString 属性接收数据举例。

(1) 在网站"6"中添加 Web 窗体 6-2.aspx，用于发送数据。在页面中添加 4 个 Label 控件、3 个 TextBox 控件和一个 Button 控件。主要控件的属性设置见表 6-4。

表 6-4 主要控件的属性设置及功能

控件名称	属　性	属性值	功　　能
TextBox	ID	TextBox1	用于输入"用户名"
	ID	TextBox2	用于输入"密码"
	TextMode	Password	
	ID	TextBox3	用于输入"移动电话"
Button	ID	Button1	单击该按钮，实现页面中各控件数据的发送
	Text	提交	

在 6-2.aspx.cs 中编写代码，实现发送数据的功能，具体如下：

```
protected void Button1_Click1(object sender, EventArgs e)
{
    string userName = TextBox1.Text;//定义 userName 用于存储在控件中输入的用户名
    string password = TextBox2.Text;//定义 password 用于存储在控件中输入的密码
    string phone = TextBox3.Text;   //定义 phone 用于存储在控件中输入的移动电话
    //页面从 6-2.aspx 跳转到 6-3.aspx，并实现在页面中数据的发送
    Response.Redirect("6-3.aspx?getUserName=" + userName + "&getPassword="
```

```
+ password + "&getPhone=" + phone);
    }
```

(2) 在网站 "6" 中添加 Web 窗体 6-3.aspx，用于接收数据。在 6-3.aspx.cs 中编写代码，实现接收数据的功能，具体如下：

```
protected void Page_Load(object sender, EventArgs e)
{
    Response.Write("使用 Request 对象的 QueryString 属性接收到的数据如下：" +
"<br><br>");
    //使用 QueryString 属性接收发送的用户名
    Response.Write("接收到的用户名：" + Request.QueryString["getUserName"] +
"<br><br>");
    //使用 QueryString 属性接收发送的密码
    Response.Write("接收到的密码：" + Request.QueryString["getPassword"] +
"<br><br>");
    //使用 QueryString 属性接收发送的移动电话号码
    Response.Write("接收到的移动电话：" + Request.QueryString["getPhone"] +
"<br><br>");
    }
```

程序运行时，在"用户名"、"密码"和"移动电话" 3 个文本框中输入信息，单击【提交】按钮，页面将从 6-2.aspx 跳转到 6-3.aspx，并实现页面间数据的发送，而后数据将被 6-3.aspx 接收并予以显示，如图 6-3 所示。

(a) 单击【提交】按钮

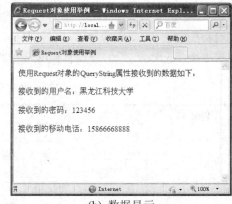

(b) 数据显示

图 6-3 例 6-2 运行结果

2) 使用 Form 属性接收数据

Request 对象的 Form 属性主要用于接收以 POST 方式发送的数据。若表单的提交方式为 POST，则表单数据将放在浏览器请求的 HTTP 标头中发送到服务器，其数据信息将保存在 Request 对象的 Form 集合中，在服务器端便可以使用 Request 对象的 Form 属性来获取表单数据(发送过来的数据)。

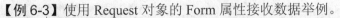

【例 6-3】使用 Request 对象的 Form 属性接收数据举例。

(1) 在网站"6"中添加一个 HTML 页面,方法如下:

选择【网站】→【添加新项】命令,然后在弹出的【添加新项】对话框中,选择【HTML
页】项,底部【名称】一项命名为"HtmlPage.htm",单击【添加】按钮即可。

HtmlPage.htm 页面代码如下:

```html
<!DOCTYPE html PUBLIC "-//W3C//DTD XHTML 1.0 Transitional//EN"
"http: //www.w3.org/TR/xhtml1/DTD/xhtml1-transitional.dtd">
<html xmlns="http://www.w3.org/1999/xhtml">
    <head>
        <title>Request 对象使用举例</title>
    </head>
    <body>
        <!--数据传输方法为 POST, action 属性指示转向的目标页面?-->
        <form method="post" action="6-4.aspx">
            使用 Request 对象的 Form 属性接收数据举例!<br/><br/>
            用户名称: <input type="text" name="userName"/><br/><br/>
            家庭住址: <input type="text" name=" homeAddress"/><br/><br/>
            移动电话: <input type="text" name="phone"/><br/><br/>
            <input type="submit" value="提交"/>
        </form>
    </body>
</html>
```

> **注意**
>
> 上述代码中 Form 表单的提交方式为 POST, action 属性用于指示转向的目标页面。

(2) 在网站"6"中添加 Web 窗体 6-4.aspx,用于接收数据。在 6-4.aspx.cs 中编写代码,
实现接收数据的功能,具体如下:

```csharp
Response.Write("使用 Request 对象的 Form 属性接收到的数据如下: " + "<br><br>");
foreach (string receiveData in Request.Form)
{   //使用 Form 属性逐项接收发送过来的数据
      Response.Write(Request.Form[receiveData] + "<br><br>");
}
```

程序运行时,在"用户名称"、"用户密码"和"移动电话"3 个文本框中输入信息,
单击"提交"按钮,页面将从 HtmlPage.htm 跳转到 6-4.aspx,并实现页面间数据的发送,
而后数据将被 6-4.aspx 接收并予以显示,如图 6-4 所示。

3) 使用 Params 属性接收数据

无论以何种方式发送数据(GET 方式或者 POST 方式),都可使用 Request 对象的 Params
属性来接收数据。

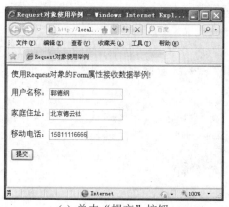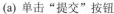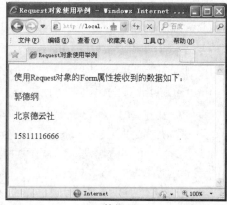

(a) 单击"提交"按钮   (b) 数据显示

图 6-4   例 6-3 运行结果

例如，在【例 6-2】中，保持发送数据页面 6-2.aspx 不变，在 6-3.aspx.cs 中实现接收数据的代码修改如下：

```
protected void Page_Load(object sender, EventArgs e)
{
    Response.Write("使用 Request 对象的 Params 属性接收到的数据如下: " + "<br><br>");
    //使用 Params 属性接收发送的用户名
    Response.Write("接收到的用户名: " + Request.Params["getUserName"] + "<br><br>");
    //使用 Params 属性接收发送的密码
    Response.Write("接收到的密码: " + Request.Params["getPassword"] + "<br><br>");
    //直接使用 Request 对象而不使用任何属性也可以接收数据
    Response.Write("接收到的移动电话: " + Request["getPhone"] + "<br><br>");
}
```

程序的运行状况和运行结果与【例 6-2】完全一致。

> **注意**
>
> 上述代码中 "Request["getPhone"]" 说明不使用任何属性而直接使用 Request 对象也可以接收数据。

2. 获取客户端浏览器信息

Request 对象的 Browser 属性包含众多子属性，用来获取客户端浏览器的相关信息。常用的 Browser 属性的子属性见表 6-5。

表 6-5   常用的 Browser 属性的子属性

子属性名称	说　　明
Browser	返回 User-Agent 请求标头中有关浏览器的描述(浏览器的类型)
Platform	返回客户端使用的操作系统名称
Type	返回客户端浏览器的名称和主版本号

续表

子属性名称	说　明
Version	以字符串的形式返回浏览器的完整版本号
Cookies	指示客户端浏览器是否支持 Cookie
JavaScript	指示客户端浏览器是否支持 JavaScript
JavaApplets	指示客户端浏览器是否支持 JavaApplets
VBScript	指示客户端浏览器是否支持 VBScript
Frames	指示客户端浏览器是否支持 HTML 框架
ActiveXControls	指示客户端浏览器是否支持 ActiveX 控件
Win32	指示客户端是否为基于 Win32 的计算机
Tables	指示客户端浏览器是否支持 HTML 表格元素

【例 6-4】使用 Request 对象的 Browser 属性获取客户端浏览器信息举例。

在网站"6"中添加 Web 窗体 6-5.aspx。在 6-5.aspx.cs 中编写代码，用于获取客户端浏览器的信息，具体如下：

```
protected void Page_Load(object sender, EventArgs e)
{
    Response.Write("客户端浏览器的详细信息如下："+ "<br><br>");
    Response.Write("操作系统名称: " + Request.Browser.Platform + "<br>");
    Response.Write("浏览器名称和版本: " + Request.Browser.Type + "<br>");
    Response.Write("浏览器类型: " + Request.Browser.Browser + "<br>");
    Response.Write("浏览器版本号: " + Request.Browser.Version + "<br>");
    Response.Write("是否支持 Cookies: " + Request.Browser.Cookies + "<br>");
    Response.Write("是否支持 JavaScript: " + Request.Browser.JavaScript + "<br>");
    Response.Write("是否支持 JavaApplets:" + Request.Browser.JavaApplets + "<br>");
    Response.Write("是否支持 VBScript: " + Request.Browser.VBScript + "<br>");
    Response.Write("是否支持 HTML 框架: " + Request.Browser.Frames + "<br>");
    Response.Write("是否支持 ActiveX 控件: " + Request.Browser.ActiveXControls + "<br>");
    Response.Write("是否支持 HTML 表格元素: " + Request.Browser.Tables + "<br>");
    Response.Write("客户端是否为基于 Win32 的计算机:" + Request.Browser.Win32 + "<br>");
}
```

程序运行结果如图 6-5 所示。

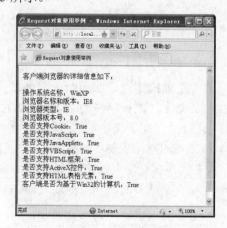

图 6-5　例 6-4 运行结果

6.3 Server 对象

Server 对象是类 System.Web.HttpServerUtility 的实例化对象。Server 对象包含了一些与服务器相关的信息，提供了对服务器上常用属性和方法的访问，主要用于帮助程序判断当前服务器的各种状态。

6.3.1 Server 对象的常用属性和方法

Server 对象的常用属性和方法见表 6-6。

表 6-6 Server 对象的常用属性和方法

名　称	类型	说　明
MachineName	属性	获取服务器的计算机名称，为只读属性
ScriptTimeout	属性	设置或者获取程序执行的最长时间，即程序必须在该段时间内执行完毕，否则将自动终止，时间以秒为单位。系统默认值为 90 秒
MapPath(path)	方法	将参数 path 指定的虚拟路径转换成物理文件路径
HtmlEncode(string)	方法	对将在浏览器中显示的字符串(string)进行编码，当不希望将传送的字符串中与 HTML 标记相同的部分解释为 HTML 标记时，可以使用该方法
HtmlDecode(string)	方法	对已被编码以消除无效 HTML 字符的字符串(string)进行解码，即还原 HtmlEncode 操作
UrlEncode(string)	方法	对 URL 字符串(string)进行编码，保证通过 URL 从客户端到服务器端进行可靠的 HTTP 传输
UrlDecode	方法	对 URL 字符串进行解码，该字符串为了进行 HTTP 传输而进行了编码并在 URL 中发送到服务器，即还原 UrlEncode 操作
Execute(other)	方法	跳转到由 other 指定的另一个页面执行，当在另一个页面执行完毕后，自动返回到原页面，继续执行原页面中后续的代码
Transfer(other)	方法	终止当前页面的执行，并根据当前请求开始执行由 other 指定的新页面，原页面中后续的代码将不再被执行
GetLastError	方法	获取最近一次发生的异常

6.3.2 Server 对象应用举例

1. 路径转换

程序中使用的文件路径通常是虚拟路径，即相对于服务器上某站点根目录(物理路径)的路径。例如，网站 "6" 在服务器上的物理路径为 "D:\ASP.NET 总体目录\编书目录\书中实例\6" (网站 "6" 的根目录路径)，则例 6-5 中页面文件 6-5.aspx 对应的物理路径为 "D:\ASP.NET 总体目录\编书目录\书中实例\6\6-5.aspx"。又如，网站 "6" 目录中含有一个 "resource" 子目录，该子目录中包含有一个页面文件 Default.aspx，如图 6-6 所示，则页面 Default.aspx 对应的物理路径为 "D:\ASP.NET 总体目录\编书目录\书中实例\6\resource\Default.aspx"。

在实际应用中，有时需要访问服务器中的某个文件、目录或数据库文件，这时就需要将虚拟路径转换为物理路径，使用 Server 对象的 MapPath 方法可实现这种路径转换。

【例 6-5】使用 Server 对象的 MapPath 方法实现路径转换举例。

以上述 "resource" 子目录下的页面文件 Default.aspx 为例，如图 6-6 所示，在 Default.aspx.cs 中编写代码，实现使用 MapPath 方法进行路径转换的功能，具体如下：

```
protected void Page_Load(object sender, EventArgs e)
{
    Response.Write("使用 Server 对象的 MapPath 方法实现路径转换举例!" + "<br><br><br>");
    Response.Write("页面 Default.aspx 对应的物理路径为：" + Server.MapPath
("Default.aspx") + "<br><br>");
    Response.Write("当前网站的根目录为：" + Server.MapPath("~/") + "<br><br>");
    Response.Write("当前虚拟目录的物理路径为：" + Server.MapPath("./") + "<br> <br>");
    Response.Write("当前虚拟目录的上一级目录的物理路径为：" + Server. MapPath("../") +
"<br><br>");
    Response.Write("当前页面的物理路径为：" + Server.MapPath(Request.FilePath)
+ "<br><br>");
}
```

上述代码中，MapPath 方法中使用 "~/" 参数表示当前网站的根目录；MapPath 方法中使用 "./" 参数表示当前虚拟目录对应的物理路径；MapPath 方法中使用 "../" 参数表示当前虚拟目录的上一级目录对应的物理路径；Request.FilePath 用于返回当前页面的虚拟路径，而 Server.MapPath(Request.FilePath) 用于返回当前页面的物理路径，此时 Server.MapPath (Request.FilePath) 与 Server.MapPath("Default.aspx") 等价。

程序的运行结果如图 6-7 所示。

图 6-6　网站目录结构

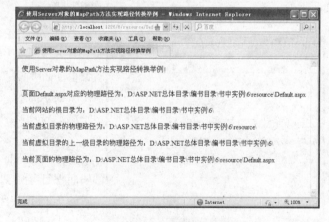

图 6-7　例 6-5 运行结果

2. HTML 和 URL 字符串的编码和解码

编码本质上是将除字母和数字以外的符号替换成某种特殊的符号，而解码本质上是将这种编码后的特殊符号还原为其本来面目。

1）对 HTML 字符串的编码和解码

Server 对象的 HtmlEncode 方法用于对字符串进行编码，使它不被浏览器按 HTML 语法进行解释，按字符串原样在浏览器中显示。当不希望将传送的字符串中与 HTML 标记相同的部分解释为 HTML 标记时，可以使用该方法。HtmlDecode 方法的功能与 HtmlEncode 方法刚好相反，它主要用于对已被编码以消除无效 HTML 字符的字符串进行解码，即还原 HtmlEncode 操作。

【例 6-6】Server 对象的 HtmlEncode 方法和 HtmlDecode 方法使用举例。

在网站"6"中添加 Web 窗体 6-6.aspx。在 6-6.aspx.cs 中编写代码，具体如下：

```
protected void Page_Load(object sender, EventArgs e)
{
    Response.Write("<i>HtmlEncode方法用于对字符串进行编码!</i><p>");
    Response.Write(Server.HtmlEncode("<i>HtmlEncode 方法用于对字符串进行编码!</i><p>"));
    Response.Write("<br><br>");
    Response.Write(Server.HtmlDecode(Server.HtmlEncode("<i>HtmlEncode 方法用于对字符串进行编码!</i><p>")));
}
```

上述代码中，第一个 Response.Write 语句将输出一个斜体字的字符串"HtmlEncode 方法用于对字符串进行编码!"，并且使用<p>进行分段。由于使用了 Server.HtmlEncode 方法，因而第二个 Response.Write 语句中的字符串"<i>HtmlEncode 方法用于对字符串进行编码!</i><p>"将原样输出，HTML 标记将不被浏览器按 HTML 语法进行解释，因而<i>起不到斜体字的效果，<p>也起不到分段的效果。由于在 Server.HtmlEncode 方法之后又使用了 Server.HtmlDecode 方法，所以第三个 Response.Write 语句和第一个 Response.Write 语句效果相同，将输出一个斜体字的字符串"HtmlEncode 方法用于对字符串进行编码!"。程序运行结果如图 6-8 所示。

图 6-8　例 6-6 运行结果

2) 对 URL 字符串的编码和解码

客户端使用 GET 方式进行数据传输时，需要把表单中的所有信息(要传递的信息)作为字符串附加在所需执行程序的 URL 后面，其间用"？"隔开。显然，使用这种方式在浏览器的地址栏中将以明文的形式显示各表单域的值，保密性较差。Server 对象的 UrlEncode 方法可以对 URL 字符串进行编码，从而保证了通过 URL 从客户端到服务器端进行可靠的 HTTP 传输。Server 对象的 UrlDecode 方法主要用于对 URL 字符串(该字符串为了进行 HTTP 传输而进行了编码并在 URL 中发送到服务器)进行解码，即还原 UrlEncode 操作。

【例 6-7】Server 对象的 UrlEncode 方法和 UrlDecode 方法使用举例。

在网站"6"中添加 Web 窗体 6-7.aspx。在页面中添加一个 Label 控件、一个 TextBox 控件和两个 Button 控件。主要控件的属性设置见表 6-7。

表 6-7 主要控件的属性设置及功能

控件名称	属 性	属性值	功 能
TextBox	ID	TextBox1	用于输入进行编码的 URL 字符串
	TextMode	MultiLine	
Button	ID	Button1	单击该按钮，将进行 TextBox1 文本框中数据的编码
	Text	URL 编码	
	ID	Button2	单击该按钮，将进行 TextBox1 文本框中数据的解码
	Text	URL 解码	

在 6-7.aspx.cs 中编写代码，实现 URL 字符串的编码，具体如下：

```
protected void Button1_Click(object sender, EventArgs e)
{
    TextBox1.Text = Server.UrlEncode(TextBox1.Text);
}
```

在 6-7.aspx.cs 中编写代码，实现 URL 字符串的解码，具体如下：

```
protected void Button2_Click(object sender, EventArgs e)
{
    TextBox1.Text = Server.UrlDecode(TextBox1.Text);
}
```

程序运行结果如图 6-9 和图 6-10 所示。在图 6-9 所示中单击 "URL 编码" 按钮，将实现 URL 字符串的编码，编码后的效果如图 6-10 所示；在图 6-10 所示中单击 "URL 解码" 按钮，将实现对编码后字符串的解码操作，即还原为原 URL 字符串，解码后的效果如图 6-9 所示。

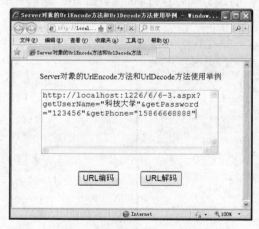

图 6-9 编码前的 URL 字符串 　　　　图 6-10 编码后的 URL 字符串

3. 执行指定页面

Execute 方法用于使程序跳转到指定的另一个页面执行，当在另一个页面执行完毕后，自动返回到原页面，继续执行原页面中后续的代码。Execute 方法相当于其他高级语言中的过程或者函数调用。Transfer 方法用于终止当前页面的执行，并根据当前请求开始执行程序指定的新页面，原页面中后续的代码将不再被执行。

使用 Execute 方法或者 Transfer 方法跳转到目标页面后，Request 等对象中保存的信息不变，即跳转到的目标页面可以继续使用原页面提交的数据。

【例 6-8】Server 对象的 Execute 方法使用举例。

(1) 在网站"6"中添加 Web 窗体 6-8.aspx，在本例中相当于原页面。在 6-8.aspx.cs 的 Page_Load 事件中编写代码，具体如下：

```
protected void Page_Load(object sender, EventArgs e)
{
    Response.Write("页面 6-8.aspx 中第一句代码被执行！" + "<br>"+"该句代码执行完
毕后，将转向执行页面 6-9.aspx 中的代码！" + "<br><br><br>");
    Server.Execute("6-9.aspx");
    Response.Write("6-8.aspx 页面中第三句代码被执行！" + "<br>");
}
```

(2) 在网站"6"中添加 Web 窗体 6-9.aspx，在本例中相当于转向的目标页面。在 6-9.aspx.cs 中编写代码，具体如下：

```
protected void Page_Load(object sender, EventArgs e)
{
    Response.Write("页面 6-9.aspx 中的代码正在执行！" + "<br>");
    Response.Write("执行完毕后将返回页面 6-8.aspx 中，继续执行页面 6-8.aspx 中后续
的代码！" + "<br><br><br>");
}
```

程序运行时，先执行原页面 6-8.aspx 中第一句代码，而后转向目标页面 6-9.aspx 中，执行 6-9.aspx 中的代码。当 6-9.aspx 中的代码执行完毕后，返回原页面 6-8.aspx 中继续执行其后续的代码(6-8.aspx 中第三句代码)，程序运行结果如图 6-11 所示。

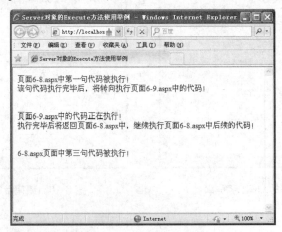

图 6-11　例 6-8 运行结果

6.4　Cookie 对象

　　ASP.NET 是一种无状态的页面连接机制，服务器处理完客户端请求的页面后，与该客户端的连接就中断了，服务器不会保存客户端再次请求页面与本次请求之间的关系和相关数据。在实际开发中，这种机制给开发人员带来了许多困难，因而 ASP.NET 4.0 利用 Cookie 对象、Application 对象、Session 对象和 ViewState 对象来实现网站状态管理，即使用这些对象在指定的时间段内来保存用户访问页面时产生的数据。

6.4.1　Cookie 对象的简介

　　Cookie 是一种能够让服务器把少量数据存储到客户端的硬盘中，或是从客户端硬盘中读取数据的一种技术。当用户浏览某个网站时，服务器就会发送一小段资料到客户端并存储于一个非常小的文本文件中。这个文本文件就是 Cookie，主要记录了用户在网站上打开的网页内容、登录名称、密码、在网页中进行的操作和停留的时间等内容。当用户再次浏览该网站时，服务器首先查找客户端中是否存有上次访问该网站时留下的 Cookie 信息，如果有，就是做出相应的动作(如显示欢迎用户的问候语)或者发送特定的网页给用户。例如，可以将用户的登录名称和登录密码存放到 Cookie 中，这样就可以避免每次访问同一网站时都需输入登录名称和登录密码的情况。

　　Cookie 是以"名称/值"对的形式记录信息，一个"名称/值"对仅仅是一条命名的数据。Cookie 中的信息通常都经过了加密处理，对于一般用户来说，只能看到一些毫无意义的字母与数字的组合，只有服务器的处理程序才能知道它们表达的真正含义。

　　使用 Cookie 优点主要有以下两个方面。

　　(1) 具有有效期。Cookie 对象的 Expires 属性用于设置 Cookie 的过期日期和时间。如果没有设置该属性，即没有设置 Cookie 的有效时间，那么当用户关闭浏览器(浏览器会话结束)时，该 Cookie 将被释放；同样可以将 Cookie 对象的 Expires 属性设置为比较大的数值，使 Cookie 过期时间较长，这样也能使得数据保留的更持久。用户可以根据实际情况，利用 Expires 属性配置合理的有效时间。

　　(2) 具有简捷结构。Cookie 是一种基于文本的轻量结构，不需要任何的服务器资源，Cookie 存储于客户端并可由服务器随时读取。

　　使用 Cookie 缺点主要有以下 4 个方面。

　　(1) 大多数的网站中都使用了 Cookie 技术，然而有的用户可能在他们的浏览器中禁止 Cookie，即拒绝接收由被访问网站发送来的 Cookie 数据。这可能会导致很多网站的个性化服务不能使用，甚至会导致那些需要 Cookie 的网站出现问题。

　　(2) Cookie 存储的数据量受到限制，大多数浏览器支持的最大容量为 4096B，故使用 Cookie 不能保存大量数据。

　　(3) 一些浏览器还限制了每个网站在客户端中保存的 Cookie 数量不能超过 20 个，若超出，则最早期的 Cookie 将被自动删除。

　　(4) Cookie 中的信息通常都经过了加密处理，如果保存了敏感的而且未加密的数据，会对网站造成隐患。

Cookie 对象的常用属性见表 6-8。

表 6-8　Cookie 对象的常用属性

名　　称	类型	说　　明
Value	属性	设置或者获取单个 Cookie 对象的值
Name	属性	设置或者获取 Cookie 对象的名称
Expires	属性	设置或者获取此 Cookie 的过期日期和时间
Values	属性	获取在单个 Cookie 对象中所包含的"名称/值"对的集合

6.4.2　Cookie 对象使用方法和应用举例

当用户通过客户端浏览器访问服务器时，服务器使用 Response 对象的 Cookies 属性向客户端的 Cookie 写入信息(创建 Cookie)，而后再通过 Request 对象的 Cookies 属性来检索 Cookie 信息(读取 Cookie)。服务器依据 Cookie 可以快速获得浏览者的信息，由于浏览者的信息存储在客户端中，所以这样可以有效地减少服务器端的负担。客户端浏览器负责 Cookie 的管理工作。

1．创建 Cookie

Cookie 有 3 个关键参数：名称、值和有效时间。创建 Cookie 的基本语法格式如下：

```
Response.Cookies["名称"].Value = 值;
```

例如，创建一个名称为 firstCookie 的 Cookie，并且为其赋值 my first Cookie 的代码如下：

```
Response.Cookies["firstCookie"].Value = "my first Cookie";
```

设置 Cookie 有效时间的基本语法格式如下：

```
Response.Cookies["名称"].Expires = 过期日期和时间;
```

例如，设置名称为 firstCookie 的 Cookie 有效时间为 30 天，代码如下：

```
Response.Cookies["firstCookie"].Expires = DateTime.Now.AddDays(30);
```

2．读取 Cookie

使用 Request 对象的 Cookies 属性可以读取保存在客户端中指定的 Cookie 值，基本语法格式如下：

```
string 变量 = Request.Cookies["名称"].Value;
```

例如，将上述名称为 firstCookie 的 Cookie 值读出，并赋给变量 saveCookie 的代码如下：

```
string saveCookie = "";
if (Request.Cookies["firstCookie"].Value != null)
  {
     saveCookie = Request.Cookies["firstCookie"].Value;
  }
```

```
    else
    {
        Response.Write("名称为 firstCookie 的 Cookie 值不存在或者已经过期！");
    }
```

注意

在读取 Cookie 值之前，应先判断目标 Cookie 是否存在。如果目标 Cookie 不存在
或者已经过期，这时如果仍旧使用 Request.Cookies 属性读取其值，将会产生错误。

3. Cookie 对象的应用举例

【例 6-9】Cookie 对象的使用举例。

在本例中，当用户首次登录网站时，需要在登录页面输入用户名称(本例假设登录名称
为 "2012 年春晚导演哈文")和登录密码(本例假设登录密码为 "20120122")，程序会将该
登录信息写入到客户端的 Cookie 中。当用户再次登录该网站时，程序会自动从客户端的
Cookie 中读取用户名称和用户密码信息，并自动填写到登录页面的用户名称和用户密码文
本框中，单击 "登录" 按钮，程序将跳转到主页面并显示登录信息。

注意

为了方便读者理解 Cookie 对象的使用方法，本例的用户密码采用明文显示。

(1) 在网站 "6" 中添加 Web 窗体 6-10.aspx，在本例中该页面为登录页面。在页面中添
加 3 个 Label 控件、两个 TextBox 控件、两个 CheckBox 控件和一个 Button 控件。主要控件
的属性设置见表 6-9。

表 6-9　主要控件的属性设置及功能

控件名称	属　　性	属性值	功　　能
TextBox	ID	TextBox1	用于输入 "用户名称"
	TextMode	SingleLine	
	ID	TextBox2	用于输入 "用户密码"
	TextMode	SingleLine	
CheckBox	ID	CheckBox1	选中该复选框，同时选中 "记住用户密码" 复选框，可以将 "用户名称" 记录到 Cookie 中
	Text	记住用户名称	
	Checked	True	
	ID	CheckBox2	选中该复选框，同时选中 "记住用户名称" 复选框，可以将 "用户密码" 记录到 Cookie 中
	Text	记住用户密码	
	Checked	True	
Button	ID	Button1	单击该按钮，可实现将用户信息记录到 Cookie 中和页面跳转的功能
	Text	登录	

在 6-10.aspx.cs 中编写代码，实现本例功能，具体如下：

```
protected void Page_Load(object sender, EventArgs e)
{
    if (Request.Cookies["userName"] != null && Request.Cookies["password"] != null)
    {   //如果 Cookie 中保存有用户名称和用户密码信息，则读出并填写到两个文本框中
        TextBox1.Text= Request.Cookies["userName"].Value.ToString();
        TextBox2.Text = Request.Cookies["password"].Value.ToString();
    }
}
protected void Button1_Click1(object sender, EventArgs e)
                                          //"登录"按钮单击事件处理程序
{
    if ((CheckBox1.Checked)&&(CheckBox2.Checked))        //两个复选框同时选中
    {   //将用户名称和用户密码信息记录到 Cookie 中并设置有效时间
        Response.Cookies["userName"].Value = TextBox1.Text;
        Response.Cookies["userName"].Expires = DateTime.Now.AddDays(30);
        Response.Cookies["password"].Value = TextBox2.Text;
        Response.Cookies["password"].Expires = DateTime.Now.AddDays(30);
    }
    Response.Redirect("main.aspx?getUserName=" + TextBox1.Text + "&getPassword=" +
TextBox2.Text);                                           //页面跳转并传递参数
}
```

(2) 在网站 "6" 中添加 Web 窗体 main.aspx，在本例中该页面为主页面，即登录成功后进入的页面。

在 main.aspx.cs 中编写代码，实现本例功能，具体如下：

```
protected void Page_Load(object sender, EventArgs e)
{
    //传送过来的用户名称和密码均有数据
    if (Request.QueryString["getUserName"] != null && Request.QueryString
["getPassword"] != null)
    {
        //显示输出信息
        Response.Write( Request.QueryString["getUserName"] + "您好！欢迎光临
春晚评论现场");
    }
}
```

程序运行结果如图 6-12 和图 6-13 所示。在图 6-12 中，当用户首次登录网站时，需要在登录页面输入用户名称和登录密码，单击 "登录" 按钮，程序会将该登录信息写入到客户端的 Cookie 中，同时页面跳转到图 6-13 所示的主页面中并显示登录信息。当用户再次登录该网站时，程序会自动从客户端的 Cookie 中读取用户名称和用户密码信息，并自动填写到登录页面的用户名称和用户密码文本框中，如图 6-12 所示。此时单击 "登录" 按钮，程序也将跳转到图 6-13 所示的主页面中并显示登录信息。

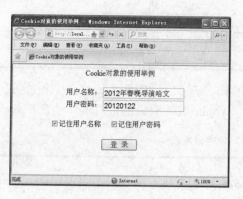

图 6-12　登录页面　　　　　　　　图 6-13　跳转到的主页面

6.5　Application 对象

Application 对象是类 HttpApplicationState 的实例化对象，主要用来在服务器端保存会话信息，这段信息存储于内存中并且能够被整个网站的所有页面使用。

6.5.1　Application 对象的简介

所有来访的客户端浏览器可以共享 Application 对象中保存的信息，因而当多个用户共享使用 Application 对象时，必须使用 Lock 方法和 Unlock 方法进行锁定，以确保多个用户无法同时改变某一属性。Application 对象变量在服务器运行期间可以持久地保存数据，当 IIS 关闭或者使用 Clear 方法时，Application 对象变量的生命周期终止。

一个网站可以有不止一个 Application 对象变量。例如，可以建立一个 Application 对象变量，用来统计网站累计访问人数，同时可以再建立一个 Application 对象变量，用来统计网站在线访问人数。

Application 对象的常用属性和方法见表 6-10。

表 6-10　Application 对象的常用属性和方法

名　　称	类型	说　　明
Count	属性	获取 HttpApplicationState 集合中的对象数
Contents	属性	获取对 Application 对象的引用
AllKeys	属性	获取 HttpApplicationState 集合中的访问键
Lock	方法	锁定对 HttpApplicationState 变量的访问以促进访问同步，禁止其他用户修改 Application 对象变量
UnLock	方法	取消锁定对 HttpApplicationState 变量的访问以促进访问同步，允许其他用户修改 Application 对象变量
Add	方法	将新的对象变量添加到 HttpApplicationState 集合中
Set	方法	更新 HttpApplicationState 集合中的对象变量值
Clear	方法	从 HttpApplicationState 集合中移除所有对象变量

续表

名　称	类型	说　明
Remove	方法	使用变量名移除一个 Application 对象变量
RemoveAll	方法	移除所有的 Application 对象变量
Get	方法	通过数字索引获取 Application 对象变量

Application 对象的事件处理程序只能在网站全局文件 Global.asax 文件中定义，Global.asax 文件位于 ASP.NET 网站的根目录中。Application 对象的常用事件见表 6-11。

表 6-11　Application 对象的常用事件

名　称	类型	说　明
Start	事件	在应用程序启动时被触发，Start 事件在应用程序的整个生命周期中仅被触发一次，此后只有服务器重新启动时才会再次触发该事件
End	事件	在应用程序结束时被触发，即在服务器关闭或者重新启动时被触发，End 事件处理程序中通常用于放置释放应用程序所占资源的代码段

6.5.2　Application 对象使用方法和应用举例

1. 向 Application 对象中写入数据

基本的语法格式如下：

```
Application["变量名"] = 变量值;
```

例如，建立一个 Application 对象变量 allPeople，用来统计网站累计访问人数，代码如下：

```
Application["allPeople"] = 0;
```

2. 读取 Application 对象中的数据

读取 Application 对象变量 allPeople 中数据的代码如下：

```
int  userNum = (int)Application["allPeople"];
```

注意

Application["变量名"]的返回值是一个 object 类型的数据，实际应用时应注意数据类型的转换。

3. 修改 Application 对象中的数据

需要使用 Lock 和 UnLock 方法来配合修改已存在的 Application 对象变量中的数据。例如，使 Application 对象变量 allPeople 中的数据增 1，代码如下：

```
Application.Lock();
Application["allPeople"] = (int)Application["allPeople"] + 1;
Application.UnLock();
```

4．Application 对象应用举例

【例 6-10】Application 对象的使用举例。

(1) 在网站"6"中，选择【网站】→【添加新项】命令，然后在弹出的【添加新项】对话框中，选择【全局应用程序类】项，单击【添加】按钮即可以将 Global.asax 文件添加到网站"6"根目录中。详细内容请参见 3.4 节。

在 Global.asax 文件的 Application_Start 中编写代码如下：

```
<%@ Application Language="C#" %>
<script runat="server">
   void Application_Start(object sender, EventArgs e)
   {
       Application["allPeople"] = 0;  //初始化统计网站累计访问人数计数器变量
   }
   …   //其他事件处理程序代码
</script>
```

(2) 在网站"6"中添加 Web 窗体 6-11.aspx，在 6-11.aspx.cs 中编写代码，实现本例的功能，具体如下：

```
protected void Page_Load(object sender, EventArgs e)
{
   Application.Lock();                //锁定对 Application 对象变量的修改
   Application["allPeople"] = (int)Application["allPeople"] + 1;
                                      //网站累计访问人数增 1
   Application.UnLock();              //取消锁定对 Application 对象变量的修改
   int userNum = (int)Application["allPeople"];
   Response.Write("网站累计访问人数为："+userNum);     //输出网站累计访问人数
}
```

本例设置了 Application 对象变量 allPeople 用于统计网站累计访问人数，并将该人数输出，程序运行结果如图 6-14 所示。当每次刷新页面时，网站累计访问人数将增加 1 个。

图 6-14　例 6-10 运行结果

6.6　Session 对象

Session 对象是类 HttpSessionState 的实例化对象，主要用来为每个用户的会话存储信息。Session 对象中的信息只能被该用户自己使用，而不能被网站中其他用户使用，因此 Session 对象可以用作在页面之间传递数据，但不能在各个用户之间共享数据。

6.6.1　Session 对象的简介

1.　Session 对象概述

当用户请求一个网站页面时，如果该用户还没有会话，则服务器将自动为其创建一个 Session 对象(分配一个唯一的 SessionID)。使用 Session 对象可以为该用户存储会话所需的信息，当用户在网站中各页面之间跳转时，存储在 Session 对象中的信息将不会丢失，会存在于整个会话过程之中，直至会话过期或者会话终止。

注意

对于每个用户的每次访问，产生的 Session 对象都是不同的，而且在每次访问期间 Session 对象是唯一的，就像人的身份证一样，不能出现重复情况。

Session 对象与 Application 对象的主要区别是：Application 对象中保存的信息可以被所有来访的客户端浏览器共享，即多个用户之间可以共享使用 Application 对象；而 Session 对象中的信息只能被特定用户自己使用，而不能被网站中其他用户使用，即不能在各个用户之间共享 Session 对象，每一个用户均拥有自己的 Session 对象，并且不同用户拥有不同的 Session 对象。另外，当 IIS 关闭或者使用 Clear 方法时，Application 对象变量的生命周期终止；而 Session 对象生命周期终止于会话过期或者会话结束。

Session 对象与 Cookie 对象的主要区别是：Cookie 对象主要用于简单的并且保存数据量较小的场合；Session 对象可以用于复杂的并且保存大量数据的场合。另外，Cookie 信息保存在客户端，存在着诸多不安全因素；而 Session 对象安全级别相对较高。Session 对象与 Cookie 对象二者的共同点是，都能实现数据的保存并且都能够在网站的各网页之间传递数据。

在网站中使用 Session 对象时，ASP.NET 可以通过@page 指令的 EnableSessionState 属性使得含有 Session 对象的页面获取最佳的性能。如果页面没有指定 EnableSessionState 属性，则 ASP.NET 总是会做出最保守的决定，这样势必会影响到页面的处理效果。EnableSessionState 属性有 3 个取值：True(默认值)、False 和 ReadOnly。例如，如果编写一个不需要使用 Session 对象的页面时，可以将 EnableSessionState 属性值置为 False，经过诸如此类的合理设置，可以有效地提高页面以及整个网站的性能。

在网站中使用 Session 对象时，还需根据实际情况在 web.config 文件中做一些合理的配置，主要是设置 web.config 文件中 sessionState 节点的内容。该节点用于配置当前 ASP.NET 网站的会话状态，如设置是否启用会话状态以及会话状态的保存位置等。如果网站不使用

Session 对象，可以在 web.config 文件 sessionState 节点中设置 mode=Off，这样可以提高网站的整体性能。

2. Session 对象的存储

Session 对象可以存储于客户端和服务器端两个位置。客户端只负责保存 SessionID，这个 SessionID 只能被发出请求的用户所使用，对其他用户是透明的；而其他的相关信息则保存在服务器端，所以安全级别相对较高，但是这也会给服务器造成一定的负担和较大的开销。

1) Session 对象的客户端存储

默认情况下，客户端将使用 Cookie 来保存 SessionID。但是如果客户端不支持 Cookie 时，SessionID 可以嵌套在 URL 中，服务器可以通过发送请求的 URL 获得 SessionID 值。

打开 web.config 文件，sessionState 节点内容如下所示：

```
<sessionState
    mode="Off|InProc|StateServer|SQLServer|Custom"
    stateConnectionString="tcpip=127.0.0.1:42424"
    sqlConnectionString="data source=127.0.0.1;Trusted_Connection=yes"
    cookieless="false"
    timeout="20"
/>
```

在上述代码中，cookieless="false"表示客户端将使用 Cookie 来保存 SessionID。但是如果改为 cookieless="true"，则 SessionID 将嵌套在 URL 中，服务器可以通过发送请求的 URL 获得 SessionID 值。

2) Session 对象的服务器端存储

根据上面代码中 mode="Off|InProc|StateServer|SQLServer|Custom"可以得知，Session 对象可以存储在 InProc(进程内，默认方式)、StateServer(进程外)、SQLServer(SQLServer 数据库中)，当然还可选择 Off(关闭)或者 Custom(自定义)配置。InProc 方式效率比较高，而 StateServer 和 SQLServer 方式可以持久地保存数据。

3. Session 对象的常用属性、方法和事件

Session 对象的常用属性和方法见表 6-12。

表 6-12　Session 对象的常用属性和方法

名　　称	类型	说　　明
SessionID	属性	获取用于标识每个 Session 对象的唯一标识符
Timeout	属性	设置 Session 对象的有效时间，当超过该时间时，Session 对象就会失效。以分钟为单位，默认值为 20 分钟
IsCookieless	属性	用于指示 SessionID 是嵌套在 URL 中，还是存放在 Cookie 中。取值为 True 表示 SessionID 嵌套在 URL 中
IsNewSession	属性	用于指示该 Session 对象是否是与当前请求一起创建的，如果是一起创建的，则表示该会话是一个新会话
Mode	属性	获取当前会话的状态模式

续表

名　称	类型	说　明
Abandon	方法	取消当前会话，并清除会话中的所有信息。如果用户随后再访问页面，系统可以为它再创建新会话
RemoveAt	方法	删除会话状态集合中指定索引处的变量
CopyTo	方法	将会话状态值的集合复制到一维数组中(从数组的指定索引处开始)

和 Application 对象一样，Session 对象的事件处理程序只能在网站全局文件 Global.asax 文件中定义，Global.asax 文件位于 ASP.NET 网站的根目录中。Session 对象的常用事件见表 6-13。

表 6-13　Session 对象的常用事件

名　称	类型	说　明
Start	事件	在创建会话时被触发，当第一次启动应用程序时将触发 Session 对象的 Start 事件，不过 Application 对象的 Start 事件在 Session 对象的 Start 事件之前触发
End	事件	在会话结束时被触发，在应用程序结束时也会触发 Session 对象的 End 事件，不过 Application 对象的 End 事件发生在 Session 对象的 End 事件之后

说明：

(1) Session_Start 事件对同一用户只发生一次，除非发生 Session_End 事件，否则不会再触发 Session_Start 事件。

(2) 只有在 web.config 文件 sessionState 节点中设置 mode= InProc 时，才会引发 Session_End 事件。mode= StateServer 或者 mode= SQLServer，则不会引发该事件。

(3) 当用户在客户端关闭浏览器时，并不会触发 Session_End 事件。此时 Session 对象实际上仍在内存中，因为关闭浏览器的行为是一种典型的客户端行为，服务器并不知道客户端已经关闭浏览器，该 Session 对象将保留在内存中直至过期。但是开发人员将无法使用该 Session 对象，因为此时无法再找到 SessionID 值。

(4) Session_End 事件只有在重新启动服务器或者用户调用了 Abandon 方法或者未执行任何操作达到了 Timeout 设置的值(即超时)时才会被触发。

6.6.2　Session 对象使用方法和应用举例

1. 向 Session 对象中写入数据

Session 对象中可以同时存放多个 Session 对象变量。向 Session 对象中写入数据的基本的语法格式如下：

```
Session ["变量名"] = 变量值；
```

例如，建立一个 Session 对象变量 userName，用来保存用户名称；再建立一个 Session 对象变量 userType，用来保存用户类型，代码如下：

```
Session["userName"]="administrator";
Session["userType"]=1;
```

2. 读取 Session 对象中的数据

读取 Session 对象变量 userName 和对象变量 userType 中数据的代码如下：

```
string name=(string)Session["userName"];
int type=(int)Session["userType"];
```

注意

从 Session 对象变量读取值时应使用合理的数据类型转换。

3. 网站计数器

【例 6-11】Session 对象统计网站累计访问人数和网站在线访问人数的举例。

在【例 6-10】中，无论用户是首次访问还是刷新页面，网站累计访问人数都将增加 1 个，这样就会产生了许多重复计数。本例利用 Session 对象将消除这种重复计数现象，并且还具有统计网站在线访问人数的功能。

(1) 在 Global.asax 文件的 Application_Start、Session_Start 和 Session_End 中分别编写代码如下：

```
<%@ Application Language="C#" %>
<script runat="server">
   void Application_Start(object sender, EventArgs e)
   {
       Application["allPeople"] = 0;       //初始化统计网站累计访问人数计数器变量
       Application["onLinePeople"] = 0;  //初始化统计网站在线访问人数计数器变量
   }
   void Session_Start(object sender, EventArgs e)
   {
       //设置 Session 超时时间为 30 分钟
       Session.Timeout = 30;
       //网站在线访问人数增 1
       Application.Lock();
       Application["onLinePeople"] = (int)Application["onLinePeople"] + 1;
       Application.UnLock();
   }
   void Session_End(object sender, EventArgs e)
   {
       //网站在线访问人数减 1
       Application.Lock();
       Application["onLinePeople"] = (int)Application["onLinePeople"] - 1;
       Application.UnLock();
   }
</script>
```

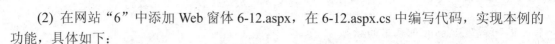

(2) 在网站"6"中添加 Web 窗体 6-12.aspx，在 6-12.aspx.cs 中编写代码，实现本例的功能，具体如下：

```
protected void Page_Load(object sender, EventArgs e)
{
    if (Session.IsNewSession)                          //消除重复计数
    {
        Application.Lock();
        Application["allPeople"] = (int)Application["allPeople"] + 1;
                                        //网站累计访问人数增1
        Application.UnLock();
    }
    //输出网站累计访问人数和在线访问人数
    int userNum = (int)Application["allPeople"];
    int onLineUserNum = (int)Application["onLinePeople"];
    Response.Write("网站累计访问人数为: " + userNum+"<br><br>");
    Response.Write("当前网站在线访问人数为: " + onLineUserNum);
}
```

本例中利用 Session 对象的 IsNewSession 属性来判断用户是否是首次访问网站，如果是首次访问网站，则网站累计访问人数将增加 1 个，否则不增加。程序在运行时，将同时显示网站累计访问人数和在线访问人数，如图 6-15 所示。当每次刷新页面时，网站累计访问人数将不再增加。

图 6-15　例 6-11 运行结果

4. 页面之间数据的传递

【例 6-12】Session 对象的使用举例。

在本例中，当用户登录网站时，需要在登录页面输入用户名称和用户密码，程序会将用户输入的用户名称信息写入到 Session 中。同时判断用户输入的用户名称是否是administrator，如果是(说明该用户身份是管理员)，则将用户类型信息"1"保存到 Session中，以标识管理员身份，否则 Session 中保存的用户类型信息为"0"(标识普通用户身份)。

而后程序跳转到 admin.aspx 页面，该页面会根据保存到 Session 中用户类型信息，分别显示管理员欢迎致辞和普通用户欢迎致辞。

注意

本例中，设置 Session 的超时时间为 2 分钟。如果用户超过两分钟不执行任何操作，此时刷新页面，网站会跳转到登录页面，让该用户重新登录(因为先前保存在 Session 中的信息已过期)。

(1) 在网站"6"中添加 Web 窗体 6-13.aspx，在本例中该页面为登录页面。在页面中添加 3 个 Label 控件、两个 TextBox 控件和一个 Button 控件。主要控件的属性设置见表 6-14。

表 6-14　主要控件的属性设置及功能

控件名称	属　　性	属性值	功　　能
TextBox	ID	TextBox1	用于输入"用户名称"
	TextMode	SingleLine	
	ID	TextBox2	用于输入"用户密码"
	TextMode	Password	
Button	ID	Button1	单击该按钮，可实现将用户信息记录到 Session 中和页面跳转的功能
	Text	登录	

在 6-13.aspx.cs 中编写代码，实现本例的功能，具体如下：

```
protected void Button1_Click1(object sender, EventArgs e)
{
    //获取在文本框中输入的用户名称和用户密码信息
    string userName=TextBox1.Text;
    string password = TextBox2.Text;
    Session["userType"] = 0;            //将普通用户的用户类型标识存储于 Session 中
    if (userName != "" && password != "")
    {
        Session["userName"] = userName;         //将用户名称存储于 Session 中
        if (userName.Equals("administrator"))    //当前登录的用户为管理员
        {
            Session["userType"] = 1;  //将管理员的用户类型标识存储于 Session 中
        }
        Session.Timeout = 2;            //设置 Session 的超时时间为 2 分钟
        Response.Redirect("admin.aspx");            //跳转到 admin.aspx 页面
    }
    else
    {
        Response.Write("<script language=javascript>alert('用户名称和用户密码
不能为空！');</script>");
    }
}
```

(2) 在网站 "6" 中添加 Web 窗体 admin.aspx，该页面为登录后进入的页面。

在 admin.aspx.cs 中编写代码，实现本例的功能，具体如下：

```
protected void Page_Load(object sender, EventArgs e)
{
    if (Session["userName"] == null)
    //如果用户未登录或者登录过期,将返回登录页面重新登录
    {
        Response.Redirect("6-13.aspx");
    }
    else if (Session["userType"].Equals(1))          //用户类型为管理员
    {
        //显示对管理员的欢迎致辞
        Response.Write("管理员" + Session["userName"] + ",您好! 欢迎您进入管
理页面! ");
    }
    else
    {   //显示对普通用户的欢迎致辞
        Response.Write("用户" + Session["userName"] + ",您好! 欢迎您浏览网站
页面! ");
    }
}
```

程序运行结果如图 6-16、图 6-17 和图 6-18 所示。在图 6-16 中，当用户首次登录网站时，需要在登录页面输入用户名称和登录密码，单击【登录】按钮，程序会将该登录信息写入到 Session 中，同时页面跳转到如图 6-17 和图 6-18 所示的页面，并根据用户类型的不同分别显示欢迎致辞。

图 6-16　登录页面

本例设置 Session 的超时时间为 2 分钟。如果用户超过两分钟不执行任何操作，此时刷新页面，网站会跳转到登录页面，让该用户重新登录。

图 6-17　显示管理员欢迎致辞　　　　　图 6-18　显示普通用户欢迎致辞

注意

如果不经过登录页面，而直接在浏览器地址栏中输入 admin.aspx 页面的地址企图强行进入时，因为此时 Session 为空，程序会转向登录页面强制用户登录。

6.7　ViewState 对象

ViewState，即视图状态，是 ASP.NET 中十分重要的一种机制。ViewState 主要用于跟踪 Web 服务器控件的状态值，否则这些值将不作为页面的一部分进行回传。开发人员也可以利用 ViewState 保存简单的数据类型或者自定义的对象类型，在页面回传之后访问存储在其中的信息。

6.7.1　ViewState 对象的简介

网站运行时，ASP.NET 会自动在页面源代码中嵌入一个隐藏域(<input type="hidden" />)，命名为_VIEWSTATE。_VIEWSTATE 以"名称/值"对集合的形式保存页面中控件的状态数据，并且这些值将被处理为以 Base64 编码格式进行编码的字符串。查看该隐藏域的方法是，在程序运行时在浏览器上右击，在弹出的快捷菜单中选择【查看源文件】命令，对应的代码形式如下：

```
<input    type="hidden"    name="__VIEWSTATE"    id="__VIEWSTATE"    value="/
wEPDwUKMTcxODI2MjY2Nw9kFgICAw9kFgICAQ8QZA8WBGYCAQICAgMWBBAFBWl0ZW0xBQVpdGVtM
WcQBQVpdGVtMgUFaXRlbTJnEAUFaXRlbTMFBWl0ZW0zZxAFBWl0ZW00BQVpdGVtNGdkZGQL76BuJ
npK1jojM6nUCBzARgQhBzxsdQpSQxIAS9vEHg==" />
```

Base64 是一种内容传送编码技术，目前有许多工具可以对 Base64 编码的字符串进行解码，因而使用这种技术对 ViewState 对象信息进行编码是不安全的。实际应用中，可以采用哈希编码技术或者 ViewState 加密技术来增强 ViewState 的安全级别。

ViewState 对象是存储在页面上的，所以 ViewState 对象是不能跨页面使用的，而且每个用户访问到的 ViewState 都是独立的。如果页面存在，ViewState 对象就存在，否则 ViewState 对象中的数据将被清空。

ViewState 对象中可以保存大量的数据，因而必须谨慎使用，使用过多将会影响网站的整体性能。所有的 Web 服务器控件都使用 ViewState 对象在页面回传时保存自己的状态信息，如果某个控件不需要在页面回传时保存其状态信息，可以通过其 EnableViewState 属性取消对 ViewState 的使用，方法是将 EnableViewState 属性值(默认值为 true)设置为 false 即可。当然也可以使整个页面禁用 ViewState 对象，方法是在页面 Page 指令中设置 EnableViewState 属性值(默认值为 true)为 false。例如，实现页面 6-14.aspx 禁用 ViewState 对象的 Page 指令代码如下：

```
<%@ Page Language="C#" AutoEventWireup="true" CodeFile="6-14.aspx.cs"
Inherits="_6_14" EnableViewState="false" %>
```

 注意

即使禁用了 ViewState 对象，程序运行过程中，在浏览器上右击选择【查看源文件】命令时，仍旧能看到_VIEWSTATE 隐藏域，即禁用了 ViewState 对象，_VIEWSTATE 隐藏域也会不消失。此时_VIEWSTATE 隐藏域中的内容是内部使用的保留字符串。

6.7.2　ViewState 对象使用方法和应用举例

ViewState 对象的使用方法和 Session 对象的使用方法类似。ViewState 对象变量是一个 object 类型的数据，实际应用时应注意数据类型的转换。

例如，向 ViewState 对象变量 id 中写入数据和读取数据的代码如下：

```
ViewState["id"] = 10;                    //向 ViewState 对象变量 id 中写入数据
int userNum = (int)ViewState["id"];      //从 ViewState 对象变量 id 中读取数据
```

在 ViewState 对象中可以存储自定义对象，但是必须能够把该对象转化为一种字节流，使其可以添加到页面的隐藏域中，即事先需对自定义对象进行序列化(使用序列化标识 [Serializable])。

【例 6-13】ViewState 对象的使用举例。

在网站"6"中添加 Web 窗体 6-14.aspx。在页面中添加两个 Label 控件、一个 ListBox 控件和一个 Button 控件。主要控件的属性设置见表 6-15。

表 6-15　主要控件的属性设置及功能

控件名称	属　　性	属性值	功　　能
ListBox	ID	ListBox1	用于显示各列表项
Button	ID	Button1	单击该按钮，演示 ViewState 对象的使用方法
	Text	ViewState 使用演示	

在 6-14.aspx.cs 中编写代码，实现本例的功能，具体如下：

```
protected void Page_Load(object sender, EventArgs e)
{
    if (!IsPostBack)    //只有该页面首次加载时才执行其语句部分
    {
        //添加列表项
        ListBox1.Items.Add("百合网");
        ListBox1.Items.Add("珍爱网");
        ListBox1.Items.Add("腾讯微博");
        ListBox1.Items.Add("城市现场报名");
    }
}
```

如果使用 Page 指令设置页面 6-14.aspx 的 EnableViewState 属性值为 true，则程序运行时，单击【ViewState 使用演示】按钮，程序运行结果如图 6-19 所示。这是因为在隐藏域中保存了 ListBox 控件中的数据，当页面重新被加载时，ListBox 控件中将接收到隐藏域中先前保存的数据。如果使用 Page 指令设置页面 6-14.aspx 的 EnableViewState 属性值为 false，则程序运行时，单击【ViewState 使用演示】按钮，程序运行结果如图 6-20 所示。这是因为 ViewState 对象被禁用，因而就没有保存 ListBox 控件中的数据，当页面重新被加载时，ListBox 控件中将接收不到隐藏域中保存的数据，同时页面 IsPostBack 属性值为 true，Page_Load 中的 if 语句部分也没有被执行，因而 ListBox 控件无法显示其列表项，即列表项为空。

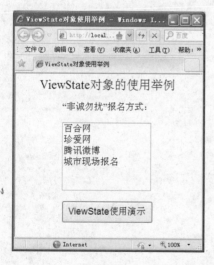

图 6-19　使用 ViewState 对象

图 6-20　禁用 ViewState 对象

小　结

本章主要介绍了 Response 对象、Request 对象、Server 对象、Cookie 对象、Application 对象、Session 对象和 ViewState 对象的基础知识和使用方法。通过本章的学习，能够使读者掌握这些内置对象的使用技巧，能够使用这些内置对象设计出简单的应用程序。

习　题

一、填空题

1．客户端使用的 HTTP 数据传输方式有两种：GET 和_____。

2．只有在 Web.config 文件 sessionState 节点中设置 mode=_____时，才会引发 Session_End 事件。

二、简答题

1．简述利用 Response 对象向客户端浏览器输出信息的常用方法。

2．简述 Request 对象用于页面间接收数据的属性及其功能。

3．Request 对象的 Browser 属性包含众多子属性，用来获取客户端浏览器的相关信息，试叙述这些子属性的名称及其功能。

4．简述 Server 对象对 HTML 和 URL 字符串进行编码和解码的基本原理。

5．叙述使用 Cookie 对象的优点和缺点。

6．简述 Cookie 对象与 Session 对象的主要区别。

7．简述 Application 对象与 Session 对象的主要区别。

8．简述 ViewState 对象的特点与功能。

第 7 章

ADO.NET 数据库访问技术

学习目标

- 了解创建数据库和管理数据库的基本方法
- 掌握 .NET Framework 数据提供程序和 ADO.NET 对象模型
- 掌握 Connection 对象和 Command 对象的基础知识和使用方法
- 掌握 DataReader 对象、DataAdapter 对象和 DataSet 对象的基础知识和使用方法

知识结构

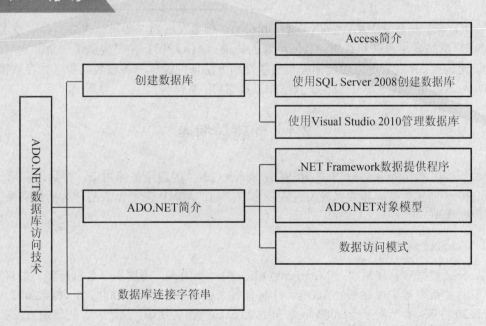

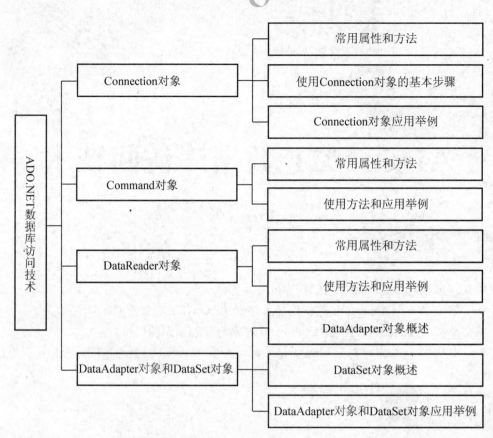

　　ADO.NET 是在 ADO(ActiveX Data Objects)基础上发展而来的新一代数据存取技术,是 ASP.NET 网站应用程序和数据源之间沟通的桥梁。ADO.NET 主要提供了一个面向对象的数据访问构架,开发者可以通过相应类的属性和方法很便捷地对各种数据源进行存取操作,例如,Access 数据库、SQL Server 数据库以及 XML 文件等。

7.1　创建数据库

　　本节将简单介绍 Access 2003 和 SQL Server 2008 的使用基础知识,并简述利用 SQL Server 2008 创建数据库和数据表的过程。本节创建的数据库和数据表将作为后续各章节使用的数据模型。

7.1.1　Access 简介

　　Access 数据库管理系统是 Microsoft Office 的一个组件,主要用于单机环境,是目前使用较多的关系型数据库系统。Access 目前有多个版本:Access 2000、Access 2003 以及 Access 2007 等,本节将基于 2003 版本介绍 Access 的相关知识,其他版本的使用方法类似。

　　Access 2003 是一个典型的开放式数据库管理程序,相对于以往版本,Access 2003 可赋予更佳的用户体验,并且新增了导入、导出和处理 XML 数据文件等功能。通过使用 Access 2003,用户可以轻松地跟踪和报告信息,并使用预制的应用程序快速开始工作,也可以修改或改编这些应用程序以适应不断变化的业务需要。

Access 2003 具有友好的用户界面和方便的操作向导，并且附带有帮助和提示作用的 Office 助手。Access 2003 的一个数据库文件(.mdb 为扩展名的文件)中既包含了该数据库中所有的数据表，也包含了基于数据表建立的查询、窗体和报表等。利用 Access 2003 建立数据库和数据表等相关操作过程比较容易，在此不做赘述。

本节利用 Access 2003 建立数据库 studentInfoDB.mdb，并建立一张"学生基础信息表" studentInfoTB，表结构和相应数据见表 7-1。

> **注意**
>
> 标题中每一项后面括号中的英文表示在 Access 2003 中设计表结构时使用的字段名称。

表 7-1 学生基础信息表

学生 ID(StuID)	姓名 (Name)	性别 (Sex)	年龄 (Age)	班级 (Class)	籍贯 (NatiPlace)	政治面貌 (PoliStatus)
0001	龚小莉	女	21	控制 1 班	四川	党员
0002	王紫菲	女	20	软件 1 班	河南	团员
0003	乔云平	男	23	网络 1 班	辽宁	党员
0004	王林	男	21	网络 1 班	黑龙江	团员
0005	李允浩	男	22	控制 1 班	四川	团员
0006	刘潇海	男	21	软件 1 班	湖北	党员
0007	张艳梅	女	21	控制 1 班	四川	党员
0008	赵德山	男	23	网络 1 班	辽宁	团员
0009	胡凯	男	20	软件 1 班	山西	团员
0010	张卓	女	20	控制 1 班	四川	团员

7.1.2 使用 SQL Server 2008 创建数据库

SQL Server 2008 是 Microsoft 公司 2008 年 8 月推出的最新版本。SQL Server 2008 是一个全面的、端到端的集成数据解决方案，为用户提供了一个安全、可靠、高效的平台，主要用于企业数据管理和商业智能应用。SQL Server 2008 降低了数据系统在多平台上创建、部署、管理、使用和分析的复杂度，通过全面的数据管理功能和自动化的业务处理能力，为不同规模的企业提供了一个高效的数据库管理系统。

SQL Serve 2008 数据库(以.mdf 和.ldf 为扩展名的两个文件)是存储数据的容器，主要由存放数据的表以及支持这些数据存储、检索、安全性和完整性的逻辑成分组成。上一节中没有给出使用 Access 2003 创建数据库和数据表的具体过程，本节将在 SQL Server 2008 环境中研究创建数据库和数据表的方法，仍以表 7-1 为数据模型。

1. 创建数据库

具体步骤如下所示。

(1) 安装 SQL Server 2008 后，选择【开始】→【程序】→【Microsoft SQL Server 2008】

→【SQL Server Management Studio】命令，弹出【连接到服务器】对话框，如图 7-1 所示。"身份验证"处选择"SQL Server 身份验证"，根据安装过程中的信息，在"登录名"和"密码"处分别输入"sa"和"sa1234"，单击【连接】按钮，进入"Microsoft SQL Server Management Studio"主界面，如图 7-2 所示。

图 7-1　【连接到服务器】对话框　　　　　　图 7-2　SQL Server 2008 主界面

(2) 右击"对象资源管理器"中"数据库"节点，在弹出的快捷菜单中选择【新建数据库】命令，进入【新建数据库】对话框，如图 7-3 所示。在"数据库名称"处输入 studentInfoDB，其他项保持默认，单击【确定】按钮完成数据库的创建。

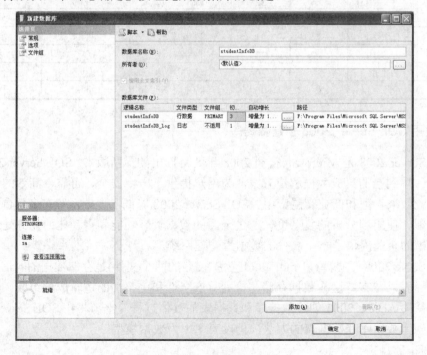

图 7-3　【新建数据库】对话框

注意

　　此处创建的数据库名称和前面使用 Access 2003 创建的数据库名称相同，但二者对应的数据库文件扩展名不相同。Access 2003 创建的数据库文件为 studentInfoDB.mdb，而 SQL Server 2008 中创建的数据库对应两个文件为：studentInfoDB.mdf 和 studentInfoDB_log.ldf。

　　(3) 创建完毕数据库后，在"对象资源管理器"中展开"数据库"节点后，可以看到该数据库，如图 7-4 所示。

图 7-4　新建的数据库

2. 添加数据表

SQL Server 2008 中常用的数据类型见表 7-2。

表 7-2　SQL Server 2008 中常用的数据类型

归属类别	数据类型名称	说　　明
二进制 数据类型	binary	固定长度的二进制数据
	varbinary	可变长度的二进制数据
	image	可用来存储图像
文本数据类型	text	存储大文本信息
	ntext	存储可变长度的大文本，Unicode 数据
	char	固定长度的非 Unicode 字符数据
	nchar	固定长度的 Unicode 数据
	varchar	可变长度的非 Unicode 数据
	nvarchar	可变长度的 Unicode 数据
数值类型	int、bigint、smallint、bigint	整型数据
	float、real	浮点数
日期和时间	date、datetime、time	日期和时间类型
货币数据类型	money	存储货币数据

在 SQL Server 2008 中添加数据表的具体步骤如下所示。

(1) 在图 7-4 中，展开新建的"studentInfoDB"数据库节点，找到级联菜单中的"表"节点，右击"表"节点，在弹出的快捷菜单中选择【新建表】命令，将显示表设计窗口，如图 7-5 所示。

(2) 此处设计的数据表字段和表 7-1 中标题行所示的字段信息一致，详细的表结构情况见表 7-3，将该数据表命名为 studentSqlTB。

表 7-3　studentSqlTB 数据表的结构信息

字段名称	数据类型	字段说明	备　　注
StuID	char(10)	学生 ID	主键，不允许为空
Name	char(15)	学生姓名	不允许为空
Sex	char(5)	学生性别	
Age	int	学生年龄	
Class	char(30)	所在班级	
NatiPlace	char(10)	学生籍贯	
PoliStatus	char(10)	政治面貌	

根据表 7-3 列出的信息，在图 7-5 表设计窗口中完成数据表 studentSqlTB 结构设计操作。

注意

在图 7-5 所示的下端"列属性"选项卡中给出了每一字段(每一列)的相关设置，如列名、数据类型、长度、默认值、是否标识为自动增量以及是否允许为 Null 值等。

(3) 表结构设置完毕后，在图 7-5 中，右击列名左侧的区域，在弹出的快捷菜单中选择【设置主键】命令，如图 7-6 所示。设置为主键的列的左侧将显示一把钥匙图标🔑。

(4) 创建完毕数据表后，在"对象资源管理器"中展开"表"节点后，可以看到该数据表，如图 7-7 所示。

图 7-5　设置表结构

图 7-6　设置主键

3．向数据表中添加数据

右击图 7-7 所示中"dbo.studentSqlTB"节点，在弹出的快捷菜单中选择【编辑前 200 行】命令，按照表 7-1 所示录入前 10 条数据。数据录入完毕后的结果如图 7-8 所示。

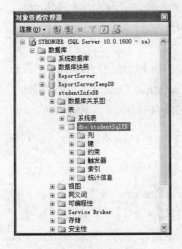

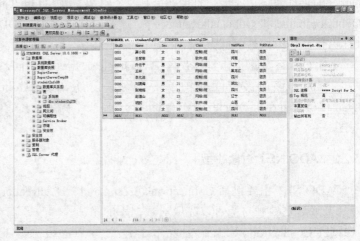

图 7-7　新建的数据表　　　　　　　　　图 7-8　向数据表中添加数据

7.1.3　使用 Visual Studio 2010 管理数据库

在 Visual Studio 2010 中，选择【视图】→【服务器资源管理器】命令，选择"服务器资源管理器"选项卡，在此可以创建 SQL Server 数据库，创建方法和在 SQL Server 2008 环境中创建数据库的方法类似。同时可以完成对已经创建的 Access 和 SQL Server 数据库的连接，当成功连接数据库后，可以将连接信息写入到 web.config 文件中。

7.2　ADO.NET 简介

本节主要介绍 .NET Framework 数据提供程序、ADO.NET 对象模型和访问数据的两种模式。

7.2.1　.NET Framework 数据提供程序

ADO.NET 可以使用多种 .NET Framework 数据提供程序来访问数据源，这些数据提供程序主要用于连接数据库，执行命令和检索结果。.NET Framework 提供的数据提供程序主要有以下 4 种。

（1）SQL Server 数据提供程序：提供对 SQL Server 数据库的访问，使用 System.Data. SqlClient 命名空间。该命名空间提供了多个对象，如 SqlConnection、SqlDataAdapter、SqlCommand 和 SqlDataReader 等，这些对象提供了对 SQL Server 数据库各种不同的访问功能。

（2）OLE DB 数据提供程序：提供对 OLE DB 公开的数据源中数据的访问，例如，对 Access 数据库的访问。使用 System.Data.OleDb 命名空间，该命名空间提供了多个对象，如

OleDbConnection、OleDbDataAdapter、OleDbCommand 和 OleDbDataReader 等，这些对象提供了对 Access 等数据源各种不同的访问功能。

(3) ODBC 数据提供程序：提供对 ODBC 公开的数据源中数据的访问，使用 System.Data. Odbc 命名空间。该命名空间提供了多个对象，如 OdbcConnection、OdbcDataAdapter、OdbcCommand 和 OdbcDataReader 等，这些对象提供了对 ODBC 公开数据源的各种不同的访问功能。

(4) Oracle 数据提供程序：提供对 Oracle 数据库的访问，使用 System.Data.OracleClient 命名空间。该命名空间提供了多个对象，如 OracleConnection、OracleDataAdapter、OracleCommand 和 OracleDataReader 等，这些对象提供了对 Oracle 数据库各种不同的访问功能。

7.2.2 ADO.NET 对象模型

ADO.NET 主要包括 Connection、Command、DataReader、DataAdapter 和 DataSet 5 种对象，通过这 5 种对象可以完成对数据库的添加、修改、查询和删除等操作。

(1) Connection 对象：主要用于建立与特定数据源的连接。根据所使用的 .NET Framework 数据提供程序的不同，Connection 对象又可以分为 OleDbConnection、SqlConnection、OracleConnection 和 OdbcConnection 等，在实际使用过程中，应根据访问的数据源选择相应的 Connection 对象，如访问 SQL Server 数据库则需使用 SqlConnection 对象。

(2) Command 对象：用于修改数据、返回数据、运行存储过程以及发送或者检索参数信息的数据库命令。根据所使用的 .NET Framework 数据提供程序的不同，Command 对象又可以分为 OleDbCommand、SqlCommand、OracleCommand 和 OdbcCommand 等，在实际使用过程中，应根据访问的数据源选择相应的 Command 对象，如访问 SQL Server 数据库则需使用 SqlCommand 对象。

(3) DataReader 对象：从数据源中读取只进且只读的数据流，只能使用 Command 对象中的 ExecuteReader 方法来创建一个 DataReader 对象。DataReader 对象适用于与数据源保持连接方式下的顺序读取数据，并提供了一种只读的、向前的、快速的访问数据库的方式。根据所使用的 .NET Framework 数据提供程序的不同，DataReader 对象又可以分为 OleDbDataReader、SqlDataReader、OracleDataReader 和 OdbcDataReader 等，在实际使用过程中，应根据访问的数据源选择相应的 DataReader 对象，如访问 SQL Server 数据库则需使用 SqlDataReader 对象。

(4) DataAdapter 对象：提供连接数据源和 DataSet 对象的桥梁，用于将数据源中的数据填充到 DataSet 中，并确保 DataSet 中数据的更改与数据源保持一致。根据所使用的 .NET Framework 数据提供程序的不同，DataAdapter 对象又可以分为 OleDbDataAdapter、SqlDataAdapter、OracleDataAdapter 和 OdbcDataAdapter 等，在实际使用过程中，应根据访问的数据源选择相应的 DataAdapter 对象，如访问 SQL Server 数据库则需使用 SqlDataAdapter 对象。

(5) DataSet 对象：本质上是一个内存中的数据库，可以用于多种不同的数据源，如访问 XML 数据或者管理应用程序的本地数据。DataSet 对象是包含一个或者多个 DataTable

对象的集合，这些对象由数据行和数据列以及有关 DataTable 对象中数据的主键、外键、约束和关系等信息组成。

7.2.3　数据访问模式

ADO.NET 提供了两种访问数据的模式：连接式数据访问模式和无连接式数据访问模式。同时 ADO.NET 提供了两个对应的组件：.NET Framework 数据提供程序和 DataSet 对象。.NET Framework 数据提供程序用于连接式数据访问模式，而 DataSet 对象则用于无连接式数据访问模式。

连接式数据访问模式是指网站应用程序始终与数据源保持连接，直到程序结束。即在这种模式下，客户端一直保持与数据库服务器的连接。这种模式的优点是实时性较好，缺点是伸缩性较差，主要适合数据传输量少、响应速度快并且占用内存少的应用场合。

无连接式数据访问模式是指网站应用程序不是始终与数据源保持连接(即数据库服务器不是一直处于与客户端连接的状态)，数据可以在无连接的状态下独立地处理和更改，在需要时可以与数据源中的数据融合并保持一致。这种模式的优点是不独占连接，充分利用客户端资源，有效地降低数据库服务器的负担，伸缩性较好。缺点是实时性较差。这种方式主要适用于数据传输量大、系统节点多并且结构复杂的应用场合。

ADO.NET 整体结构模型如图 7-9 所示。

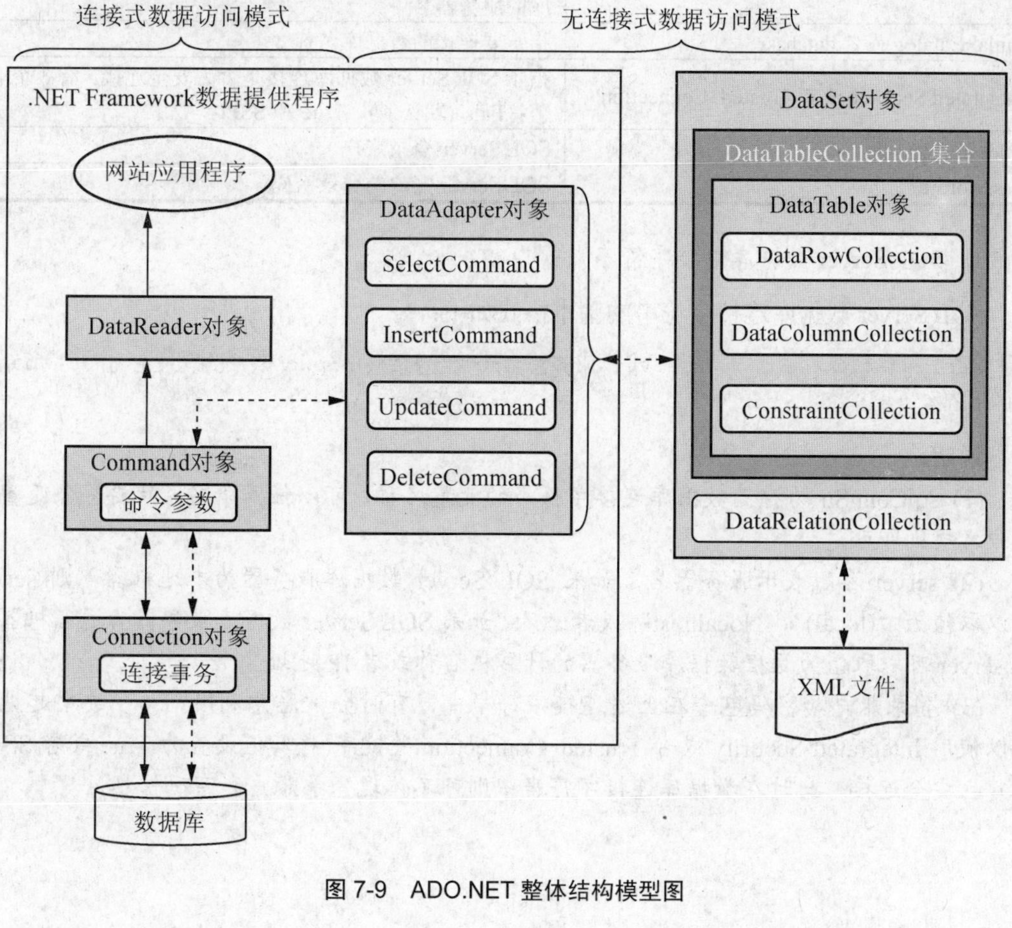

图 7-9　ADO.NET 整体结构模型图

注意

连接式数据访问模式的基本流程如图中实线箭头走向所示，而无连接式数据访问模式的基本流程如图中虚线箭头走向所示。

7.3　数据库连接字符串

为了连接到数据库，需要使用一个数据库连接字符串。该字符串中提供了数据库服务器的位置、要使用的特定数据库文件以及身份验证等信息，通常由一系列以分号隔开的字符串参数列表所构成。数据库连接字符串常用参数及其说明见表 7-4。

表 7-4　数据库连接字符串常用参数

参数名称	参数说明
Provider	用于设置或者返回连接提供程序的名称，仅用于 OleDbConnection 连接对象
Data Source 或者 server	指定要连接的 Access 数据库文件名或者 SQL Server 数据库的服务器名
Initial Catalog 或者 database	指定要连接的数据库名称
Integrated Security 或者 Trusted_Connection	指示 SQL Server 数据库连接是否为安全连接。有 3 个取值：False(默认值)、True 和 SSPI。
User ID 或者 uid	SQL Server 登录账户
Password 或者 pwd	SQL Server 账户的登录密码

1. SQL Server 数据库连接字符串

SQL Server 数据库连接字符串的基本格式如下：

```
string sqlConnStr = "server=服务器名;uid=登录账户;pwd=账户的登录密码;database=数据库名称";
```

说明：

(1) sqlConnStr 为存储数据库连接字符串的变量名称，可以任意命名，只要符合变量名的命名规则即可。

(2) server 参数表示服务器名。如果 SQL Server 数据库服务器为本地机器，则 server 可以取值为 "(local)"、"localhost" 或者 "."；如果 SQL Server 数据库服务器为远程机器，则 server 可以取值为远程数据库服务器的计算机名称或者 IP 地址。

(3) 登录账户和密码包含在上述连接字符串中，有时会被恶意利用。为了安全起见，可以使用 Integrated Security 或者 Trusted_Connection 关键字(将其值设置为 True 或者 SSPI)来建立安全连接，此时在数据库连接字符串中则可不体现登录账户和密码信息。

注意

在图 7-1 "连接到服务器"对话框中,如果在"身份验证"项中选择"SQL Server 身份验证"时,则既可以使用带 Integrated Security 或者 Trusted_Connection 关键字的数据库连接字符串,也可以使用带登录账户和密码的数据库连接字符串;而如果在"身份验证"项中选择"Windows 身份验证"时,则只能使用带 Integrated Security 或者 Trusted_Connection 关键字的数据库连接字符串。

以 7.1.2 节创建的 SQL Server 数据库 studentInfoDB 为例,则连接该数据库的字符串形式如下:

```
string sqlConnStr = "server=(local);uid=sa;pwd=sa1234;database=studentInfoDB";
```

该字符串还可以改为如下的安全连接形式:

```
string sqlConnStr = "server=(local);Integrated Security=SSPI;database=studentInfoDB";
```

2. Access 数据库连接字符串

Access 数据库连接字符串的基本格式如下:

```
string accessConnStr = " Provider=数据库连接提供程序名称; Data Source=Access 数据库文件存储路径";
```

说明:

(1) accessConnStr 为存储数据库连接字符串的变量名称,可以任意命名,只要符合变量名的命名规则即可。

(2) Provider 参数表示数据库连接提供程序名称。

(3) Data Source 参数表示 Access 数据库文件存储路径。通常使用 Server.MapPath 来获取数据库文件的物理路径。

以 7.1.1 节创建的 Access 数据库 studentInfoDB 为例,该数据库文件 studentInfoDB.mdb 存储在网站根目录下 App_Data 子目录中,则连接该数据库的字符串形式如下:

```
string accessConnStr = "Provider=Microsoft.Jet.OLEDB.4.0;Data Source=" +
Server.MapPath ("~/App_Data/studentInfoDB.mdb");
```

3. 在 web.config 中存储数据库连接字符串

在实际应用中,数据库连接字符串并不是直接写在页面中,而是存储在 web.config 配置文件中。这样做的好处是,如果需要修改数据库连接字符串时,不用到页面中修改代码,而是修改 web.config 文件中的相关内容即可,提高了程序的安全性和可移植能力,使维护工作变得更加便捷。

(1) 向 web.config 文件中添加数据库连接字符串。

在 web.config 配置文件中,数据库连接字符串一般放置于<configuration>节点下<connectionStrings>子节点中,基本格式如下:

```
<configuration>
    <connectionStrings>
        <add name="连接字符串名"
            connectionString="数据库连接字符串"
            providerName="System.Data.SqlClient 或者 System.Data.OldDb 等" />
                ⋮
    </connectionStrings>
</configuration>
```

说明：

① <connectionStrings>子节点通过 add 来添加属性名称和值。当然也可以利用 add 来添加多个数据库连接字符串，其格式均相同。

② name 属性：用于唯一标识连接字符串的名称，当从 web.config 文件中读取数据库连接字符串时，需要用到该名称。name 属性值可以任意命名，只要符合变量名的命名规则即可。

③ connectionString 属性：用于指定数据库连接字符串的具体形式。

④ providerName 属性：用于指定 .NET Framework 数据提供程序名称。如连接 SQL Server 数据库时，providerName 属性的取值为 System.Data.SqlClient。

例如，将上面连接 SQL Server 数据库 studentInfoDB 的字符串写入到 web.config 文件中，形式如下：

```
<configuration>
    <connectionStrings>
        <add name="SqlConnStrName"
            connectionString="server=(local);uid=sa;pwd=sa1234;database=
studentInfoDB"
            providerName="System.Data.SqlClient" />
    </connectionStrings>
</configuration>
```

(2) 读取 web.config 文件中的数据库连接字符串。

读取 web.config 文件中的数据库连接字符串的基本格式如下：

```
string sqlConnStr = ConfigurationManager.ConnectionStrings["连接字符串名"].
ConnectionString;
```

说明：

① sqlConnStr 为存储数据库连接字符串的变量名称，可以任意命名，只要符合变量名的命名规则即可。

② 需要使用 ConfigurationManager 类的 ConnectionStrings 属性来获取 web.config 文件中的数据库连接字符串。在使用 ConfigurationManager 类之前，首先需使用 "using System.Configuration;" 语句引入相应的命名空间。

③ 上面格式中中括号内的 "连接字符串名"，应使用 web.config 文件中 <connectionStrings>子节点下对应 add 中的 name 属性值。

例如，要读取上面写入到 web.config 文件中连接 SQL Server 数据库 studentInfoDB 的字符串，具体代码如下：

```
string sqlConnStr = ConfigurationManager.ConnectionStrings["SqlConnStrName "].
ConnectionString;
```

7.4　Connection 对象

在对数据源中的数据进行操作之前，首先要建立对数据源的连接。Connection 对象主要用于建立与特定数据源的连接并且管理对数据源的连接事务。根据所使用的 .NET Framework 数据提供程序的不同，Connection 对象主要分为以下几类。

(1) OleDbConnection：用于对 OLE DB 公开的数据源进行连接，如连接 Access 数据库。

(2) SqlConnection：用于对 SQL Server 数据库进行连接。

(3) OracleConnection：用于对 Oracle 数据库进行连接。

(4) OdbcConnection：用于对 ODBC 公开的数据源进行连接。

本节主要介绍使用 OleDbConnection 对 Access 数据库的连接方法和使用 SqlConnection 对 SQL Server 数据库的连接方法，OracleConnection 和 OdbcConnection 的使用方法类似。

7.4.1　Connection 对象的常用属性和方法

Connection 对象的常用属性和方法见表 7-5。

表 7-5　Connection 对象的常用属性和方法

名　　称	类型	说　　明
ConnectionString	属性	设置或者获取数据库连接字符串
ConnectionTimeout	属性	获取在尝试建立数据库连接时，终止尝试并生成错误之前所等待的时间，为只读属性，单位为秒
ServerVersion	属性	获取客户端连接到的服务器或者 SQL Server 实例的版本信息
State	属性	获取当前数据库连接的状态信息，为只读属性
Open	方法	使用 ConnectionString 属性所指定的连接字符串打开一个数据库连接
Close	方法	关闭与数据库的连接
BeginTransaction	方法	以指定的隔离级别和事务名称启动数据库事务
ChangeDatabase	方法	更改当前连接的数据库信息
CreateCommand	方法	创建并返回一个与 Connection 对象关联的 Command 对象

说明：

State 属性用于获取当前数据库连接的状态信息，取值有 6 种，分别为：Btokrn(连接中断)、Closed(连接关闭)、Connecting(连接中)、Executing(执行指令中)、Fetching(读取数据中)和 Open(连接已打开)。

7.4.2　使用 Connection 对象的基本步骤

使用 Connection 对象连接数据库的基本步骤如下所示。

(1) 根据所连接的数据库的不同，引入对应的命名空间。例如，连接 SQL Server 数据库时，引入的命名空间的基本形式如下：

```
using System.Data;
//使用该命名空间中的类来操作 web.config 配置文件中的数据库连接字符串
using System.Configuration;
//如果连接 Access 数据库，则此处应引入 System.Data.OleDb 命名空间
using System.Data.SqlClient;
```

(2) 设置和获取数据库连接字符串。为了高效起见，数据库连接字符串通常放置于 web.config 配置文件中，可以利用上面讲述的方法向 web.config 文件中写入数据库连接字符串和从 web.config 文件中读取数据库连接字符串。

(3) 利用设置的数据库连接字符串并使用 Connection 对象的构造函数来创建数据库连接对象。实际应用中，较为常用的是创建连接 SQL Server 数据库和 Access 数据库的 Connection 对象。

① 使用 SqlConnection 创建连接 SQL Server 数据库的对象。基本的语法格式如下：

```
SqlConnection 连接对象名称 = new SqlConnection(SQL Server 数据库连接字符串);
```

为了清晰起见，也可以分开写，形式如下：

```
SqlConnection 连接对象名称 = new SqlConnection();
连接对象名称.ConnectionString = SQL Server 数据库连接字符串;
```

说明：

在创建数据库连接对象之前，必须先获得数据库连接字符串，使用该数据库连接字符串来创建连接对象。连接对象可以任意命名，只要符合变量名的命名规则即可。

② 使用 OleDbConnection 创建连接 Access 数据库的对象。基本的语法格式如下：

```
OleDbConnection 连接对象名称 = new OleDbConnection (Access 数据库连接字符串);
```

为了清晰起见，也可以分开写，形式如下：

```
OleDbConnection 连接对象名称 = new OleDbConnection ();
连接对象名称.ConnectionString = Access 数据库连接字符串;
```

(4) 使用 Connection 对象的 Open 方法打开数据库连接。基本的语法格式如下：

```
连接对象名称.Open();
```

说明：

格式中的"连接对象名称"即为上面使用 SqlConnection 或 OleDbConnection 等创建的连接数据库的对象名称。

(5) 当成功连接一个数据库后，结合实际应用，可以对数据库中的数据进行相应的处理操作。例如可以使用 Connection 对象的 CreateCommand 方法创建一个与之关联的 Command 对象。

(6) 关闭数据库连接。数据库在使用完毕之后，应尽可能早地关闭对该数据库的连接。关闭数据库连接可以把占用的资源归还给系统，降低资源浪费和闲置情况，缓解系统压力，可以有效地提高网站应用程序的整体运行性能。使用 Connection 对象的 Close 方法可以关闭与数据库的连接，其基本语法格式如下：

```
连接对象名称.Close();
```

说明：

格式中的"连接对象名称"即为上面使用 SqlConnection 或 OleDbConnection 等创建的连接数据库的对象名称。

除了使用 Close 方法关闭数据库连接外，还可以使用 using 语句(与引入命名空间时使用的 using 语句含义不同)实现关闭数据库连接。其基本的语法格式如下：

```
using(连接对象名称列表)
{
    //功能模块
}
```

说明：

格式中的"连接对象名称"即为上面使用 SqlConnection 或 OleDbConnection 等创建的连接数据库的对象名称。当存在多个连接对象时，列表中各对象名称使用逗号进行分隔。

> **注意**
>
> 使用 using 语句是比较可靠地关闭数据库连接的方法，无论 using 模块是如何退出的(正常执行结束或者模块内出现异常)，using 语句都能确保关闭数据库连接，并立即释放在模块中占用的系统资源。

7.4.3　Connection 对象应用举例

1. 连接 SQL Server 2008 数据库应用举例

【例 7-1】 连接 SQL Server 2008 数据库应用举例。

本例将以 7.1.2 节创建的 SQL Server 数据库 studentInfoDB 为例，介绍一下连接 SQL Server 2008 数据库的基本过程。本例中的数据库连接字符串被放置到 web.config 中，具体的写入方法和详细内容请参见 7.3 节。

(1) 启动 Microsoft Visual Studio 2010 程序。选择【文件】→【新建】→【网站】命令，在弹出的【新建网站】对话框中，选择【ASP.NET 空网站】模板，单击【浏览】按钮设置网站存储路径，网站文件夹命名为"7"，单击【确定】按钮，完成新网站的创建工作。该网站将作为本章所有例题的默认网站。

(2) 然后选择【网站】→【添加新项】命令，在弹出的【添加新项】对话框中，选择【Web 窗体】项，单击【添加】按钮即可。注意：左侧【已安装的模板】处选择"Visual C#"，底部【名称】一项命名为"7-1.aspx"，选中右下角"将代码放在单独的文件中"复选框(默认选择)。

(3) 在 7-1.aspx.cs 中编写连接数据库的代码，具体如下：

```
//引入必须的命名空间，与连接的数据库类型相对应
using System.Data;
using System.Data.SqlClient;
```

```
using System.Configuration;
public partial class _7_1 : System.Web.UI.Page
{
    protected void Page_Load(object sender, EventArgs e)
    {
        if (!Page.IsPostBack)         //只有该页面首次加载时才执行其语句部分
        {
        //从 web.config 文件中读取数据库连接字符串
        string   sqlConnStr   =   ConfigurationManager.ConnectionStrings
["SqlConnStrName"].ConnectionString;
        //创建连接 SQL Server 2008 数据库对象
        SqlConnection sqlConn = new SqlConnection(sqlConnStr);
        sqlConn.Open();         //打开与数据库的连接
        if (sqlConn.State == ConnectionState.Open)
        { //判断与数据库的连接状态，若处于打开状态则输出数据库相关信息并关闭
            Response.Write("与 SQL Server2008 数据库连接成功！具体信息如下：" +
            "<br><br>");
            Response.Write("数据库连接字符串为：" + sqlConn.ConnectionString+
            "<br>");
            Response.Write("连接超时时间为：" + sqlConn.ConnectionTimeout +
            "秒"+"<br>");
            Response.Write("数据库服务器的版本号为：" + sqlConn.ServerVersion +
            "<br><br>");
            sqlConn.Close();         //关闭与数据库的连接
        }
        if (sqlConn.State == ConnectionState.Closed)
        { //判断与数据库的连接状态，若处于关闭状态则输出相关信息
            Response.Write("与 SQL Server 2008 数据库连接关闭成功！欢迎下次再
            访问！" + "<br><br>");
        }
        }
    }
}
```

程序运行时，将显示数据库连接成功信息并输出相关连接参数，而后显示数据库关闭成功信息，其运行结果如图 7-10 所示。

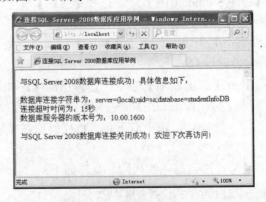

图 7-10 例 7-1 运行结果

　　根据所连接的数据库的不同，需引入对应的命名空间。并且如果要从 web.config 文件中读取数据库连接字符串，也需引入相应的命名空间。为了简洁起见，在以后的举例中，关于例子中对命名空间的引用部分将不再列出，读者可以根据实际连接的数据库类型，自行给出对命名空间的引用环节。

　　2. 连接 Access 数据库应用举例

【例 7-2】连接 Access 数据库应用举例。

　　本例将以 7.1.1 节创建的 Access 数据库 studentInfoDB 为例，给出连接和操作 Access 数据库的整体过程。本例中的数据库连接字符串没有被放置到 web.config 中，而是直接嵌入到页面代码中。另外，本例还演示了使用 using 语句关闭数据库连接的用法。程序实际运行时，将在下拉列表中显示 studentInfoTB 数据表中的学生姓名信息。

　　在网站"7"中添加 Web 窗体 7-2.aspx。在页面中添加两个 Label 控件和一个 DropDownList 控件。主要控件的属性设置见表 7-6。

表 7-6　主要控件的属性设置及功能

控件名称	属　　性	属性值	功　　能
DropDownList	ID	DropDownList1	显示数据表中的姓名

在 7-2.aspx.cs 中编写连接和操作 Access 数据库的代码，具体如下：

```
protected void Page_Load(object sender, EventArgs e)
{
    if (!Page.IsPostBack)          //只有该页面首次加载时才执行其语句部分
    {
        //与数据库连接字符串，在本例中数据库文件放在网站根目录下App_Data子目录中
        string  accessConnStr = "Provider=Microsoft.Jet.OLEDB.4.0;Data
Source=" + Server.MapPath ("~/App_Data/studentInfoDB.mdb");
                                //创建连接Access数据库对象
        OleDbConnection accessConn = new OleDbConnection();
        accessConn.ConnectionString = accessConnStr;
        using (accessConn)          //使用using语句关闭数据库连接
        {
            accessConn.Open();     //打开与数据库的连接
            //创建并使用OleDbCommand对象，具体用法参见7.5节
            OleDbCommand accessCmd = accessConn.CreateCommand();
            accessCmd.Connection = accessConn;
            accessCmd.CommandType = CommandType.Text;
            accessCmd.CommandText = "Select * from studentInfoTB";
            //创建并使用OleDbDataReader对象，具体用法参见7.6节
            OleDbDataReader accessDR = accessCmd.ExecuteReader();
            //将数据源与DropDownList控件绑定在一起并在页面显示数据
```

```
        this.DropDownList1.DataSource = accessDR;
        this.DropDownList1.DataTextField = "Name";
                                //在 DropDownList 控件中显示学生姓名
        this.DropDownList1.DataBind();
        }
    }
}
```

程序运行时，将在下拉列表中显示数据表中的学生姓名信息，其运行结果如图 7-11 所示。

注意

在后续各节的学习过程中，将以 SQL Server 2008 数据库操作为例，Access 数据库的相应操作过程与 SQL Server 相似，因而就不再赘述，也不做相应的提示说明。读者可以仿照对 SQL Server 2008 数据库的操作过程以及已学习的连接 Access 数据库的知识，自行完成对 Access 数据库的相应操作。

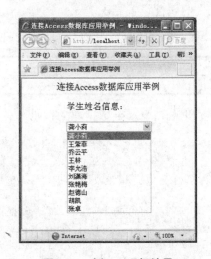

图 7-11 例 7-2 运行结果

7.5 Command 对象

使用 Connection 对象与数据源建立连接之后，可以使用 Command 对象对数据源执行查询、插入、删除和修改等操作，这些操作的实现方式可以是 SQL 语句，也可以是存储过程。根据所使用的 .NET Framework 数据提供程序的不同，Command 对象主要分为以下几类。

(1) OleDbCommand：用于对 OLE DB 公开的数据源执行命令，如 Access 数据库。

(2) SqlCommand：用于对 SQL Server 数据库执行命令。

(3) OracleCommand：用于对 Oracle 数据库执行命令。

(4) OdbcCommand：用于对 ODBC 公开的数据源执行命令。

本节主要介绍使用 SqlCommand 对 SQL Server 数据库进行操作的方法，OleDbCommand、OracleCommand 和 OdbcCommand 的使用方法类似。

7.5.1　Command 对象的常用属性和方法

Command 对象的常用属性和方法见表 7-7。

表 7-7　Command 对象的常用属性和方法

名　称	类型	说　明
Connection	属性	设置或者获取 Command 对象所使用的 Connection 对象的名称
CommandTimeout	属性	设置或者获取在终止对执行命令的尝试并在生成错误之前的等待时间,以秒为单位
Parameters	属性	对于 SQL Server 数据库,该属性用于获取 SqlParameterCollection 集合
CommandType	属性	设置或者获取 Command 对象要执行命令的类型
CommandText	属性	设置或者获取要对数据源执行的 SQL 语句、存储过程名称或者表名
ExecuteScalar	方法	用于执行 SELECT 查询语句,并返回查询结果集中第一行第一列元素的值,忽略其他行和列,即返回结果为单个值。该方法通常用来执行包含 COUNT 或者 SUM 等函数的 SELECT 语句,并返回一个结果值
ExecuteReader	方法	用于执行 SELECT 查询语句,并返回一个 DataReader 对象
ExecuteNonQuery	方法	用于执行非 SELECT 语句,如 INSERT、UPDATE 或者 DELETE 等语句,其返回值为上述操作所影响的行数。如果执行了其他类型的语句,如 SELECT 语句等,将返回-1

说明：

(1) 根据 CommandType 属性的不同取值，CommandText 属性的取值可以为 SQL 语句、存储过程名称或者数据表名称。SQL 语句主要包括 SELECT 语句(数据查询语句)、INSERT 语句(数据插入语句)、UPDATE 语句(数据更新或者修改语句)和 DELETE 语句(数据删除语句)。CommandType 属性和 CommandText 属性对应取值情况见表 7-8。

表 7-8　CommandType 属性和 CommandText 属性对应取值表

CommandType 取值	CommandType 取值说明	CommandText 对应取值
Text(默认)	表示要执行的是 SQL 语句	SQL 语句字符串
StoredProcedure	表示要执行的是存储过程	存储过程名称
TableDirect	表示要执行的是一个数据表	数据表名称,表示用户将获得这个数据表中的所有数据

注意

本小节只研究 CommandType 取值为 Text 的情形，CommandType 取值为 StoredProcedure 的情况应用也比较广泛，关于这方面的知识，读者请参见其他相关资料。

(2) ExecuteScalar 方法和 ExecuteReader 方法用于查询操作。ExecuteScalar 方法用于查询单个值，而 ExecuteReader 方法通常用于查询多条记录。

(3) ExecuteNonQuery 方法用于执行非查询操作，如执行插入、修改或者删除等操作。

7.5.2 Command 对象的使用方法和应用举例

1. 创建 Command 对象

本部分将使用 SqlCommand 创建操作 SQL Server 数据库的命令对象，有以下两种创建形式。

(1) 使用 SqlCommand 构造函数创建命令对象。基本的语法格式如下：

```
SqlCommand 命令对象名称 = new SqlCommand("SQL 语句字符串", 连接对象名称);
```

为了清晰起见，同时为了可以详细设置创建的命令对象属性，也可以将上面的创建语法格式写成如下形式。

```
SqlCommand 命令对象名称 = new SqlCommand();      //创建一个空的命令对象
命令对象名称.Connection = 连接对象名称;           //设置命令对象关联的连接对象
命令对象名称.CommandType = CommandType.Text;     //设置 CommandType 属性
命令对象名称.CommandText = "SQL 语句字符串";      //设置 CommandText 属性
```

说明：

在创建命令对象之前，必须先获得"连接对象名称"(使用 SqlConnection 创建)。创建命令对象之后，通常需要指定该对象的 CommandType 属性和 CommandText 属性，二者需要相互对应。命令对象可以任意命名，只要符合变量名的命名规则即可。

(2) 使用 SqlConnection 对象的 CreateCommand 方法创建命令对象。基本的语法格式如下：

```
SqlCommand 命令对象名称 = 连接对象名称.CreateCommand();
命令对象名称.CommandType = CommandType.Text;
命令对象名称.CommandText = "SQL 语句字符串";
```

2. ExecuteScalar 方法的应用举例

ExecuteScalar 方法用于执行 SELECT 查询语句，并返回查询结果集中第一行且第一列元素的值，忽略其他行和列，即返回结果为单个值。该方法通常用来执行包含 COUNT 或者 SUM 等函数的 SELECT 语句，并返回一个结果值。

【例 7-3】ExecuteScalar 方法的使用举例。

本例将以 7.1.2 节创建的 SQL Server 数据库 studentInfoDB 为例，介绍一下 Command 对象 ExecuteScalar 方法的使用知识。程序在运行时，将求解政治面貌为党员的学生人数和籍贯为辽宁的所有学生的年龄之和，并分别予以输出。

在网站"7"中添加 Web 窗体 7-3.aspx。在页面中添加 3 个 Label 控件。控件的属性设置见表 7-9。

表 7-9　控件的属性设置及功能

控件名称	属　　性	属性值	功　　能
Label	ID	Label1	显示显示标题信息
	ID	Label2	用于显示党员的人数
	ID	Label3	用于显示年龄之和

在 7-3.aspx.cs 中编写求解过程的代码，具体如下：

```
protected void Page_Load(object sender, EventArgs e)
{
    if (!Page.IsPostBack)         //只有该页面首次加载时才执行其语句部分
    {   //获取连接字符串并创建连接对象
        string    sqlConnStr    =    ConfigurationManager.ConnectionStrings
["SqlConnStrName"].ConnectionString;
        SqlConnection sqlConn = new SqlConnection();
        sqlConn.ConnectionString = sqlConnStr;
        sqlConn.Open();      //打开与数据库的连接
        //创建命令对象并设置相应属性值
        SqlCommand sqlCmd = new SqlCommand();
        sqlCmd.Connection = sqlConn;
        sqlCmd.CommandType = CommandType.Text;
        sqlCmd.CommandText = "Select Count(Name) from studentSqlTB Where
PoliStatus='党员'";
        //利用 ExecuteScalar 获取政治面貌为党员的学生人数并予以输出
        int stuNum = (int)sqlCmd.ExecuteScalar();
        Label2.Text = "政治面貌为党员的学生人数为: " + stuNum;
        //利用 ExecuteScalar 获取籍贯为辽宁的所有学生的年龄之和并予以输出
        sqlCmd.CommandText = "Select Sum(Age) from studentSqlTB Where
NatiPlace='辽宁'";
        int stuAgeSum = (int)sqlCmd.ExecuteScalar();
        Label3.Text = "籍贯为辽宁的学生年龄之和为: " + stuAgeSum;
        if (sqlConn.State == ConnectionState.Open)
        {   //获取当前数据库的状态信息，如果处于连接状态，则关闭连接
            sqlConn.Close();
        }
    }
}
```

程序在运行时，将求解政治面貌为党员的学生人数和籍贯为辽宁的所有学生的年龄之和，并分别予以输出，其运行结果如图 7-12 所示。读者可以将程序的运行结果和表 7-1 中的学生数据进行对比，以检验程序是否能够完成预期的功能。

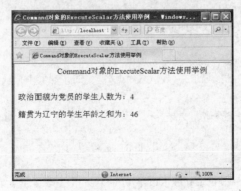

图 7-12 例 7-3 运行结果

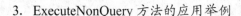

3. ExecuteNonQuery 方法的应用举例

ExecuteNonQuery 方法用于执行非 SELECT 语句，如 INSERT、UPDATE 或者 DELETE 等语句，其返回值为上述操作所影响的行数。如果执行了其他类型的语句，如 SELECT 语句等，将返回-1。

【例 7-4】 ExecuteNonQuery 方法的使用举例。

本例将以 7.1.2 节创建的 SQL Server 数据库 studentInfoDB 为例，介绍一下 Command 对象 ExecuteNonQuery 方法的使用知识。程序在运行时，将分别对 studentSqlTB 数据表进行插入一条记录、修改一条记录和删除一条记录，并将上述 3 个操作影响的记录条数分别显示出来。最后利用 GridView 控件将经过上述 3 种操作之后的数据表中的数据显示出来，以检验操作结果是否能够达到预期目标。

在网站 "7" 中添加 Web 窗体 7-4.aspx。在页面中添加 4 个 Label 控件和一个 GridView 控件(将在第 9 章学习该控件的相关知识，该控件存放于 VS2010 环境下工具箱上的 "数据" 选项卡中)。控件的属性设置见表 7-10。

表 7-10　控件的属性设置及功能

控件名称	属　　性	属性值	功　　　能
Label	ID	Label1	用于显示标题信息
	ID	Label2	用于显示插入操作所影响的记录条数
	ID	Label3	用于显示修改操作所影响的记录条数
	ID	Label4	用于显示删除操作所影响的记录条数
GridView	ID	GridView1	显示进行操作之后的数据表中的数据

在 7-4.aspx.cs 中编写求解过程的代码，具体如下：

```
protected void Page_Load(object sender, EventArgs e)
{
    if (!Page.IsPostBack)          //只有该页面首次加载时才执行其语句部分
    {  //获取连接字符串并创建连接对象
        string  sqlConnStr  =  ConfigurationManager.ConnectionStrings
["SqlConnStrName"].ConnectionString;
        SqlConnection sqlConn = new SqlConnection();
        sqlConn.ConnectionString = sqlConnStr;
        sqlConn.Open();            //打开与数据库的连接
        //创建命令对象并设置相应属性值
        SqlCommand sqlCmd = sqlConn.CreateCommand();
        sqlCmd.CommandType = CommandType.Text;
        //向数据表中插入记录并显示该操作所影响的数据表中记录数
        sqlCmd.CommandText ="Insert Into studentSqlTB (StuID, Name ,Sex, Age,
Class,NatiPlace,PoliStatus) Values ('0011','周立新','男','22','网络 1 班','河南
','团员')";
        Label2.Text ="已 插 入 记 录 的 条 数 为："+ sqlCmd.ExecuteNonQuery().
ToString();
        //在数据表中修改记录并显示该操作所影响的数据表中记录数
```

```
        sqlCmd.CommandText ="Update studentSqlTB Set PoliStatus='党员' Where
Name='胡凯'";
        Label3.Text = "已修改记录的条数为：" + sqlCmd.ExecuteNonQuery().
ToString();
        //在数据表中删除记录并显示该操作所影响的数据表中记录数
        sqlCmd.CommandText = "Delete from studentSqlTB Where Name='刘满海'";
        Label4.Text = "已删除记录的条数为：" + sqlCmd.ExecuteNonQuery().
ToString();
        //显示经过插入、修改和删除操作之后的数据表中数据的情况
        this.GridView1.Caption = "进行插入、修改和删除操作之后的数据表！";
        sqlCmd.CommandText = "Select * from studentSqlTB";
        SqlDataReader sqlDR = sqlCmd.ExecuteReader();
        this.GridView1.DataSource = sqlDR;
        this.GridView1.DataBind();
        if (sqlConn.State == ConnectionState.Open)
        { //获取当前数据库的状态信息，如果处于连接状态，则关闭连接
            sqlConn.Close();
        }
    }
}
```

程序在运行时，将分别对 studentSqlTB 数据表进行插入一条记录、修改一条记录和删除一条记录，并将上述 3 个操作影响的记录条数分别显示出来。最后利用 GridView 控件将经过上述 3 种操作之后的数据表中的数据显示出来，其运行结果如图 7-13 所示。读者可以将程序的运行结果和表 7-1 中的原始学生数据进行对比，以检验程序是否能够达到预期的功能。

图 7-13　例 7-4 运行结果

7.6　DataReader 对象

用于从数据源中读取只进而且只读的数据流，只能使用 Command 对象中的 ExecuteReader 方法来创建一个 DataReader 对象。DataReader 对象适用于与数据源保持连接方式下的顺序读取数据，并提供了一种只读的、向前的、快速的而且未缓冲的访问数据库的方式。只读是指不能进行插入、修改和删除操作，只进是指记录的接收是按照顺序进行的而且不可后退。

DataReader 对象又称作数据阅读器，其读取的数据是以数据表中的记录(行)为单位的，一次读取一条记录，而后再遍历整个查询结果集。默认情况下，DataReader 对象一次只在内存中保留一条记录，所以系统开销非常小，尤其是在检索大量数据时，由于数据不在内存中缓存，所以使用 DataReader 对象无疑是一种理想的选择。

使用 DataReader 对象可以高效地访问数据库并且能够使得网站应用程序的整体性能得

以增强。根据所使用的 .NET Framework 数据提供程序的不同，DataReader 对象主要分为以下几类。

(1) OleDbDataReader：用于对 OLEDB 公开的数据源读取只读、只进数据流。

(2) SqlDataReader：用于对 SQL Server 数据库读取只读、只进数据流。

(3) OracleDataReader：用于对 Oracle 数据库读取只读、只进数据流。

(4) OdbcDataReader：用于对 ODBC 公开的数据源读取只读、只进数据流。

本节主要介绍使用 SqlDataReader 对 SQL Server 数据库读取只读、只进数据流的方法，OleDbDataReader、OracleDataReader 和 OdbcDataReader 的使用方法类似。

7.6.1 DataReader 对象的常用属性和方法

DataReader 对象的常用属性和方法见表 7-11。

表 7-11　DataReader 对象的常用属性和方法

名　称	类型	说　明
FieldCount	属性	获取当前行中的列数
HasRows	属性	用于指示 DataReader 对象中是否包含一行或者多行
IsClosed	属性	返回一个布尔值，用于指示当前 DataReader 对象是否已经关闭
RecordsAffected	属性	获取执行 SQL 语句所插入、修改或者删除的行数
Read	方法	如果存在下一条记录的话，该属性将使 DataReader 对象前进到下一条记录
Close	方法	关闭 DataReader 对象
GetName	方法	获取指定列的名称
GetValue	方法	获取以本机格式表示的指定列的值
GetDataTypeName	方法	获取一个表示指定列的数据类型的字符串
NextResult	方法	当读取批处理 SQL 语句的结果时，使数据读取器前进到下一个结果

说明：

DataReader 对象的默认位置在第一条记录的前面，即被定位到 Null 记录上，直至第一次调用它的 Read 方法。如果使用 Read 方法成功读取到一条记录，则该方法将返回 True；如果已经到达记录尾部，使用 Read 方法没有能够读取出数据，则返回 False。因此，在实际中访问某个查询结果集时，可以使用 Read 方法来移动记录访问指针并可充当数据读取的控制标志。

7.6.2 DataReader 对象的使用方法和应用举例

1. 创建 DataReader 对象

只能使用 Command 对象中的 ExecuteReader 方法来创建一个 DataReader 对象。下面将使用 SqlDataReader 创建操作 SQL Server 数据库的数据阅读器对象，基本的语法格式如下：

```
SqlDataReader 数据阅读器对象名称 = 命令对象名称. ExecuteReader();
```

为了清晰起见，也可以将上面的创建语法格式分开写成如下形式。

```
SqlDataReader 数据阅读器对象名称;
数据阅读器对象名称 = 命令对象名称.ExecuteReader();
```

说明：

在创建数据阅读器对象之前，必须先获得"命令对象名称"(使用 SqlCommand 创建)。数据阅读器对象可以任意命名，只要符合变量名的命名规则即可。

2．DataReader 对象的应用举例

【例 7-5】 DataReader 对象的使用举例。

本例将以 7.1.2 节创建的 SQL Server 数据库 studentInfoDB 为例，介绍一下 DataReader 对象的使用方法。程序在运行时，将使用 DataReader 对象读取出 studentInfoDB 数据库中 studentSqlTB 数据表中的所有数据，并以表格的形式显示出来。

在网站"7"中添加 Web 窗体 7-5.aspx。在 7-5.aspx.cs 中编写读取数据表中数据的代码，具体如下：

```
protected void Page_Load(object sender, EventArgs e)
{
    if (!Page.IsPostBack)            //只有该页面首次加载时才执行其语句部分
    {   //获取连接字符串并创建连接对象
        string sqlConnStr = ConfigurationManager.ConnectionStrings ["SqlConnStrName"].
ConnectionString;
        SqlConnection sqlConn = new SqlConnection();
        sqlConn.ConnectionString = sqlConnStr;
        sqlConn.Open();                //打开与数据库的连接
         //创建命令对象并设置相应属性值
        SqlCommand sqlCmd = new SqlCommand();
        sqlCmd.Connection = sqlConn;
        sqlCmd.CommandType = CommandType.Text;
        sqlCmd.CommandText = "Select * from studentSqlTB";
        //创建数据阅读器对象
        SqlDataReader sqlDR = sqlCmd.ExecuteReader();
        Response.Write("<center><h3>DataReader 对象的使用举例</h3></center>");
        //设置显示表格，边框为 1
        Response.Write("<table border=1 cellspacing=0 cellpadding=2>");
        //读取数据表中各列的名称作为表格的标题行
        Response.Write("<tr bgcolor=yellow>");
        for (int i = 0; i < sqlDR.FieldCount; i++)
        {
            Response.Write("<td align=center>" + sqlDR.GetName(i) + "</td>");
        }
        Response.Write("</tr>");
        //逐行读取数据表中的数据并填充到表格的各行中显示
        while (sqlDR.Read())
        {
            Response.Write("<tr>");
            //分别读取数据表一行中各数据列的值并分别填充到表格单元格中显示
```

```
        Response.Write("<td align=center>" + sqlDR["StuID"].ToString()
            + "</td>");
        Response.Write("<td align=center>" + sqlDR["Name"].ToString() +
            "</td>");
        Response.Write("<td align=center>" + sqlDR["Sex"].ToString() +
            "</td>");
        Response.Write("<td align=center>" + sqlDR["Age"].ToString() +
            "</td>");
        Response.Write("<td align=center>" + sqlDR["Class"].ToString()
            + "</td>");
        //获取 NatiPlace(学生籍贯)数据列的值并予以输出
        Response.Write("<td align=center >" + sqlDR[5].ToString()+"</td>");
        //获取 PoliStatus(政治面貌)数据列的值并予以输出
        Response.Write("<td align=center>" + sqlDR.GetValue(6).ToString() +
            "</td>");
        Response.Write("</tr>");
    }
    Response.Write("</table>");              //表格结束
    sqlDR.Close();                           //关闭数据阅读器对象
    if (sqlConn.State == ConnectionState.Open)
    {   //获取当前数据库的状态信息，如果处于连接状态，则关闭连接
        sqlConn.Close();
    }
    }
}
```

程序在运行时，将使用 DataReader 对象读取出 studentInfoDB 数据库中 studentSqlTB 数据表中的所有数据，并以表格的形式显示出来，其运行结果如图 7-14 所示。程序的实际输出结果和表 7-1 中的学生数据基本一致。对于本例还应注意以下几点。

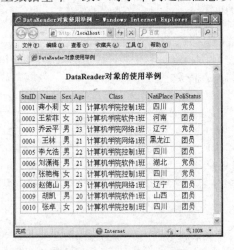

图 7-14　例 7-5 运行结果

(1) 为了使读者能够更灵活地使用 DataReader 对象，本例给出了使用 DataReader 对象

访问数据列值的不同方式。常用的访问数据列值的方式如下所示。

> 数据阅读器对象名称[列名称]

或者

> 数据阅读器对象名称[列索引]

或者

> 数据阅读器对象名称.GetValue(列索引)

列名称即数据表字段名称。列索引值从 0 开始，即索引值为 0 的列代表第一列，依次类推。使用上述格式访问数据列值后，通常需要进行类型转换，才能进行后续处理。

(2) 为了实现最佳性能，DataReader 对象提供了一系列方法，如 GetInt32、GetDouble 和 GetDateTime 等，使用户可以访问基于本机数据类型的数据列的值，从而可以省略类型转换环节，提高效率。

(3) DataReader 对象以独占的方式使用与之关联的 Connection 对象和 Command 对象，因而在使用完 DataReader 对象后必须及时予以关闭。但是关闭 DataReader 对象并不意味着与之关联的 Connection 对象也随之关闭，还必须另外对 Connection 对象实现关闭。

7.7　DataAdapter 对象和 DataSet 对象

DataAdapter 对象是连接数据源和 DataSet 对象的桥梁，用于将数据源中的数据填充到 DataSet 中，并确保 DataSet 中数据的更改与数据源保持一致。

DataAdapter 对象又称为数据适配器对象。当需要进行大量的数据处理或者动态数据交互时，可以使用 DataAdapter 对象完成数据源和本机内存中 DataSet 之间的交互。该对象通过 Fill 方法将数据源中的数据填充到本机内存中的 DataSet 对象中，DataSet 对象从数据源中获取数据以后，就断开了与数据源之间的连接，而后就可以在与数据库服务器不保持连接的情况下，对 DataSet 中的数据进行查询、插入、修改、删除、统计等操作。当上述操作完成后，如果需要更新数据源，则可利用 Update 方法把 DataSet 对象中处理的结果更新到数据源中。

根据所使用的 .NET Framework 数据提供程序的不同，DataAdapter 对象主要分为以下几类。

(1) OleDbDataAdapter：用于对 OLEDB 公开的数据源进行数据适配操作。

(2) SqlDataAdapter：用于对 SQL Server 数据库进行数据适配操作。

(3) OracleDataAdapter：用于对 Oracle 数据库进行数据适配操作。

(4) OdbcDataAdapter：用于对 ODBC 公开的数据源进行数据适配操作。

本节主要介绍使用 SqlDataAdapter 对 SQL Server 数据库进行数据适配的方法，OleDbDataAdapter、OracleDataAdapter 和 OdbcDataAdapter 的使用方法类似。

DataSet 对象又称为数据集对象，本质上是在内存中创建的一个小型关系数据库，它将数据源中的数据复制了一份放置到了用户本地的内存中，供用户在不连接数据源的情况下操作数据。使用 DataSet 对象可以充分地利用客户端的资源，并有效地降低了对数据库服务器的压力。

一个 DataSet 对象可以放置多张数据表，而且 DataSet 对象也支持多结果集的填充，即可以将来自同一张数据表或者不同张数据表中不同的数据集合同时填充到 DataSet 对象中。但每个 DataAdapter 对象只能够对应一张数据表。

7.7.1　DataAdapter 对象概述

DataAdapter 对象是一个双向通道，用来把数据从数据源中填充到 DataSet 对象中以及把 DataSet 对象中数据的更改写回到数据源中。在这两种情况下使用的数据源可能相同，也可能不同，而这两种操作分别称为填充(Fill)操作和更新(Update)操作。

1. DataAdapter 对象的常用属性和方法

DataAdapter 对象的常用属性和方法见表 7-12。

表 7-12　DataAdapter 对象的常用属性和方法

名　　称	类型	说　　明
SelectCommand	属性	设置或者获取一个 SQL 语句或存储过程，用于在数据源中选择记录
InsertCommand	属性	设置或者获取一个 SQL 语句或存储过程，用于在数据源中插入新记录
UpdateCommand	属性	设置或者获取一个 SQL 语句或存储过程，用于修改数据源中的记录
DeleteCommand	属性	设置或者获取一个 SQL 语句或存储过程，用于从数据源中删除记录
Fill	方法	从数据源中提取数据并填充到 DataSet 对象中
Dispose	方法	释放占用的所有的系统资源
Update	方法	当 DataSet 对象中的数据有所改动后,利用该属性更新数据源,包括插入、修改和删除操作

说明：

(1) 使用 Fill 方法的基本语法格式如下：

数据适配器对象名称.Fill(数据集对象名称)

或者

数据适配器对象名称.Fill(数据集对象名称，"数据表名称字符串")

在使用方法之前，需要事先创建数据适配器对象(DataAdapter 对象)和数据集对象(DataSet 对象)。该方法的返回值为影响 DataSet 对象的记录条数(行数)，且使用该方法前后数据库的连接状态不变。

如果在数据集对象中不存在上面格式中"数据表名称字符串"标识的数据表，则调用 Fill 方法后将会创建该数据表；如果在数据集对象中存有该数据表，则调用 Fill 方法后将会向该数据表中添加提取出的数据。

(2) 使用 Update 方法的基本语法格式如下：

数据适配器对象名称. Update (数据集对象名称)

或者

数据适配器对象名称. Update (数据集对象名称，"数据表名称字符串")

在使用方法之前，需要事先创建数据适配器对象(DataAdapter 对象)和数据集对象(DataSet 对象)。该方法的返回值为成功更新的记录条数(行数)。

当调用 Update 方法时，DataAdapter 对象将分析已做出的更改，并执行相应的命令，如插入、修改或者删除。

2. 创建 DataAdapter 对象

通常使用 DataAdapter 对象的构造函数来创建数据适配器对象，下面将使用 SqlDataAdapter 创建操作 SQL Server 数据库的数据适配器对象。DataAdapter 对象的构造函数有多种形式，本部分只给出最常用的创建 DataAdapter 对象的形式。其基本的语法格式如下：

```
SqlDataAdapter 数据适配器对象名称 = new SqlDataAdapter();
数据适配器对象名称.SelectCommand=命令对象名称;
```

当使用这种形式创建数据适配器对象时，在创建数据适配器对象之前，必须先获得"命令对象名称"(使用 SqlCommand 创建)。数据适配器对象可以任意命名，只要符合变量名的命名规则即可。

7.7.2　DataSet 对象概述

DataSet 对象可以用于多种不同的数据源，如访问 XML 数据或者管理应用程序的本地数据。使用 DataSet 对象满足了多层分布式程序开发的需要，允许在断开数据源的情况下对存放在内存中的数据进行操作，有效地提高了网站应用程序的整体性能。

1. DataSet 对象的常用属性和方法

DataSet 对象的常用属性和方法见表 7-13。

表 7-13　DataSet 对象的常用属性和方法

名　　称	类型	说　　明
Tables	属性	获取包含在 DataSet 对象中的数据表的集合
DataSetName	属性	设置或者获取当前 DataSet 对象的名称
ExtendedProperties	属性	获取与 DataSet 对象相关的自定义用户信息的集合
Relations	属性	获取用于将表链接起来并允许从父表浏览到子表的关系的集合
Copy	方法	复制该 DataSet 对象的结构和数据
Dispose	方法	释放占用的所有的系统资源
HasChanges	方法	用于指示 DataSet 对象是否有更改，包括新增行、已删除的行或者已修改的行
Clear	方法	通过移除所有表中的所有行来清除任何数据的 DataSet 对象

说明：

引用 DataSet 对象中数据表的基本语法格式如下：

```
数据集对象名称.Tables["数据表名称字符串"]
```

或者

```
数据集对象名称.Tables [数据表索引]
```

数据表索引值从 0 开始，即索引值为 0 的数据表为 DataSet 对象中的第一张数据表，依次类推。

2. 创建 DataSet 对象

通常使用 DataSet 对象的构造函数来创建数据集对象，基本的语法格式如下：

```
DataSet 数据集对象名称 = new DataSet();
```

说明：

上面格式是使用 DataSet 对象不带参数的构造函数创建了一个空的数据集对象。在实际应用中，还需使用 DataAdapter 对象的 Fill 方法向该数据集中填充数据。数据集对象可以任意命名，只要符合变量名的命名规则即可。

3. DataSet 对象的构成

DataSet 对象主要由一个或者多个 DataTable 子对象组成，而每一个 DataTable 子对象又由多个 DataColumn 子对象和多个 DataRow 子对象组成。一个 DataColumn 子对象表示 DataTable 子对象中的一个数据列，而一个 DataRow 子对象则表示 DataTable 子对象中的一个数据行。DataSet 对象除了包含 DataTable 子对象外，还包含 DataRelation 子对象，用于表示两个 DataTable 子对象之间的父子关系。

综上所述，DataSet 对象主要由 DataTable 子对象、DataColumn 子对象、DataRow 子对象和 DataRelation 子对象组成(本质上讲，DataColumn 子对象和 DataRow 子对象是隶属于 DataTable 子对象的)，下面将主要研究 DataTable 子对象、DataColumn 子对象和 DataRow 子对象的常用属性和使用方法。

4. DataTable 对象的常用属性和方法

DataTable 对象可以独立地创建和使用，但通常情况下，DataTable 对象都是作为 DataSet 对象的一个成员使用的。DataTable 对象的常用属性和方法见表 7-14。

表 7-14 DataTable 对象的常用属性和方法

名　　称	类型	说　　明
Rows	属性	获取属于该数据表的行的集合
TableName	属性	设置或者获取 DataTable 对象的名称
Columns	属性	获取属于该数据表的列的集合
DataSet	属性	获取此数据表所属的 DataSet 对象
Copy	方法	复制该 DataTable 对象的结构和数据
NewRow	方法	创建与该数据表具有相同架构的新 DataRow 对象
Merge	方法	将指定的 DataTable 对象与当前的 DataTable 对象合并，指示是否在当前的 DataTable 对象中保留更改以及如何处理缺失的架构
Select	方法	获取所有 DataRow 对象的数组

说明：

(1) 创建一个 DataTable 对象并引用该对象中数据行的基本语法格式如下：

```
//创建一个 DataTable 对象，并为该对象指定表名称
DataTable 数据表对象名称 = new DataTable("数据表名称字符串");
数据表对象名称. Rows [数据行索引]     //引用数据表对象中的数据行
```

　　数据行索引值从 0 开始，即索引值为 0 的数据行为数据表中的第一行，以此类推。数据表对象(DataTable 对象)可以任意命名，只要符合变量名的命名规则即可。

　　(2) 把 DataTable 对象添加到 DataSet 对象中的基本语法格式如下：

```
DataSet 数据集对象名称 = new DataSet();  //创建一个空的数据集对象
//创建一个 DataTable 对象,并为该对象指定表名称
DataTable 数据表对象名称 = new DataTable("数据表名称字符串");
//向上面创建的数据集对象中添加数据表对象
数据集对象名称.Tables.Add(数据表对象名称);
```

　　5. DataColumn 对象的常用属性和方法

　　一个 DataColumn 对象表示 DataTable 对象中的一个数据列，DataColumn 对象通常用来创建数据表的结构。DataColumn 对象包含有一些常用的属性用于对输入数据进行限制，如数据类型、数据长度和默认值等，具体见表 7-15。

表 7-15　DataColumn 对象的常用属性

名　　称	类　型	说　　明
DataType	属性	设置或者获取存储在列中的数据的类型
Table	属性	获取列所属的 DataTable 对象
AllowDBNull	属性	指示列中是否允许空值
ColumnName	属性	设置或者获取列的名称
DefaultValue	属性	在创建新行时设置或者获取列的默认值
Unique	属性	指示列的每一行中的值是否必须是唯一的

　　使用 DataColumn 对象的属性设置一列的方法和在 SQL Server 或者 Access 环境下创建数据列(数据表中的一个字段)的方法非常相似。

　　6. DataRow 对象的常用属性和方法

　　一个 DataRow 对象表示 DataTable 对象中的一个数据行(一条记录)，当使用 DataColumn 对象创建好数据表的结构后，可以使用 DataRow 对象向数据表中添加记录数据。DataRow 对象的常用属性见表 7-16。

表 7-16　DataRow 对象的常用属性

名　　称	类　型	说　　明
IsNull	属性	指示该行是否包含 null 值
Table	属性	获取该行拥有其架构的 DataTable 对象
ItemArray	属性	通过一个数组来设置或者获取此行的所有值

　　使用 DataTable 对象的 NewRow 方法来创建一个 DataRow 对象，该 DataRow 对象必须与数据表具有相同的架构。将创建的 DataRow 对象添加到 DataTable 对象中的基本语法格式如下：

```
//创建一个 DataTable 对象,并为该对象指定表名称
DataTable 数据表对象名称 = new DataTable("数据表名称字符串");
//使用 NewRow 方法创建一个 DataRow 对象
```

```
DataRow 数据行对象名称=数据表对象名称.NewRow();
…  //为该行中各数据列设置数据
//向上面创建的数据表对象中添加数据行对象
数据表对象名称. Rows.Add(数据行对象名称);
```

数据行对象(DataRow 对象)可以任意命名，只要符合变量名的命名规则即可。

7.7.3 DataAdapter 对象和 DataSet 对象的应用举例

1. 使用 Fill 方法将数据填充到 DataSet 对象中

该"填充"操作的基本步骤如下所示。

(1) 获取数据库连接字符串并创建 Connection 对象。

(2) 创建 Command 对象并设置相应属性值。

(3) 利用上面创建的 Command 对象创建 DataAdapter 对象。

(4) 创建 DataSet 对象并且使用 DataAdapter 对象的 Fill 方法将数据填充到 DataSet 对象中。

(5) 操作并显示 DataSet 对象中的数据。

(6) 关闭数据库连接。

【例 7-6】使用 Fill 方法将数据填充到 DataSet 对象中举例。

本例将以 7.1.2 节创建的 SQL Server 数据库 studentInfoDB 为例，实现使用 Fill 方法将数据填充到 DataSet 对象中的操作。程序在运行时，使用 DataAdapter 对象的 Fill 方法将数据填充到 DataSet 对象中，并以表格的形式将 DataSet 对象中所有的数据显示出来。在程序中自定义了 OutputTableData 方法，用于以表格的形式显示 DataSet 对象中的所有数据。

在网站"7"中添加 Web 窗体 7-6.aspx。在 7-6.aspx.cs 中编写实现"填充"操作并显示数据的代码，具体如下：

```
public partial class _7_6 : System.Web.UI.Page
{
  protected void Page_Load(object sender, EventArgs e)
  {
    if (!Page.IsPostBack)              //只有该页面首次加载时才执行其语句部分
    {   //获取连接字符串并创建连接对象
        string sqlConnStr = ConfigurationManager.ConnectionStrings ["SqlConnStrName"].
ConnectionString;
        SqlConnection sqlConn = new SqlConnection();
        sqlConn.ConnectionString = sqlConnStr;
        sqlConn.Open();              //打开与数据库的连接
         //创建命令对象并设置相应属性值
        SqlCommand sqlCmd = new SqlCommand();
        sqlCmd.Connection = sqlConn;
        sqlCmd.CommandType = CommandType.Text;
        sqlCmd.CommandText = "Select * from studentSqlTB";
        //使用上面创建的命令对象创建数据适配器对象
        SqlDataAdapter sqlDA= new SqlDataAdapter();
```

```
        sqlDA.SelectCommand = sqlCmd;
        //创建数据集对象
        DataSet sqlDS = new DataSet();
        //利用数据适配器对象的 Fill 方法填充数据集对象中数据
        sqlDA.Fill(sqlDS);
        Response.Write("<center><h3>使用 Fill 方法将数据填充到 DataSet 对象中
</h3></center>");
        //调用自定义方法 OutputTableData 显示输出数据集中的数据
        OutputTableData(sqlDS.Tables[0]);
        sqlDA.Dispose();              //释放占用资源
        sqlDS.Dispose();              //释放占用资源
        if (sqlConn.State == ConnectionState.Open)
        {   //获取当前数据库的状态信息，如果处于连接状态，则关闭连接
            sqlConn.Close();
        }
    }
}
public void OutputTableData(DataTable dt)
                        //自定义方法，用于输出数据集对象中的所有数据
{   //设置显示表格，边框为 1
    Response.Write("<table border=1 cellspacing=0 cellpadding=2>");
    //读取数据表中各列的名称作为表格的标题行
    Response.Write("<tr bgcolor=yellow>");
    for (int i = 0; i < dt.Columns.Count; i++)
                        //dt.Columns.Count 用于获取表格的列数
    {   //ColumnName 用于获取表格列的名称
        Response.Write("<td align=center>" + dt.Columns[i].ColumnName +
            "</td>");
    }
    Response.Write("</tr>");
    //逐行读取数据表中的数据并填充到表格的各行中显示
    for (int j=0;j<dt.Rows.Count;j++)//dt.Rows.Count 用于获取表格的数据行数
    {   //表格相邻的两行设置成两种不同的背景颜色
        if (j % 2 == 1)
        {
            Response.Write("<tr bgcolor=silver>");
        }
        else
        {
            Response.Write("<tr>");
        }
        //分别读取数据表一行中各数据列的值并分别填充到表格单元格中显示
        Response.Write("<td align=center>" + dt.Rows[j]["StuID"].ToString()
            + "</td>");
        Response.Write("<td align=center>" + dt.Rows[j]["Name"].ToString()
            + "</td>");
        Response.Write("<td align=center>" + dt.Rows[j]["Sex"].ToString()
            + "</td>");
```

```
         Response.Write("<td align=center>" + dt.Rows[j]["Age"].ToString()
+ "</td>");
         Response.Write("<td align=center>" + dt.Rows[j]["Class"].ToString()
+ "</td>");
         Response.Write("<td align=center>" + dt.Rows[j]["NatiPlace"].ToString()
+ "</td>");
         Response.Write("<td align=center>" + dt.Rows[j]["PoliStatus"].ToString()
+ "</td>");
         Response.Write("</tr>");
      }
      Response.Write("</table>");            //表格结束
    }
   }
```

图 7-15　例 7-6 运行结果

程序在运行时，使用 DataAdapter 对象的 Fill 方法将数据填充到 DataSet 对象中，并以表格的形式将 DataSet 对象中所有的数据显示出来，其运行结果如图 7-15 所示。程序的实际输出结果和表 7-1 中的学生数据完全一致。

2. 使用 Update 方法将 DataSet 对象中数据的更改更新到数据源中

当使用 Update 方法更新数据源时，可以利用 SqlCommandBuilder 对象自动生成 DataAdapter 对象的更新命令 InsertCommand、UpdateCommand 和 DeleteCommand，然后便可调用 Update 方法执行更新。当调用 Update 方法时，DataAdapter 对象将分析已做出的更改，并执行相应的命令，如插入、修改或者删除。

注意

当使用 SqlCommandBuilder 对象自动生成 DataAdapter 对象的更新命令时，填充到 DataSet 对象中的 DataTable 对象只能映射到单个数据表或者只能从单个数据表生成，而且数据表必须定义有主键。

执行"更新"操作的基本步骤如下所示。

(1) 获取数据库连接字符串并创建 Connection 对象。

(2) 创建 Command 对象并设置相应属性值。

(3) 利用上面创建的 Command 对象创建 DataAdapter 对象。

(4) 创建 DataSet 对象并且使用 DataAdapter 对象的 Fill 方法将数据填充到 DataSet 对象中。

(5) 对 DataSet 对象中的数据进行编辑和修改。

(6) 使用 SqlCommandBuilder 对象自动生成 DataAdapter 对象的更新命令，调用 Update 方法将 DataSet 对象中数据的更改写回到数据库中。

(7) 显示更改后的数据。

(8) 关闭数据库连接。

【例 7-7】使用 Update 方法将 DataSet 对象中数据的更改更新到数据源中举例。

本例将以 7.1.2 节创建的 SQL Server 数据库 studentInfoDB 为例,实现使用 Update 方法将 DataSet 对象中数据的更改更新到数据源中的操作。本例中只选取数据库 studentInfoDB 中 studentSqlTB 数据表的 StuID(学生 ID)、Name(学生姓名)、Sex(性别)、Class(班级)、NatiPlace(籍贯) 5 个数据列,并将这 5 个数据列中的数据填充到 DataSet 对象中的 copyStudentSqlTB 数据表中(使用 Fill 方法新创建的一个数据表)。而后对 DataSet 对象中的数据实现更改,即将 Class(班级)数据列的每个数据前面添加一个前缀字符串"计算机学院"。最后利用 Update 方法更新数据库 studentInfoDB,即将上面 DataSet 对象中的数据更改写回到数据库中。程序运行时,单击"更新数据源"按钮,将完成上述"更新"操作并以表格的形式显示更改后的数据。

在网站"7"中添加 Web 窗体 7-7.aspx。在页面中添加一个 Button 控件。控件的属性设置见表 7-17。

表 7-17　控件的属性设置及功能

控件名称	属　性	属性值	功　能
Button	ID	Button1	单击按钮,将完成"更新"操作并显示更改后的数据
	Text	更新数据源	

在 7-7.aspx.cs 中编写实现"更新"操作并显示数据的代码,具体如下:

```
public partial class _7_7 : System.Web.UI.Page
{
    protected void Button1_Click1(object sender, EventArgs e)
    {   //获取连接字符串并创建连接对象
        string    sqlConnStr    =    ConfigurationManager.ConnectionStrings
["SqlConnStrName"].ConnectionString;
        SqlConnection sqlConn = new SqlConnection();
        sqlConn.ConnectionString = sqlConnStr;
        sqlConn.Open();   //打开与数据库的连接
        //创建命令对象并设置相应属性值,只选取 studentSqlTB 数据表中的 5 个数据列
        SqlCommand sqlCmd = new SqlCommand();
        sqlCmd.Connection = sqlConn;
        sqlCmd.CommandType = CommandType.Text;
        sqlCmd.CommandText = "Select StuID,Name,Sex,Class,NatiPlace from
studentSqlTB";
        //使用上面创建的命令对象创建数据适配器对象
        SqlDataAdapter sqlDA = new SqlDataAdapter();
        sqlDA.SelectCommand = sqlCmd;
        //创建数据集对象
        DataSet sqlDS = new DataSet();
        //利用数据适配器对象的 Fill 方法填充数据集对象中数据
        //由于数据表 copyStudentSqlTB 在数据集中事先不存在,所以此时将新建该表
```

```
        sqlDA.Fill(sqlDS, "copyStudentSqlTB");
        //将 Class(班级)数据列的每个数据前面添加一个前缀字符串"计算机学院"
        //sqlDS.Tables["copyStudentSqlTB"].Rows.Count 表示数据表 copyStudentSqlTB 的
        行数
        for (int i = 0; i <= sqlDS.Tables["copyStudentSqlTB"].Rows.Count - 1; i++)
        {    //sqlDS.Tables["copyStudentSqlTB"].Rows[i]["Class"] 表示数据表
copyStudentSqlTB 中每一行对应的 Class(班级)列的数据
            sqlDS.Tables["copyStudentSqlTB"].Rows[i]["Class"] = "计算机学院"
+ sqlDS.Tables["copyStudentSqlTB"].Rows[i]["Class"];
        }
        //使用 SqlCommandBuilder 对象自动生成 DataAdapter 对象的更新命令
        SqlCommandBuilder builder = new SqlCommandBuilder(sqlDA);
        //使用 Update 对象将上面 DataSet 对象中数据的更改写回到数据库中
        sqlDA.Update(sqlDS, "copyStudentSqlTB");
        Response.Write("<center><h3>使用 Update 方法将 DataSet 对象中数据的更改更
新到数据源中举例</h3></center>");
        //调用自定义方法 OutputTableData 显示输出更改后的数据
        OutputTableData(sqlDS.Tables["copyStudentSqlTB"]);
        sqlDA.Dispose();            //释放占用资源
        sqlDS.Dispose();            //释放占用资源
        if (sqlConn.State == ConnectionState.Open)
        {   //获取当前数据库的状态信息, 如果处于连接状态, 则关闭连接
            sqlConn.Close();
        }
    }
    public void OutputTableData(DataTable dt)
    {
        //该自定义方法与【例 7-6】完全一致, 具体请参见【例 7-6】
    }
}
```

图 7-16　例 7-7 运行结果

程序运行时,单击"更新数据源"按钮,将完成数据 "更新"操作并以表格的形式显示更改后的数据,其运行结果如图 7-16 所示。读者可以将程序的运行结果和表 7-1 中的原始学生数据进行对比,以检验程序是否能够达到预期的功能。

小　　结

本章主要介绍了创建数据库的方法、ADO.NET 概要知识、Connection 对象、Command 对象、DataReader 对象、DataAdapter 对象以及 DataSet 对象的基础知识和使用方法。通过本章的学习,能够使读者掌握 ADO.NET 数据库访问技术的基本理念,能够设计出简单的数据库应用程序。

习 题

一、填空题

1 . .NET Framework 的数据提供程序主要有以下 4 种：_____、OLEDB 数据提供程序、ODBC 数据提供程序和 Oracle 数据提供程序。

2 . ADO.NET 主要包括 Connection、_____、DataReader、_____和 DataSet 5 种对象，通过这 5 种对象可以完成对数据库的添加、修改、查询和删除等操作。

3 . ADO.NET 提供了两种访问数据的模式：连接式数据访问模式和_____。

4 . Connection 对象的 State 属性用于获取当前数据库连接的状态信息，取值有 6 种，分别为：Btokrn、_____、Connecting、Executing、Fetching 和_____。

二、简答题

1 . 简述 ADO.NET 两种数据访问模式的功能和优缺点。

2 . 简述在 web.config 中存储数据库连接字符串的优势。

3 . 叙述使用 Connection 对象连接数据库的基本步骤。

4 . 简述 Command 对象的 ExecuteScalar 方法的功能。

5 . 叙述 DataReader 对象的特点与功能。

6 . 简述 DataAdapter 对象与 DataSet 对象的联系与相互操作过程。

7 . 简述 DataSet 对象的基本构成元素。

8 . 简述使用 Fill 方法将数据填充到 DataSet 对象中的基本步骤。

9 . 简述使用 Update 方法将 DataSet 对象中数据的更改更新到数据源中的基本步骤。

第 8 章

ASP.NET 4.0 数据源控件

学习目标

- 了解数据源控件的基本功能和种类
- 掌握 SqlDataSource 数据源控件的基础知识和使用方法
- 运用数据源控件进行简单的数据库应用程序开发

知识结构

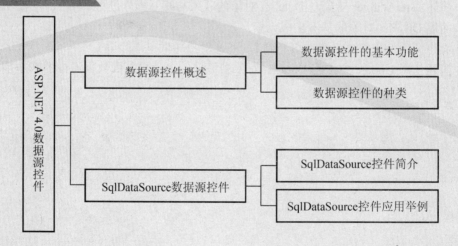

数据控件位于 Microsoft Visual Studio 2010 工具箱的"数据"选项卡中,主要包括两种不同的类型:数据源控件和数据绑定控件。数据源控件是为了与数据绑定控件交互而设计的 Web 服务器控件,数据绑定控件将数据以控件的形式呈现给请求数据的客户端浏览器。本章将主要介绍数据源控件的相关知识,第 9 章将主要介绍数据绑定控件的相关知识。

8.1　数据源控件概述

在开发网站程序时,可以直接使用 ADO.NET 访问数据源,获取数据并绑定到数据绑定控件上,使用这种方法开发人员需要编写大量的代码。ASP.NET 4.0 提供了数据源控件用于连接到数据源,从中检索数据,可以使得数据绑定控件不需编写代码或者编写少量代码就能绑定到数据源并显示数据,大大地简化了编写 ASP.NET 应用程序的复杂性。

8.1.1　数据源控件的基本功能

数据源控件就是管理连接到数据源以及完成读取或者写入等任务的 Web 服务器控件,数据源控件不仅可以为数据绑定控件提供数据,而且还支持数据绑定控件执行常见的数据操作。数据源控件在程序运行时不会在页面中显示出来,其只是充当了特定数据源与页面上的数据绑定控件之间的连接桥梁。数据源控件与数据绑定控件的集成还提供了数据检索和修改等功能,能够实现查询、插入、修改、删除、排序、分页以及筛选等操作。

数据源控件和数据绑定控件的结合可以实现双向的数据操作。

(1) 数据绑定控件从数据源控件中获取数据并在页面中操作和显示数据。此时数据的获取和绑定都是自动完成的,不需要编写代码或者编写少量代码即可实现。

(2) 当数据发生改变时,利用数据源控件还可以将这种改变更新到数据源中。

8.1.2　数据源控件的种类

针对不同的数据源,ASP.NET 4.0 提供了不同数据绑定方案的数据源控件,下面介绍一下常用的数据源控件及其功能。

(1) AccessDataSource 控件:提供对 Access 数据库的访问,当数据作为 DataSet 对象返回时,将支持分页、排序和筛选等功能。

(2) SqlDataSource 控件:提供对 SQL Server、OLE DB、Oracle 和 ODBC 数据源的访问。当数据作为 DataSet 对象返回时,将支持分页、排序和筛选等功能。当用于访问 SQL Server 数据库时,还提供了支持高级缓存的功能。

(3) XMLDataSource 控件:提供对 XML 文件的访问,特别适用于分层的服务器控件(如 TreeView 等)。支持使用 XPath 表达式来实现筛选功能,并允许对数据应用 XSLT 转换。该控件允许使用保存更改后的整个 XML 文档来更新数据。

(4) ObjectDataSource 控件:支持绑定到中间层对象(如业务组件或者数据访问层)来管理数据的网站应用程序,该控件同时支持对其他数据源控件不可用的高级排序和分页方案。

(5) SiteMapDataSource 控件:与页面站点导航结合使用,为导航控件提供数据源支持。

(6) LinqDataSource 控件:应用该控件,可以在 ASP.NET 页面中通过标记使用语言集

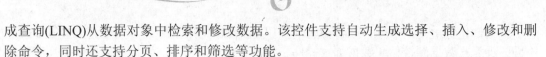

成查询(LINQ)从数据对象中检索和修改数据。该控件支持自动生成选择、插入、修改和删除命令，同时还支持分页、排序和筛选等功能。

在上面列举的数据源控件中，SqlDataSource 控件是最常用的，因而本章主要介绍 SqlDataSource 控件的相关知识，在此基础上，读者可逐步研究其他几个数据源控件的使用方法。

8.2 SqlDataSource 数据源控件

SqlDataSource 是应用最广泛的数据源控件，可以提供对 SQL Server、OLE DB、Oracle 和 ODBC 多种数据源的访问。SqlDataSource 控件和数据绑定控件(如 GridView 等)一起使用，可以不借助于 ADO.NET 类，也可以不编写代码或者编写少量代码便可实现数据源连接、编辑与显示数据等多种数据访问任务。

8.2.1 SqlDataSource 数据源控件简介

SqlDataSource 控件提供了一个易于操作的向导，可以很便捷地实现数据源的连接配置等工作。当 SqlDataSource 控件和数据绑定控件结合后(将数据绑定控件的 DataSourceID 属性设置为数据源控件的 ID 属性值)，只需为其设置数据库连接字符串、定义操纵数据的 SQL 语句或者存储过程，即可实现从数据源获取数据并显示到页面中。当网站运行时，SqlDataSource 控件会根据设置的参数自动完成数据源的连接，执行 SQL 语句或者存储过程并返回相应的结果，然后关闭数据连接。

和其他的 Web 服务器控件一样，当使用 SqlDataSource 控件时，只需从工具箱的"数据"选项卡中将该控件拖拽到页面中即可。定义 SqlDataSource 控件的语法格式如下：

```
<asp:SqlDataSource ID="SqlDataSource1" runat="server"
    ConnectionString="数据源连接字符串"
    DataSourceMode="数据返回模式"
    SelectCommand="SELECT 语句"
    InsertCommand= "INSERT 语句"
    UpdateCommand= "UPDATE 语句"
    DeleteCommand= "DELETE 语句"
      ：
</asp:SqlDataSource>
```

SqlDataSource 控件的常用属性见表 8-1。

表 8-1 SqlDataSource 控件的常用属性

名　　称	类　　型	说　　明
ConnectionString	属性	设置或者获取特定于 .NET Framework 数据提供程序的连接字符串，SqlDataSource 控件使用该字符串连接基础数据库
ProviderName	属性	设置或者获取 .NET Framework 数据提供程序的名称，SqlDataSource 控件将使用该数据提供程序来连接基础数据库

续表

名　　称	类　　型	说　　明
SelectCommand	属性	设置或者获取 SqlDataSource 控件从基础数据库检索数据所用的 SQL 字符串
InsertCommand	属性	设置或者获取 SqlDataSource 控件将数据插入到基础数据库所用的 SQL 字符串
UpdateCommand	属性	设置或者获取 SqlDataSource 控件更新基础数据库中的数据所用的 SQL 字符串
DeleteCommand	属性	设置或者获取 SqlDataSource 控件从基础数据库中删除数据所用的 SQL 字符串
EnableCaching	属性	指示 SqlDataSource 控件是否启用数据缓存
DataSourceMode	事件	设置或者获取 SqlDataSource 控件获取数据所用的数据返回模式

说明：

DataSourceMode 属性的取值有两种：DataSet(默认值)和 DataReader。

(1) 取值为 DataSet：表示通过 SqlDataSource 控件从数据源返回的数据结果集将存储到服务器内存中，该模式可以获得分页、排序和筛选等强大的数据处理能力，同时还支持内置的高速缓存功能。如果在检索数据后要对数据进行分页、排序和筛选处理，或者要使用缓存，可以选择该模式。

(2) 取值为 DataReader：表示只进、只读、快速的检索数据模式，如果只希望返回数据并且在页面的数据绑定控件中以只读的方式显示数据，则可以选择该模式。

注意

AccessDataSource 数据源控件用于连接到 Access 数据库，其提供的 DataFile 属性可以用来指定要连接到的 Access 数据库文件名称。SqlDataSource 数据源控件也可用于连接到 Access 数据库，利用这种方式时，可以指定连接数据库时的其他参数，如身份验证参数。

8.2.2　SqlDataSource 数据源控件应用举例

【例 8-1】SqlDataSource 数据源控件使用举例。

本例将以 7.1.2 节创建的 SQL Server 数据库 studentInfoDB(包含数据表 studentSqlTB，该数据表的结构和内容见表 7-1 所示)为例，介绍一下 SqlDataSource 数据源控件的基本使用方法。程序运行时，当在下拉列表中选择一个学生姓名时，该学生的整体信息就会显示在 GridView 控件中。

(1) 启动 Microsoft Visual Studio 2010 程序。选择【文件】→【新建】→【网站】命令，在弹出的【新建网站】对话框中，选择【ASP.NET 空网站】模板，单击【浏览】按钮设置网站存储路径，网站文件夹命名为"8"，单击【确定】按钮，完成新网站的创建工作。

(2) 然后选择【网站】→【添加新项】命令，在弹出的【添加新项】对话框中，选择【Web 窗体】项，单击【添加】按钮即可。注意：左侧【已安装的模板】处选择"Visual C#"，底部【名称】一项命名为"8-1.aspx"，选中右下角"将代码放在单独的文件中"复选框(默认选择)。

(3) 在页面中添加 3 个 Label 控件、一个 DropDownList 控件、一个 GridView 控件(将在第九章学习该控件的相关知识，该控件存放于 VS 2010 环境下工具箱上的"数据"选项卡中)和两个 SqlDataSource 控件。主要控件的属性设置见表 8-2。

表 8-2　主要控件的属性设置及功能

控件名称	属　　性	属性值	功　　能
DropDownList	ID	DropDownList1	在下拉列表中选择学生姓名时，该学生的整体信息将显示在 GridView1 控件中
	AutoPostBack	True	
GridView	ID	GridView1	用于显示学生的整体信息
SqlDataSource	ID	SqlDataSource1	用于为 GridView1 提供数据源连接
	ID	SqlDataSource2	用于为 DropDownList1 提供数据源连接

(4) SqlDataSource1 控件的设置过程如下所示(注意：对 SqlDataSource 数据源控件的设置过程是以向导的模式提供的)。

① 在页面 8-1.aspx 中添加 SqlDataSource1 控件后，会自动显示图 8-1 所示的 "SqlDataSource 任务"列表。如果该任务列表被隐藏，可单击 SqlDataSource1 控件右上角的按钮 将其展开。在"SqlDataSource 任务"列表中，选择【配置数据源】命令，会打开【配置数据源】向导的【选择您的数据连接】对话框，如图 8-2 所示。

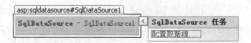

图 8-1　SqlDataSource1 控件的任务列表

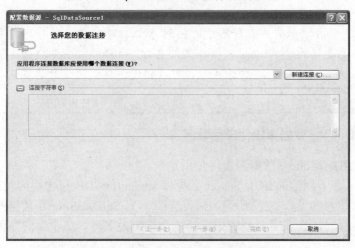

图 8-2　【配置数据源】向导的【选择您的数据连接】对话框

② 在图 8-2 中，单击"应用程序连接数据库应使用哪个数据连接？"项右侧的【新建连接】按钮，会弹出【添加连接】对话框，如图 8-3 所示。

③ 在图 8-3 中，做如下各项设置。

a. 单击"数据源"项右端的【更改】按钮，会弹出图 8-4 所示的【更改数据源】对话框。在该对话框中，罗列出了可选择的数据源以及对应的数据提供程序。本例中选择

"Microsoft SQL Server"项，然后单击【确定】按钮关闭【更改数据源】对话框，并重新返回到"配置数据源"向导的【添加连接】对话框。

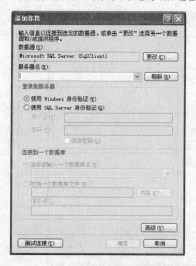

图 8-3 【添加连接】对话框　　　　　　　　图 8-4 【更改数据源】对话框

　　b. 在"服务器名"框中选择或者输入数据库服务器的名称，本例因连接本地数据库，所以在此处输入"localhost"作为服务器名。

　　c. 在"登录到服务器"项中选中"使用 SQL Server 身份验证"单选按钮，在"用户名"文本框输入"sa"，在"密码"文本框中输入"sa1234"(在安装 SQL Server 过程中可设置此处的用户名和密码信息)。

　　d. 单击"选择或输入一个数据库名"下拉列表框，选择数据库"studentInfoDB"。

　　e. 单击【测试连接】按钮测试上面设置的连接是否有效，如果连接有效，将弹出"测试连接成功"提示框。

　　【添加连接】对话框整体设置完毕后的状况如图 8-5 所示，单击【确定】按钮关闭该对话框并返回到【配置数据源】向导的【选择您的数据连接】对话框，如图 8-6 所示。

图 8-5 连接整体设置与测试　　　　　　　　图 8-6 显示生成的连接字符串

④ 在图 8-6 中，展开"连接字符串"项，将看到生成的数据库连接字符串，单击【下一步】按钮，会弹出【将连接字符串保存到应用程序配置文件中】对话框，如图 8-7 所示。

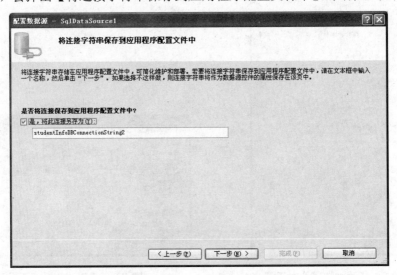

图 8-7　将连接保存到配置文件中

⑤ 在图 8-7 中，选中"是，将此连接另存为"复选框，并在下面文本框中输入在应用程序配置文件中保存该连接时所使用的名称，就可以实现将数据库连接字符串保存到应用程序配置文件 web.config 中。单击【下一步】按钮，会打开【配置数据源】向导的【配置 Select 语句】对话框，如图 8-8 所示。

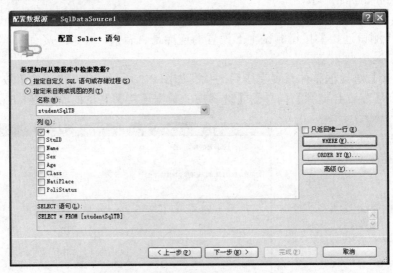

图 8-8　【配置数据源】向导的【配置 Select 语句】对话框

⑥ 在图 8-8 中，先选中"指定来自表或视图的列"单选按钮，而后再做如下各项设置。

a. 在"名称"下拉列表中选择"studentSqlTB"数据表。

b. 在"列"列表框中选中"*"复选框，表示选中显示所有列。

　　c. 单击【WHERE】按钮，将弹出【添加 WHERE 子句】对话框。在该对话框中，在"列"下拉列表框中选择"Name"，在"运算符"下拉列表框中选择"="，在"源"下拉列表框中选择"Control"(表示从页面控件中获取查询数据)，在"控件 ID"下拉列表框中选择"DropDownList1"(页面中的下拉列表框控件)，如图 8-9 所示。单击【添加】按钮，最终设置情况将显示在"WHERE 子句"列表中，如图 8-10 所示。单击【确定】按钮，将重新返回到【配置数据源】向导的【配置 Select 语句】对话框。

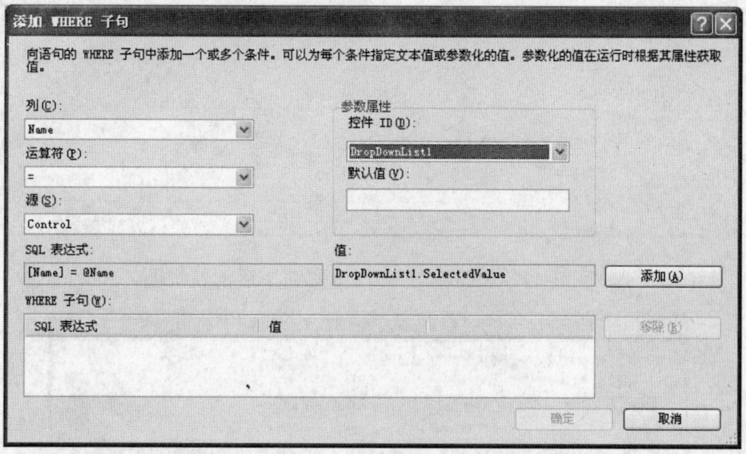

图 8-9　【添加 WHERE 子句】对话框

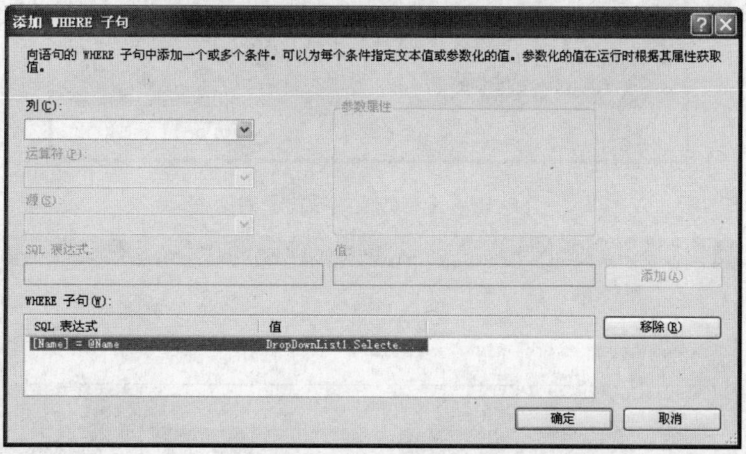

图 8-10　WHERE 子句设置完毕后的状况图

　　d. 单击"ORDER BY"按钮可以指定排序规则，本例不做此项设置。

　　e. 如果希望支持插入、修改或者删除操作，可单击【高级】按钮，本例不做此项设置。

　　【配置数据源】向导的【配置 Select 语句】对话框整体设置完毕后的状况如图 8-11 所示，在"SELECT 语句"列表中显示了设置完毕后的整体 SELECT 语句的情况。单击【下一步】按钮，会弹出【测试查询】对话框。

　　⑦ 在【测试查询】对话框中，单击【测试查询】按钮，将弹出【参数值编辑器】对话框，如图 8-12 所示。在"值"文本框中输入学生姓名"赵德山"，单击【确定】按钮，将重新返回到【测试查询】对话框，如图 8-13 所示。

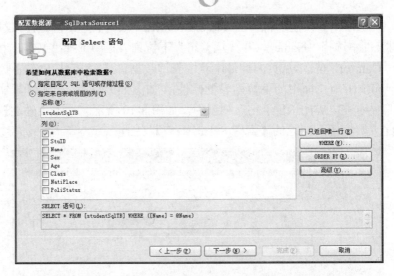

图 8-11　SELECT 语句设置完毕后的状况图

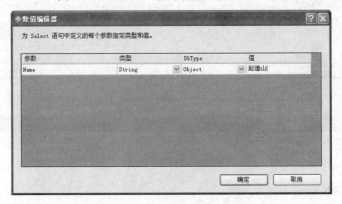

图 8-12　【参数值编辑器】对话框

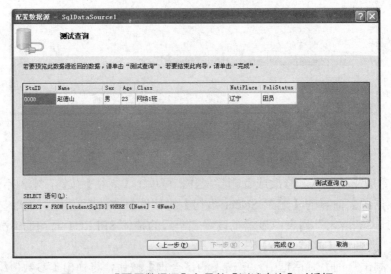

图 8-13　【配置数据源】向导的【测试查询】对话框

⑧ 在图 8-13 中，显示出了最终的查询结果。因为在【参数值编辑器】对话框中输入的学生姓名为 "赵德山"，所以最终的查询结果为学生 "赵德山" 的整体信息情况。该查询结果表明上述的各项设置是正确的。单击【完成】按钮将结束 SqlDataSource1 控件连接和配置数据源的整个向导流程。

(5) SqlDataSource2 控件的设置过程与 SqlDataSource1 控件的设置过程非常相似，仅在 "配置 Select 语句" 处有所区别。因为 SqlDataSource2 控件在设置查询时不需要使用 WHERE 子句，因而在图 8-8 所示的【配置 Select 语句】对话框中不用做 "WHERE 子句" 的设置操作。SqlDataSource2 控件的整体 Select 语句配置状况如图 8-14 所示。

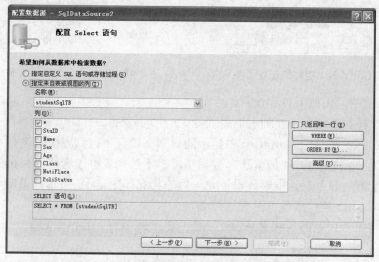

图 8-14　SqlDataSource2 的 SELECT 语句配置

在图 8-13 所示的【测试查询】对话框中，根据 SqlDataSource2 控件配置的 SELECT 语句情况，当单击【测试查询】按钮时，将显示图 8-15 所示的查询结果。

图 8-15　SqlDataSource2 的测试查询结果

除此之外，SqlDataSource2 控件的设置过程完全与 SqlDataSource1 控件的设置过程相同，不再重述。

(6) 在页面 8-1.aspx 中添加 GridView1 控件后，会自动显示图 8-16 所示的 "GridView 任务" 列表。如果该任务列表被隐藏，可单击 GridView1 控件右上角的按钮 ▷ 将其展开。

在"GridView 任务"列表的"选择数据源"下拉列表框中选择"SqlDataSource1",完成 GridView1 控件的数据源配置任务。

(7) 在页面 8-1.aspx 中添加 DropDownList1 控件后,会自动显示图 8-17 所示的 "DropDownList 任务"列表。如果该任务列表被隐藏,可单击 DropDownList1 控件右上角 的按钮<将其展开。在"DropDownList 任务"列表中,将"启用 AutoPostBack"复选框选中,并选择【选择数据源】命令,将会弹出【数据源配置向导】对话框。

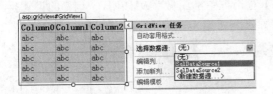

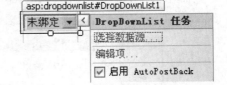

图 8-16 GridView1 控件的任务列表   图 8-17 DropDownList1 控件的任务列表

在该对话框中,做如下各项设置。

① 在"选择数据源"下拉列表框中选择"SqlDataSource2"。

② 在"选择要在 DropDownList 中显示的数据字段"下拉列表框中选择"Name"。

③ 在"为 DropDownList 的值选择数据字段"下拉列表框中选择"Name"。

【数据源配置向导】对话框整体设置完毕后的状况如图 8-18 所示。单击【确定】按钮 完成 DropDownList1 控件的数据源配置任务。

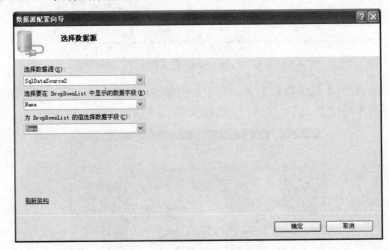

图 8-18 【数据源配置向导】对话框

程序运行时,当在下拉列表中选择一个学生姓名时,该学生的整体信息就会显示在 GridView 控件中,如图 8-19 所示。本例需要注意以下事项。

① 程序中未编写任何代码,便实现了数据库的连接、数据的操作与显示任务,整体开 发过程变得简单了。

② SqlDataSource 控件在运行时并不在页面中显示,它只是为数据绑定控件提供了对 数据源的连接。

图 8-19 例 8-1 运行结果

小　　结

本章主要介绍了数据源控件的基本功能和种类以及 SqlDataSource 数据源控件的基础知识和使用方法。通过本章的学习，能够使读者掌握数据源控件的使用技巧，能够进行简单的数据库应用程序开发。

习　　题

一、填空题

1．数据控件位于 Microsoft Visual Studio 2010 工具箱的"数据"选项卡中，其主要包括两种不同的类型：＿＿＿＿＿＿＿＿和数据绑定控件。

2．SqlDataSource 数据源控件的 DataSourceMode 属性的取值有两种：＿＿＿＿＿＿＿和DataReader。

二、简答题

1．叙述常用的数据源控件的种类及其功能。

2．简述 SqlDataSource 数据源控件的功能和基本语法格式。

ASP.NET 4.0 数据绑定控件

- 了解简单数据绑定、复杂数据绑定以及数据绑定控件的概念
- 掌握 GridView 控件的基础知识和使用方法
- 掌握 DetailsView 控件的基础知识和使用方法
- 掌握 DataList 控件的基础知识和使用方法
- 运用数据绑定控件进行简单的数据库应用程序开发

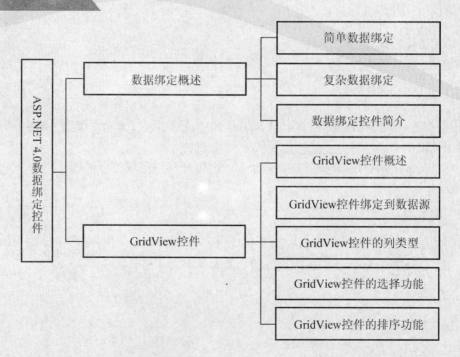

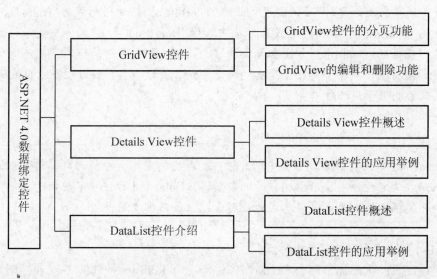

数据控件位于 Microsoft Visual Studio 2010 工具箱的"数据"选项卡中，主要可包括两种不同的类型：数据源控件和数据绑定控件。第 8 章介绍了数据源控件的相关知识，本章将主要介绍数据绑定控件的相关知识。数据绑定控件将数据以控件的形式呈现给请求数据的客户端浏览器。

9.1　数据绑定概述

数据绑定是一种把数据绑定到控件上并予以显示的技术，使用数据绑定技术并不只限于绑定到数据库中的数据，数据的形式可以是一个变量、一个表达式或者一个方法等。如果绑定的数据来自于数据库，则使用数据绑定技术可以让开发人员不必太关注数据库的连接以及数据格式化等技术环节，数据绑定控件可以直接与数据库进行交互，数据将以一种快速、简洁的方式显示于数据绑定控件上。数据绑定技术的效率非常高，开发人员编写少量的代码即可实现数据的连接与显示。在实际应用中，数据绑定控件通常连接的数据都来自于数据库，因而本章将主要研究这种数据绑定形式。

根据绑定的控件不同或者所需绑定的属性的不同，ASP.NET 中的数据绑定又可分为简单数据绑定和复杂数据绑定两种。

9.1.1　简单数据绑定

简单数据绑定是指将页面中一个控件的属性绑定到单个数据元素上，当程序运行时，在该控件上将显示绑定的数据元素的数据。简单数据绑定的基本格式如下：

```
<%# 绑定表达式 %>
```

说明：

通过上面的语法格式，绑定到的数据形式可以为变量、表达式、数据表中的一个字段或者调用方法返回的结果等。

在使用简单数据绑定时,必须调用页面的 DataBind 方法(使用形式为"Page. DataBind()")或者控件的 DataBind 方法(使用形式为 "控件名称. DataBind()")来检测绑定表达式并计算相应的值。页面的 DataBind 方法和控件的 DataBind 方法区别是作用范围不同,页面的 DataBind 方法将检测到整个页面上所有的绑定表达式并计算其值,而控件的 DataBind 方法作用范围只能局限于该控件本身。

 注意

> DataBind 方法能够实现页面中所有控件的数据绑定,并分析与计算绑定表达式的值,从而在绑定控件中显示出相应的绑定数据。DataBind 方法除了应用于简单数据绑定外,还能根据情况显式或者隐式地应用于复杂数据绑定场合。

【例 9-1】简单数据绑定使用举例。

本例中在页面上添加了两个 TextBox 控件,一个 TextBox 控件的 Text 属性绑定了获取当前日期和时间的表达式,另一个 TextBox 控件的 Text 属性绑定了一个方法,该方法用于求取从 1 累加到 100 的和。程序运行时,将在两个 TextBox 控件中分别显示当前的日期和时间以及 1 加到 100 的和。

(1) 启动 Microsoft Visual Studio 2010 程序。选择【文件】→【新建】→【网站】命令,在弹出的【新建网站】对话框中,选择【ASP.NET 空网站】模板,单击【浏览】按钮设置网站存储路径,网站文件夹命名为 "9",单击【确定】按钮,完成新网站的创建工作。该网站将作为本章所有例题的默认网站。

(2) 然后选择【网站】→【添加新项】命令,在弹出的【添加新项】对话框中,选择【Web 窗体】项,单击【添加】按钮即可。注意:左侧【已安装的模板】处选择 "Visual C#",底部【名称】一项命名为 "9-1.aspx",选中右下角 "将代码放在单独的文件中" 复选框(默认选择)。

(3) 在页面中添加 3 个 Label 控件和两个 TextBox 控件。主要控件的属性设置见表 9-1。

表 9-1　主要控件的属性设置及功能

控件名称	属　性	属性值	功　　能
TextBox	ID	TextBox1	显示绑定表达式的值,即当前日期和事件
	ID	TextBox2	显示绑定方法的返回值,即 1 加到 100 的和

(4) 在 9-1.aspx 文件中,切换到 "源" 视图,添加与设置 TextBox1 控件,使其 Text 属性绑定到获取当前日期和时间的表达式,具体代码如下:

```
<asp:TextBox ID="TextBox1" runat="server" Text="<%#DateTime.Now.ToString()%>"
             Height="20px"  Font-Size="Large"></asp:TextBox>
```

同理,在 9-1.aspx 文件中,添加与设置 TextBox2 控件,使其 Text 属性绑定到一个求取 1 到 100 相加和的方法,具体代码如下:

```
<asp:TextBox ID="TextBox2" runat="server" Text="<%#AddSum()%>" Height="20px"
             Font-Size="Large"></asp:TextBox>
```

(5) 在 9-1.aspx.cs 中编写代码，实现本例的功能，具体如下：

```
protected void Page_Load(object sender, EventArgs e)
{
    Page.DataBind();          //检测到整个页面上所有的绑定表达式并计算其值
}
protected int AddSum()        //求取 1 到 100 相加的和
{
    int sum = 0;
    for (int i = 1; i <= 100; i++)
    {
        sum += i;
    }
    return sum;
}
```

对于本例有以下两个注意事项。

(1) 程序中调用了页面的 DataBind，如果不使用该方法，程序运行时，在两个 TextBox 控件中会看不到预期的结果，读者可以自行验证。

(2) 本例中使用 TextBox 控件绑定了一个方法，如果想在控件中获取方法的返回结果，则该方法在声明时必须使用 public 或者 protected 修饰符。

程序运行时，在两个 TextBox 控件中分别显示当前的日期和时间以及 1 加到 100 的和，运行结果如图 9-1 所示。

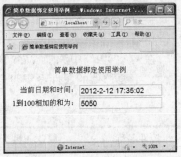

图 9-1　例 9-1 运行结果

从上面的举例中可以看到，当使用简单数据绑定时，数据绑定代码和页面显示代码混合在一起，而且代码也比较分散，有悖于程序的可读性和可维护性，因此建议在实际中尽量少用简单数据绑定。

9.1.2　复杂数据绑定

复杂数据绑定是指将页面中的一个控件绑定到多个数据元素上，通常是绑定到数据表的多条记录上。复杂数据绑定又称为基于列表的数据绑定，即将一些基于列表的控件绑定到数据源上，这些基于列表的控件通常被称为数据绑定控件，如 ListBox 控件、DropDownList 控件、GridView 控件、DetailsView 控件、DataList 控件等。

在例 7-2 和例 8-1 中已经分析了 DropDownList 控件绑定数据的用法，本节将主要介绍 ListBox 控件绑定数据的使用方法，在本章后续各节中将主要介绍 GridView 等控件的使用方法。相对于 DropDownList 控件和 ListBox 控件，后续各节介绍的这些控件的功能将更为强大。

【例 9-2】复杂数据绑定使用举例。

本例将以 7.1.2 节创建的 SQL Server 数据库 studentInfoDB(包含数据表 studentSqlTB，该数据表的结构和内容见表 7-1)为例，介绍一下复杂数据绑定的使用方法。本例将在页面

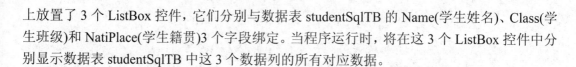

上放置了 3 个 ListBox 控件,它们分别与数据表 studentSqlTB 的 Name(学生姓名)、Class(学生班级)和 NatiPlace(学生籍贯)3 个字段绑定。当程序运行时,将在这 3 个 ListBox 控件中分别显示数据表 studentSqlTB 中这 3 个数据列的所有对应数据。

 注意

　　本章和第 7 章一样,将连接 SQL Server 数据库 studentInfoDB 的字符串写入到 web.config 文件中,具体形式如下:

```
<configuration>
    <connectionStrings>
      <add name="SqlConnStrName"
          connectionString="server=(local);uid=sa;pwd=sa1234;database=
studentInfoDB"
          providerName="System.Data.SqlClient" />
    </connectionStrings>
</configuration>
```

　　本章后续的部分例题均从配置文件 web.config 中读取该连接字符串并进行数据库的连接操作。

　　在网站“9”中添加 Web 窗体 9-2.aspx。在页面中添加 4 个 Label 控件和 3 个 ListBox 控件。主要控件的属性设置见表 9-2。

表 9-2　主要控件的属性设置及功能

控件名称	属　　性	属性值	功　　能
ListBox	ID	ListBox1	显示绑定的学生姓名信息
	ID	ListBox2	显示绑定的学生班级信息
	ID	ListBox3	显示绑定的学生籍贯信息

　　在 9-2.aspx.cs 中编写代码,实现数据绑定操作,具体如下:

```
protected void Page_Load(object sender, EventArgs e)
{
    if (!Page.IsPostBack)               //只有该页面首次加载时才执行其语句部分
    {                                   //获取连接字符串并创建连接对象
        string sqlConnStr = ConfigurationManager.ConnectionStrings
["SqlConnStrName"]. ConnectionString;
        SqlConnection sqlConn = new SqlConnection();
        sqlConn.ConnectionString = sqlConnStr;
        sqlConn.Open();                 //打开与数据库的连接
                                        //创建命令对象并设置相应属性值
        SqlCommand sqlCmd = new SqlCommand();
        sqlCmd.Connection = sqlConn;
        sqlCmd.CommandType = CommandType.Text;
```

```
sqlCmd.CommandText = "Select * from studentSqlTB";
//使用上面创建的命令对象创建数据适配器对象
SqlDataAdapter sqlDA = new SqlDataAdapter();
sqlDA.SelectCommand = sqlCmd;
//创建数据集对象
DataSet sqlDS = new DataSet();
//利用数据适配器对象的 Fill 方法填充数据集对象中数据
sqlDA.Fill(sqlDS);
//将 ListBox1 控件与数据表 studentSqlTB 中的 Name 字段绑定上
ListBox1.DataSource = sqlDS.Tables[0];
ListBox1.DataTextField = "Name";
ListBox1.DataValueField = "Name";
ListBox1.DataBind();
//将 ListBox2 控件与数据表 studentSqlTB 中的 Class 字段绑定上
ListBox2.DataSource = sqlDS.Tables[0];
ListBox2.DataTextField = "Class";
ListBox2.DataValueField = "Class";
ListBox2.DataBind();
//将 ListBox3 控件与数据表 studentSqlTB 中的 NatiPlace 字段绑定上
ListBox3.DataSource = sqlDS.Tables[0];
ListBox3.DataTextField = "NatiPlace";
ListBox3.DataValueField = "NatiPlace";
ListBox3.DataBind();
sqlDA.Dispose();                //释放占用资源
sqlDS.Dispose();                //释放占用资源
if (sqlConn.State == ConnectionState.Open)
{   //获取当前数据库的状态信息，如果处于连接状态，则关闭连接
    sqlConn.Close();
}
    }
}
```

当程序运行时，将在这 3 个 ListBox 控件中分别显示数据表 studentSqlTB 中学生姓名、学生班级和学生籍贯这 3 个数据列的所有对应数据，其运行结果如图 9-2 所示。读者可以将程序的运行结果和表 7-1 所示中的原始学生数据进行对比，以检验程序是否能够达到预期的功能。

9.1.3　数据绑定控件简介

数据绑定控件是指可以连接到数据源，在网站应用程序中快捷显示和修改数据的 Web 服务器控件。数据绑定控件位于 Microsoft Visual Studio 2010 工具箱的"数据"选项卡中，不但提供了显示数据的丰富界面，还充当了插入、修改、删除等数据操作的接口。

常用的数据绑定控件主要有 GridView 控件、DetailsView 控件和

图 9-2　例 9-2 运行结果

DataList 控件等，它们的功能都十分强大。和其他的 Web 服务器控件一样，当使用这些数据绑定控件时，只需从工具箱的"数据"选项卡中将相应控件拖拽到页面中即可。

使用数据绑定控件连接到数据源的常用方式有两种。

(1) 使用控件的 DataSource 属性进行数据绑定。该模式通常可以绑定到 ADO.NET 的 DataReader 对象或者 DataSet 对象，连接数据源以及对数据的各种操作(如插入、修改或者删除等)需要通过编写代码予以实现。该模式需使用第 7 章介绍的 ADO.NET 相关知识来实现。

(2) 使用控件的 DataSourceID 属性进行数据绑定，即数据绑定控件的 DataSourceID 属性取值为数据源控件的 ID 属性值，例如数据绑定控件的 DataSourceID 属性可取值为 SqlDataSource 数据源控件的 ID 属性值。该模式中，数据源控件在程序运行时不会在页面中显示出来，其只是充当了特定数据源与页面上的数据绑定控件之间的连接桥梁。数据源控件与数据绑定控件的集成还提供了数据检索和修改等功能，能够实现查询、插入、修改、删除、排序、分页以及筛选等操作。

数据源控件与数据绑定控件的结合可以实现双向的数据操作。

① 数据绑定控件从数据源控件中获取数据并在页面中操作和显示数据。此时数据的获取和绑定都是自动完成的，不需要编写代码或者编写少量代码即可实现。

② 当数据发生改变时，利用数据源控件还可以将这种改变更新到数据源中。

数据源控件与数据绑定控件的集成，使得开发人员不需要编写代码或者只需编写少量代码即可实现数据源的连接以及数据的各项处理操作。该模式需使用第 8 章介绍的数据源控件的相关知识来实现。

9.2　GridView 控件

GridView 控件是以二维表格的形式显示数据，每行通常显示数据表中的一条记录，而每列通常显示数据表中的一个字段。GridView 控件也能在运行时完成大部分的数据处理任务，如选择、插入、修改、删除、排序和分页等。其基本功能如下所示。

(1) 显示数据：可以通过绑定到数据源控件或者 ADO.NET 对象获得数据并以二维表格的形式显示数据。

(2) 数据行的选择：支持对数据行的选择和各种自定义操作。

(3) 数据分页和排序：可以实现对数据进行分页并创建分页导航按钮，支持排序并且通过单击表头的列名称可以实现排序。

(4) 数据编辑和删除：内置了编辑、更新、删除等功能。

(5) 自定义外观和样式：通过外观和样式属性以及自动套用格式功能，可以给用户展示出漂亮的界面外观。

(6) 提供编程的方式访问 GridView 控件对象模型、设置动态属性、处理事件以及完成各种数据操作等。

9.2.1　GridView 控件概述

定义 GridView 控件的基本语法格式如下：

```
<asp:GridView ID="GridView1" runat="server" AutoGenerateColumns="False"
        DataKeyNames="数据表的主键名称" DataSourceID="SqlDataSource1"
AllowPaging="True" AllowSorting="True" AutoGenerateDeleteButton="True"
        AutoGenerateEditButton="True" AutoGenerateSelectButton="True" 其他属性>
        <Columns>
            <asp:BoundField DataField="字段名称1" HeaderText="列标题1"
                            ReadOnly="True" SortExpression="排序表达式1" />
            <asp:BoundField DataField="字段名称2" HeaderText="列标题2"
                            ReadOnly="True" SortExpression="排序表达式2" />
            ⋮
        </Columns>
</asp:GridView>
```

GridView 控件的常用属性见表 9-3。

表 9-3　GridView 控件的常用属性

名　　称	类型	说　　明
Caption	属性	设置或者获取要在 GridView 控件的 HTML 标题元素中呈现的文本。该属性能使辅助技术设备的用户更易于访问控件
AllowPaging	属性	设置或者获取一个值，该值指示是否启用分页功能
AllowSorting	属性	设置或者获取一个值，该值指示是否启用排序功能
BackImageUrl	属性	设置或者获取要在 GridView 控件的背景中显示的图像的 URL
SortDirection	属性	获取正在排序的列的排序方向
SortExpression	属性	获取与正在排序的列关联的排序表达式
EditIndex	属性	设置或者获取要编辑的行的索引
PageIndex	属性	设置或者获取当前显示页的索引
PageSize	属性	设置或者获取 GridView 控件在每页上所显示的记录的数目
PagerSettings	属性	获取对 PagerSettings 对象的引用，使用该对象可以设置 GridView 控件中的页导航按钮的属性
AutoGenerateColumns	属性	设置或者获取一个值，该值指示是否为数据源中的每个字段自动创建绑定字段
AutoGenerateSelectButton	属性	设置或者获取一个值，该值指示每个数据行都带有"选择"按钮的 CommandField 字段列是否自动添加到 GridView 控件
AutoGenerateEditButton	属性	设置或者获取一个值，该值指示每个数据行都带有"编辑"按钮的 CommandField 字段列是否自动添加到 GridView 控件
AutoGenerateDeleteButton	属性	设置或者获取一个值，该值指示每个数据行都带有"删除"按钮的 CommandField 字段列是否自动添加到 GridView 控件
Columns	属性	获取表示 GridView 控件中列字段的 DataControlField 对象的集合
Rows	属性	获取表示 GridView 控件中数据行的 GridViewRow 对象的集合
DataSource	属性	设置或者获取对象，数据绑定控件从该对象中检索其数据项列表
DataSourceID	属性	设置或者获取控件的 ID，数据绑定控件从该控件中检索其数据项列表

续表

名　　称	类型	说　　明
DataKeyNames	属性	设置或者获取一个数组，该数组包含了显示在 GridView 控件中的项的主键字段的名称
DataKeys	属性	获取一个 DataKey 对象集合，这些对象表示 GridView 控件中的每一行的数据键值
SelectedDataKey	属性	获取 DataKey 对象，该对象包含 GridView 控件中选中行的数据键值
SelectedRowStyle	属性	获取对 TableItemStyle 对象的引用，该对象可以设置 GridView 控件中的选中行的外观
SelectedRow	属性	获取对 GridViewRow 对象的引用，该对象表示控件中的选中行
SelectedValue	属性	获取 GridView 控件中选中行的数据键值
SelectedIndex	属性	设置或者获取 GridView 控件中的选中行的索引，从 0 开始

GridView 控件的常用方法和事件见表 9-4。

表 9-4　GridView 控件的常用方法和事件

名　　称	类型	说　　明
DataBind	方法	将数据源绑定到 GridView 控件
Sort	方法	根据指定的排序表达式和方向对 GridView 控件进行排序
UpdateRow	方法	使用行的字段值更新位于指定行索引位置的记录
DeleteRow	方法	从数据源中删除位于指定索引位置的记录
RowCreated	事件	在 GridView 控件中创建行时发生
RowCommand	事件	当单击 GridView 控件中的按钮时发生
RowDataBound	事件	在 GridView 控件中将数据行绑定到数据时发生
RowEditing	事件	发生在单击某一行的"编辑"按钮以后，GridView 控件进入编辑模式之前
RowDeleted	事件	在单击某一行的"删除"按钮时，但在 GridView 控件删除该行之后发生
RowDeleting	事件	在单击某一行的"删除"按钮时，但在 GridView 控件删除该行之前发生
RowUpdated	事件	发生在单击某一行的"更新"按钮，并且 GridView 控件对该行进行更新之后
RowUpdating	事件	发生在单击某一行的"更新"按钮以后，GridView 控件对该行进行更新之前
SelectedIndexChanged	事件	发生在单击某一行的"选择"按钮，GridView 控件对相应的选择操作进行处理之后
SelectedIndexChanging	事件	发生在单击某一行的"选择"按钮以后，GridView 控件对相应的选择操作进行处理之前
Sorted	事件	在单击用于列排序的超链接时，但在 GridView 控件对相应的排序操作进行处理之后发生
Sorting	事件	在单击用于列排序的超链接时，但在 GridView 控件对相应的排序操作进行处理之前发生
RowCancelingEdit	事件	单击编辑模式中某一行的"取消"按钮以后，在该行退出编辑模式之前发生
PageIndexChanged	事件	在单击某一页导航按钮时，但在 GridView 控件处理分页操作之后发生
PageIndexChanging	事件	在单击某一页导航按钮时，但在 GridView 控件处理分页操作之前发生

9.2.2　GridView 控件绑定到数据源

GridView 控件绑定到数据源的方式有两种。

(1) GridView 控件绑定到数据源控件上，实现数据源中数据的连接。

(2) GridView 控件绑定到 ADO.NET 对象上，实现数据源中数据的连接。

【例 9-3】GridView 控件绑定到数据源控件上举例。

本例将以 7.1.2 节创建的 SQL Server 数据库 studentInfoDB(包含数据表 studentSqlTB，该数据表的结构和内容见表 7-1)为例，介绍将 GridView 控件绑定到数据源控件上的使用方法。程序运行时，将在 GridView 控件中显示数据表 studentSqlTB 中的所有数据。

在网站"9"中添加 Web 窗体 9-3.aspx。在页面中添加一个 Label 控件、一个 GridView 控件和一个 SqlDataSource 控件。主要控件的属性设置见表 9-5。

表 9-5　主要控件的属性设置及功能

控件名称	属　　性	属性值	功　　能
GridView	ID	GridView1	用于显示数据表 studentSqlTB 中的所有数据
SqlDataSource	ID	SqlDataSource1	用于为 GridView1 控件提供数据源连接

注意

因后续例题中需要多次用到数据源控件，本例将按照"配置数据源"向导中的基本步骤，再展示一次对 SqlDataSource1 数据源控件的配置过程。虽然部分环节和【例 8-1】有些重复，但这更能增强读者对数据源控件配置方法灵活运用的能力，可以为后续知识的学习打下坚实的基础。本例对 SqlDataSource1 数据源控件的配置过程将在后续例题中多次被引用。

1) SqlDataSource1 控件的设置过程如下所示。

① 在页面 9-3.aspx 中添加 SqlDataSource1 控件后，会自动显示图 9-3 所示的 "SqlDataSource 任务"列表。如果该任务列表被隐藏，可单击 SqlDataSource1 控件右上角的按钮 > 将其展开。在"SqlDataSource 任务"列表中，选择【配置数据源】命令，会弹出 【配置数据源】向导的【选择您的数据连接】对话框，如图 9-4 所示。

② 在图 9-4 中，单击"应用程序连接数据库应使用哪个数据连接？"项右侧的【新建连接】按钮，会弹出【添加连接】对话框，如图 9-5 所示。

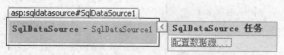

图 9-3　SqlDataSource1 控件的任务列表

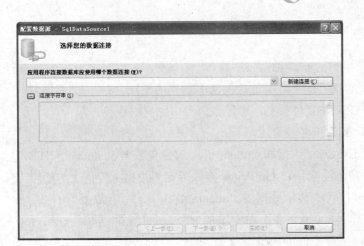 

图 9-4　【配置数据源】向导的【选择您的数据连接】对话框　　图 9-5　【添加连接】对话框

③ 在图 9-5 中，做如下各项设置。

a. 单击"数据源"项右端的【更改】按钮，会弹出图 9-6 所示的【更改数据源】对话框。在该对话框中，罗列出了可选择的数据源以及对应的数据提供程序。本例中选择"Microsoft SQL Server"项，然后单击【确定】按钮关闭【更改数据源】对话框，并重新返回到【添加连接】对话框。

b. 在"服务器名"框中选择或者输入数据库服务器的名称，本例因连接本地数据库，所以在此处输入"localhost"作为服务器名。

c. 在"登录到服务器"项中选中"使用 SQL Server 身份验证"单选按钮，在"用户名"文本框输入"sa"，在"密码"文本框中输入"sa1234"。

d. 单击"选择或输入一个数据库名"下拉列表框，选择数据库"studentInfoDB"。

e. 单击【测试连接】按钮测试上面设置的连接是否有效，如果连接有效，将显示"测试连接成功"提示框。

【添加连接】对话框整体设置完毕后的状况如图 9-7 所示，单击【确定】按钮关闭该对话框并返回到【配置数据源】向导的【选择您的数据连接】对话框，如图 9-8 所示。

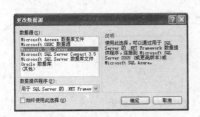 

图 9-6　【更改数据源】对话框　　　　图 9-7　连接整体设置与测试

图 9-8　显示生成的连接字符串

④ 在图 9-8 中，展开"连接字符串"项，将看到生成的数据库连接字符串，单击【下一步】按钮，会弹出【配置数据源】向导的【将连接字符串保存到应用程序配置文件中】对话框，如图 9-9 所示。

图 9-9　将连接保存到配置文件中

⑤ 在图 9-9 中，选中"是，将此连接另存为"复选框，并在下面文本框中输入在应用程序配置文件中保存该连接时所使用的名称，就可以实现将数据库连接字符串保存到应用程序配置文件 web.config 中。单击【下一步】按钮，会弹出【配置 Select 语句】对话框，如图 9-10 所示。

⑥ 在图 9-10 中，先选中"指定来自表或视图的列"单选按钮，然后再做如下各项设置。

a. 在"名称"下拉列表中选择"studentSqlTB"数据表。

b. 在"列"列表框中选中"*"复选框，表示选中显示所有列。

c. 单击【WHERE】按钮，将弹出【添加 WHERE 子句】对话框。在该对话框中，可以对 WHERE 子句进行设置，从而指定 SELECT 语句的查询条件。在本例中不做此项设置。

d. 单击【ORDER BY】按钮可以指定排序规则，在本例中不做此项设置。

e. 如果希望支持插入、修改或者删除操作，可单击【高级】按钮。

注意

当 GridView 控件通过绑定到数据源控件来获取数据时，如果要启用 GridView 控件的编辑和删除功能，必须配置数据源控件使其支持编辑和删除功能。如果要使数据源控件支持编辑和删除功能，只需在图 9-10 中单击【高级】按钮，在弹出的"高级 SQL 生成选项"对话框中，将"生成 INSERT、UPDATE 和 DELETE 语句"复选框和"使用开放式并发"复选框同时选中即可。在【例 9-8】中需要做此项配置，在本例中不做此项设置。

【配置数据源】向导的【配置 Select 语句】对话框整体设置完毕后的状况如图 9-10 所示，在"SELECT 语句"列表中显示了设置完毕后的整体 SELECT 语句的情况。单击【下一步】按钮，会弹出【测试查询】对话框。

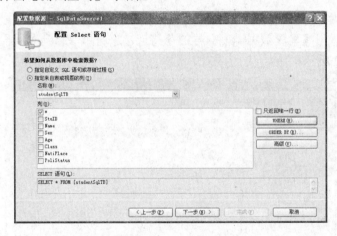

图 9-10　【配置数据源】向导的【配置 Select 语句】对话框

⑦ 在【测试查询】对话框中，单击【测试查询】按钮，将显示图 9-11 所示的查询结果。单击【完成】按钮，将结束 SqlDataSource1 控件连接和配置数据源的整个向导流程。

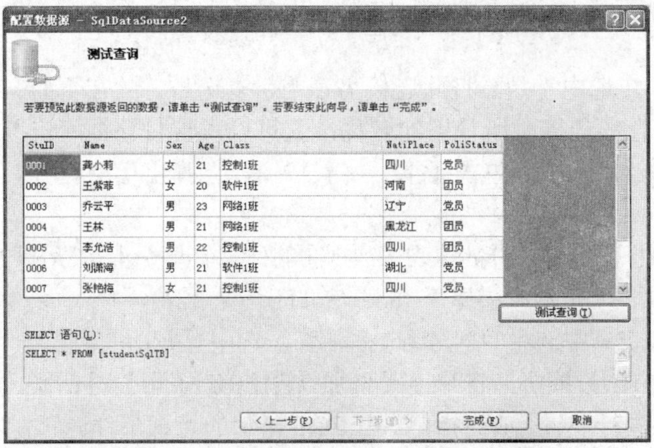

图 9-11　SqlDataSource1 的测试查询结果

(2) 在页面 9-3.aspx 中添加 GridView1 控件后，会自动显示图 9-12 所示的"GridView 任务"列表。如果该任务列表被隐藏，可单击 GridView1 控件右上角的按钮 ⟨ 将其展开。在"GridView 任务"列表的"选择数据源"下拉列表框中选择"SqlDataSource1"，完成 GridView1 控件的数据源配置任务。

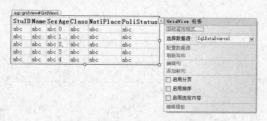

图 9-12　GridView1 控件的任务列表

(3) 在图 9-12"GridView 任务"列表中选择"自动套用格式"命令，在弹出的"自动套用格式"对话框中选择"简明型"，如图 9-13 所示。

"自动套用格式"对话框主要用于设置 GridView 控件的外观格式，左侧的"选择架构"列表中列出了多种格式供用户选择，右侧"预览"窗口中将会显示出左侧所选择格式的实际运行效果。用户可以根据实际应用，选择适合的 GridView 控件的外观格式。

程序运行时，将在 GridView 控件中显示数据表 studentSqlTB 中的所有数据，其运行结果如图 9-14 所示。程序的实际输出结果和表 7-1 中的学生数据完全一致。

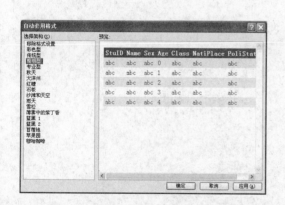

图 9-13　【自动套用格式】对话框

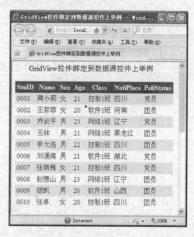

图 9-14　例 9-3 运行结果

【例 9-4】GridView 控件绑定到 ADO.NET 对象上举例。

本例将以 7.1.2 节创建的 SQL Server 数据库 studentInfoDB(包含数据表 studentSqlTB，该数据表的结构和内容见表 7-1)为例，介绍将 GridView 控件绑定到 ADO.NET 对象上的使用方法。程序运行时，将在 GridView 控件中显示数据表 studentSqlTB 中的所有数据。

本例和例 9-3 有所不同，在例 9-3 中，开发人员不用编写任何代码就可实现 GridView 控件绑定到数据源控件上，并完成数据的显示任务。本例将 GridView 控件绑定到 ADO.NET 对象上，数据源中数据的连接与显示等操作，都必须依赖于开发人员编写代码来实现。

在网站"9"中添加 Web 窗体 9-4.aspx。在页面中添加一个 GridView 控件，控件的属性设置见表 9-6。

表 9-6　控件的属性设置及功能

控件名称	属　　性	属性值	功　　能
GridView	ID	GridView1	用于显示数据表 studentSqlTB 中的所有数据

在 9-4.aspx.cs 中编写代码，实现连接和显示数据，具体如下：

```
protected void Page_Load(object sender, EventArgs e)
{
    if (!Page.IsPostBack)          //只有该页面首次加载时才执行其语句部分
    {   //获取连接字符串并创建连接对象
        string sqlConnStr = ConfigurationManager.ConnectionStrings["SqlConnStrName"].
ConnectionString;
        SqlConnection sqlConn = new SqlConnection();
        sqlConn.ConnectionString = sqlConnStr;
        sqlConn.Open();            //打开与数据库的连接
         //创建命令对象并设置相应属性值
        SqlCommand sqlCmd = new SqlCommand();
        sqlCmd.Connection = sqlConn;
        sqlCmd.CommandType = CommandType.Text;
        sqlCmd.CommandText = "Select * from studentSqlTB";
        //使用上面创建的命令对象创建数据适配器对象
        SqlDataAdapter sqlDA = new SqlDataAdapter();
        sqlDA.SelectCommand = sqlCmd;
        //创建数据集对象
        DataSet sqlDS = new DataSet();
        //利用数据适配器对象的 Fill 方法填充数据集对象中数据
        sqlDA.Fill(sqlDS, "studentSqlTB");
        Response.Write("<center><h3>GridView 控件绑定到 ADO.NET 对象上举例
</h3></center>");
        //将 GridView1 控件绑定到 sqlDS 对象上，实现数据源中数据的连接与显示
        GridView1.DataSource = sqlDS;
        GridView1.DataBind();
        sqlDA.Dispose();           //释放占用资源
        sqlDS.Dispose();           //释放占用资源
        if (sqlConn.State == ConnectionState.Open)
        {   //获取当前数据库的状态信息，如果处于连接状态，则关闭连接
            sqlConn.Close();
        }
    }
}
```

　　程序运行时，将在 GridView 控件中显示数据表 studentSqlTB 中的所有数据，其运行结果中数据显示部分与图 9-14 所示完全一致。

9.2.3　GridView 控件的列类型

　　在图 9-12 "GridView 任务" 列表中选择【编辑列】命令，会弹出【字段】对话框，如图 9-15 所示。

图 9-15 【字段】对话框

(1) "可用字段"列表：列出了可以在 GridView 控件内进行显示的所有字段，这些字段又称作 GridView 控件的列类型。常用的 GridView 控件的列类型及其说明见表 9-7。

注意

单击列类型左侧的 "+" 号，可以展开该节点，从而能够查看到该列类型中包含的所有内容。

表 9-7　GridView 控件的列类型

列类型名称	说　　明
BoundField	是 GridView 控件的默认列类型，用于显示数据源中某个字段的值，常用于显示普通文本
CheckBoxField	表示使用复选框来显示布尔型的数据表字段，因此常用它来绑定布尔型字段
HyperLinkField	将数据表中某个字段的值显示为超链接的形式，通常用于链接到网站中的其他页面
ImageField	用于添加包含图像的数据表字段
ButtonField	用于使 GridView 控件中的每个项显示为一个按钮，用于创建一列自定义按钮控件。其 ButtonType 属性可取值为：Link(超链接按钮)、Image(图像按钮)和 Button(普通按钮)
CommandField	显示用来执行 "选择"、"编辑/更新/取消"、"删除" 操作的预定义命令按钮
TemplateField	允许以模板的形式自定义数据绑定列的内容，当预定义的列不能满足实际的要求时，可以使用该列类型。模板列可以呈现为文本与控件相组合的形式

说明：

CommandField 定义的按钮列主要用于选择、编辑和删除等操作，并且这些按钮在一定程度上与数据源控件中的数据操作相关联。而 ButtonField 定义的按钮具有很大的灵活性，它与数据源控件没有直接的关系，通常可以自定义实现单击按钮后的操作。

(2) "选定的字段"列表：列出了目前在 GridView 控件中正在显示和使用的字段。可以

通过右侧的 按钮和 按钮来调整字段的显示顺序，如果想要移除某个"选定的字段"，可以单击右侧的 ⊠ 按钮。

> **注意**
>
> 当在"选定的字段"列表中选择一个字段后，就会在"字段"对话框右侧的 "BoundField 属性"列表中显示出该字段的相关属性。例如，当在图 9-15 中"选定的 字段"列表中选择"Name"字段后，该字段对应的属性就会显示在右侧的"BoundField 属性"列表中。"BoundField 属性"列表中比较常用的属性为 HeaderText，用于设置 GridView 控件显示的列标题文本。对应于"Name"字段，其 HeaderText 属性的默认 取值为"Name"，可以修改成"学生姓名"的汉字显示形式。

(3) "自动生成字段"复选框：该复选框默认处于选中状态，表示 GridView 控件显示 的列默认是自动生成的。但在很多情况下，开发人员想要为 GridView 控件自定义列字段， 这时就需要取消该复选框的选中状态。

> **注意**
>
> 该复选框与 GridView 控件的 AutoGenerateColumns 属性对应，如果该复选框处于 选中状态，则 AutoGenerateColumns 属性值为 True；如果该复选框处于未选中状态， 则 AutoGenerateColumns 属性值为 False。

(4) "将此字段转换为 TemplateField"链接：单击该链接，可以将"选定的字段"列表 中选择的字段转换为模板列，即可以使用指定的模板重新创建该字段。

9.2.4 GridView 控件的选择功能

GridView 控件可以允许用户选择其中的一行。通过设置背景颜色属性，当用户选择某 一行后，该行将以选定的颜色予以显示，以表明选中状态。

当选中 GridView 控件中的某一行后，用户可以通过 GridView 控件的 SelectedRow 属 性来获取选定的行，而后可以针对该行进行相应的处理操作。同时可以执行 SelectedIndex Changed 事件或者 SelectedIndexChanging 事件处理程序中自定义的代码。

常用的选定行的方法有两种。

(1) 在图 9-12"GridView 任务"列表中将"启用选定内容"复选框选中，或者将 GridView 控件的 AutoGenerateSelectButton 属性值设置为 True。

(2) 在图 9-15 所示【字段】对话框的"可用字段"列表中，选择"CommandField"节 点下的"选择"项，单击【添加】按钮，将其添加到"选定的字段"列表中。

【例 9-5】GridView 控件的选择功能举例。

本例将以 7.1.2 节创建的 SQL Server 数据库 studentInfoDB(包含数据表 studentSqlTB， 该数据表的结构和内容见表 7-1)为例，介绍一下 GridView 控件选择功能的使用方法。程序 运行时，单击"选择"超链接按钮，可以选中 GridView 控件中的对应行，并且该行将以黄色背景显示。为了使 GridView 控件的外观更加漂亮，本例中将 GridView 控件显示的列标题设置为汉字形式。

在网站 "9" 中添加 Web 窗体 9-5.aspx。在页面中添加一个 Label 控件、一个 GridView 控件和一个 SqlDataSource 控件。主要控件的属性设置见表 9-8。

表 9-8　主要控件的属性设置及功能

控件名称	属　　性	属性值	功　　能
GridView	ID	GridView1	用于显示数据表 studentSqlTB 中的所有数据
SqlDataSource	ID	SqlDataSource1	用于为 GridView1 控件提供数据源连接

(1) 完全按照【例 9-3】的方法对 SqlDataSource11 控件和 GridView1 控件进行配置，并且使 GridView1 控件绑定到 SqlDataSource1 数据源控件上。

 注意

在【例 9-3】中，对 GridView1 控件进行了 "自动套用格式" 操作，本例添加的 GridView1 控件保持默认外观，不做 "自动套用格式" 设置。

(2) 在图 9-15 所示 "字段" 对话框的 "选定的字段" 列表中选中 "StuID" 字段，在右端的 "BoundField 属性" 列表中，找到 HeaderText 属性并将其值设置为 "学生 ID"，如图 9-16 所示。同理，将 "选定的字段" 列表中的 "Name"、"Sex"、"Age"、"Class"、"NatiPlace" 和 "PoliStatus" 字段的 HeaderText 属性依次设置为 "学生姓名"、"性别"、"年龄"、"班级"、"学生籍贯" 和 "政治面貌"。

图 9-16　设置选定字段的 HeaderText 属性

(3) 在图 9-15 所示【字段】对话框的 "可用字段" 列表中，选择 "CommandField" 节点下的 "选择" 项，单击【添加】按钮，将其添加到 "选定的字段" 列表中。通过右端的 ⬆ 按钮调节该字段的顺序，使其位于第一个位置。同时设置该字段的 HeaderText 属性值为 "操作"，如图 9-17 所示。

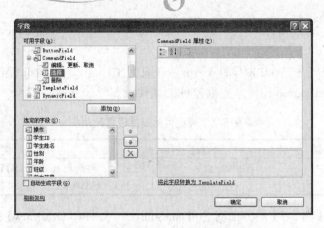

图 9-17 添加"选择"超链接按钮

(4) 设置 GridView1 控件的 SelectedRowStyle 属性，将其子属性 BackColor 设置为 "Yellow"，如图 9-18 所示。通过该设置，可以将选中行的背景颜色设置为黄色。

程序运行时，单击"选择"超链接按钮，可以选中 GridView 控件中的对应行，并且该行将以黄色背景显示，同时 GridView1 控件的列标题显示为汉字形式，其运行结果如图 9-19 所示。

说明：

在图 9-17 中，在"选定的字段"列表中选中"操作"字段，可以在右侧的"ComonField 属性"列表中设置其相应属性。如 SelecteText 属性可以用来设置超链接按钮表面的文本，ButtonType 属性可以用来设置按钮的类型，其取值有 3 种：Link(超链接按钮)、Image(图像按钮)和 Button(普通按钮)。

图 9-18 背景颜色属性设置

图 9-19 例 9-5 运行结果

9.2.5 GridView 控件的排序功能

GridView 控件提供了排序功能，在图 9-12 所示"GridView 任务"列表中将"启用排序"复选框选中，即可实现 GridView 控件的排序操作。这时 GridView 控件的列标题将显示为超链接的形式，单击某一个列标题，可以实现对该列数据的排序。

SortExpression 属性用于获取与正在排序的列关联的排序表达式。默认情况下，GridView 控件将每一列的 SortExpression 属性隐式地设置为它所绑定到的数据字段的名称，开发人员可以根据实际需要，自定义设置 SortExpression 属性的值。如果将某一列的 SortExpression 属性值设置为空字符串，则可禁用该列的排序功能。

开发人员可以使用 Sorted 事件或者 Sorting 事件，以增强 GridView 控件的排序功能。

> **注意**
>
> "启用排序"复选框与 GridView 控件的 AllowSorting 属性对应，如果该复选框处于选中状态，则 AllowSorting 属性值为 True；如果该复选框处于未选中状态，则 AllowSorting 属性值为 False。

【例 9-6】GridView 控件的排序功能举例。

本例将以 7.1.2 节创建的 SQL Server 数据库 studentInfoDB(包含数据表 studentSqlTB，该数据表的结构和内容见表 7-1)为例，介绍一下 GridView 控件排序功能的使用方法。程序运行时，单击"性别"列标题(呈现为超链接的形式)，可以实现按性别字段对 GridView 控件中数据进行排序。为了使 GridView 控件的外观更加漂亮，和例 9-5 一样，本例中也将 GridView 控件显示的列标题设置为汉字形式。

在网站"9"中添加 Web 窗体 9-6.aspx。在页面中添加一个 Label 控件、一个 GridView 控件和一个 SqlDataSource 控件。主要控件的属性设置见表 9-9。

表 9-9　主要控件的属性设置及功能

控件名称	属　　性	属性值	功　　能
GridView	ID	GridView1	用于显示数据表 studentSqlTB 中的所有数据
SqlDataSource	ID	SqlDataSource1	用于为 GridView1 控件提供数据源连接

(1) 完全按照【例 9-3】的方法对 SqlDataSource11 控件和 GridView1 控件进行配置，并且使 GridView1 控件绑定到 SqlDataSource1 数据源控件上。

> **注意**
>
> 本例和【例 9-3】一样，对 GridView1 控件设置了"简明型"的"自动套用格式"。

(2) 仿照【例 9-5】的方法，将"字段"对话框中"选定的字段"列表中的"StuID"、"Name"、"Sex"、"Age"、"Class"、"NatiPlace"和"PoliStatus"字段的 HeaderText 属性依次设置为"学生 ID"、"学生姓名"、"性别"、"年龄"、"班级"、"学生籍贯"和"政治面貌"。

(3) 在图 9-12 所示"GridView 任务"列表中将"启用排序"复选框选中，或者设置 GridView1 控件的 AllowSorting 属性值为 True，均可启动 GridView1 的排序功能。

程序运行时，GridView1 控件中的每一个列标题都显示为超链接的形式，单击"性别"列标题，可以实现按"性别"字段对 GridView1 控件中数据进行排序，其运行结果如图 9-20 所示。读者可以将此运行结果与表 7-1 中的原始学生数据进行对比，以检验本例的排序效果。

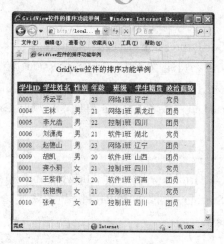

图 9-20　例 9-6 运行结果

9.2.6　GridView 控件的分页功能

当使用 GridView 控件显示大量数据时，需要对这些数据进行分页显示，GridView 控件提供了分页功能。在图 9-12 所示"GridView 任务"列表中将"启用分页"复选框选中，即可实现 GridView 控件的分页操作。

注意

"启用分页"复选框与 GridView 控件的 AllowPaging 属性对应，如果该复选框处于选中状态，则 AllowPaging 属性值为 True；如果该复选框处于未选中状态，则 AllowPaging 属性值为 False。

设置了 GridView 控件的分页功能后，可以利用 GridView 控件的一些常用属性对分页操作进行设置，这些属性均可以在 GridView 控件的属性窗口中进行设置。

(1) PageSize 属性：用于设置在每一页中显示的记录条数，最后一页的记录条数有可能少于 PageSize 值。

(2) PagerSettings 属性：可以获取对 PagerSettings 对象的引用，使用该对象可以设置 GridView 控件的分页界面。PagerSettings 属性集合中最常用的子属性为 Mode，用于指定 GridView 控件的分页样式，其取值有 4 种。

① Numeric：默认取值，导航按钮呈现为带编号的超链接按钮样式。

② NumericFirstLast：导航按钮呈现为带编号的超链接按钮、第一页超链接按钮和最后一页超链接按钮样式。

③ NextPrevious：导航按钮呈现为上一页按钮和下一页按钮样式。

④ NextPreviousFirstLast：导航按钮呈现为上一页按钮、下一页按钮、第一页按钮和最后一页按钮样式。

开发人员可以使用 PageIndexChanged 事件或者 PageIndexChanging 事件，以增强 GridView 控件的分页功能。

【例 9-7】GridView 控件的分页功能举例。

本例将以 7.1.2 节创建的 SQL Server 数据库 studentInfoDB(包含数据表 studentSqlTB，该数据表的结构和内容见表 7-1)为例，介绍一下 GridView 控件分页功能的使用方法。程序运行时，GridView 控件将以分页的形式显示数据，单击导航按钮可以在 GridView 控件中各页之间进行浏览。为了使 GridView 控件的外观更加漂亮，和【例 9-5】一样，本例中也将 GridView 控件显示的列标题设置为汉字形式。

在网站"9"中添加 Web 窗体 9-7.aspx。在页面中添加一个 Label 控件、一个 GridView 控件和一个 SqlDataSource 控件。主要控件的属性设置见表 9-10。

表 9-10 主要控件的属性设置及功能

控件名称	属 性	属性值	功 能
GridView	ID	GridView1	用于显示数据表 studentSqlTB 中的所有数据
	PageSize	4	设置在每一页中显示的记录条数为 4
SqlDataSource	ID	SqlDataSource1	用于为 GridView1 控件提供数据源连接

(1) 完全按照【例 9-3】的方法对 SqlDataSource11 控件和 GridView1 控件进行配置，并且使 GridView1 控件绑定到 SqlDataSource1 数据源控件上。

 注意

本例和【例 9-3】一样，对 GridView1 控件设置了"简明型"的"自动套用格式"。

(2) 仿照【例 9-5】的方法，将"字段"对话框中"选定的字段"列表中的"StuID"、"Name"、"Sex"、"Age"、"Class"、"NatiPlace"和"PoliStatus"字段的 HeaderText 属性依次设置为"学生 ID"、"学生姓名"、"性别"、"年龄"、"班级"、"学生籍贯"和"政治面貌"。

(3) 在图 9-12 所示"GridView 任务"列表中将"启用分页"复选框选中，或者设置 GridView1 控件的 AllowPaging 属性值为 True，均可启动 GridView1 的分页功能。

(4) 设置 GridView1 控件 PagerSettings 属性集合中 Mode 子属性的值为 NextPreviousFirstLast。

程序运行时，GridView 控件将以分页的形式显示数据，单击导航按钮可以在 GridView 控件中各页之间进行浏览，其运行结果如图 9-21 所示。

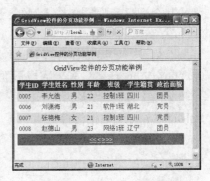

图 9-21 例 9-7 运行结果

9.2.7 GridView 控件的编辑和删除功能

在默认情况下，GridView 控件在只读模式下显示数据，根据实际需要有时可能需要对这些数据进行修改和删除操作，这时就会用到 GridView 控件修改和删除数据的功能。

注意

当 GridView 控件通过绑定到数据源控件来获取数据时，必须配置数据源控件使其支持编辑和删除功能。在【例 9-3】中，由于在 SqlDataSource1 控件的"配置数据源"向导过程中，没有配置 SqlDataSource1 控件对编辑和删除操作的支持功能，所以该 SqlDataSource1 控件将不支持编辑和删除操作，因而在图 9-12 所示"GridView 任务"列表中并未显示出"启用编辑"和"启用删除"两个复选框。

【例 9-8】GridView 控件的编辑和删除功能举例。

本例将以 7.1.2 节创建的 SQL Server 数据库 studentInfoDB(包含数据表 studentSqlTB，该数据表的结构和内容见表 7-1)为例，介绍一下 GridView 控件编辑和删除功能的使用方法。为了使 GridView 控件的外观更加漂亮，和【例 9-5】一样，本例中也将 GridView 控件显示的列标题设置为汉字形式。

在网站"9"中添加 Web 窗体 9-8.aspx。在页面中添加一个 Label 控件、一个 GridView 控件和一个 SqlDataSource 控件。主要控件的属性设置见表 9-11。

表 9-11 主要控件的属性设置及功能

控件名称	属　　性	属性值	功　　能
GridView	ID	GridView1	用于显示数据表 studentSqlTB 中的所有数据
SqlDataSource	ID	SqlDataSource1	用于为 GridView1 控件提供数据源连接

(1) 按照【例 9-3】的"配置数据源"向导流程对 SqlDataSource11 控件进行配置。为了使 SqlDataSource11 控件支持编辑和删除功能，在图 9-10 所示的"配置数据源"向导的"配置 Select 语句"对话框中单击【高级】按钮，弹出图 9-22 所示的"高级 SQL 生成选项"对话框，将"生成 INSERT、UPDATE 和 DELETE 语句"复选框和"使用开放式并发"复选框同时选中，即可启动 SqlDataSource11 控件的编辑和删除功能。对 SqlDataSource11 控件的其余配置步骤完全与【例 9-3】相同。

(2) 在页面 9-8.aspx 中添加 GridView1 控件后，会自动显示图 9-23 所示的"GridView 任务"列表。如果该任务列表被隐藏，可单击 GridView1 控件右上角的按钮 ◁ 将其展开。在"GridView 任务"列表完成下面两项操作。

① 在"选择数据源"下拉列表框中选择"SqlDataSource1"，使 GridView1 控件绑定到 SqlDataSource1 数据源控件上。

② 选择"自动套用格式"命令，在弹出的"自动套用格式"对话框中选择"简明型"。

 注意

在图 9-23 中出现了"启用编辑"和"启用删除"两个复选框，这是因为 GridView1 控件绑定到的数据源控件 SqlDataSource1 已经配置了编辑和删除功能。

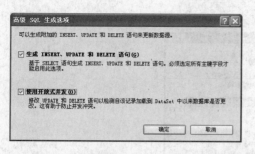

图 9-22 "高级 SQL 生成选项"对话框

图 9-23 GridView1 控件的任务列表

(3) 仿照【例 9-5】的方法,将"字段"对话框中"选定的字段"列表中的"StuID"、"Name"、"Sex"、"Age"、"Class"、"NatiPlace"和"PoliStatus"字段的 HeaderText 属性依次设置为"学生 ID"、"学生姓名"、"性别"、"年龄"、"班级"、"学生籍贯"和"政治面貌"。

(4) 在图 9-23 所示"GridView 任务"列表中将"启用编辑"和"启用删除"两个复选框同时选中,启动 GridView1 的编辑功能和删除功能。

程序运行时,GridView1 控件显示数据的情况如图 9-24 所示。单击"编辑"超链接按钮,GridView1 控件将呈现出编辑数据状态,此时"编辑"超链接按钮变成"更新"超链接按钮和"取消"超链接按钮,如图 9-25 所示。将"学生 ID"为"0005"("学生姓名"为"李允浩")这条记录的班级信息由"控制 1 班"修改为"控制 2 班",单击"更新"超链接按钮即可实现修改操作,如果想放弃这次修改,可单击"取消"超链接按钮。

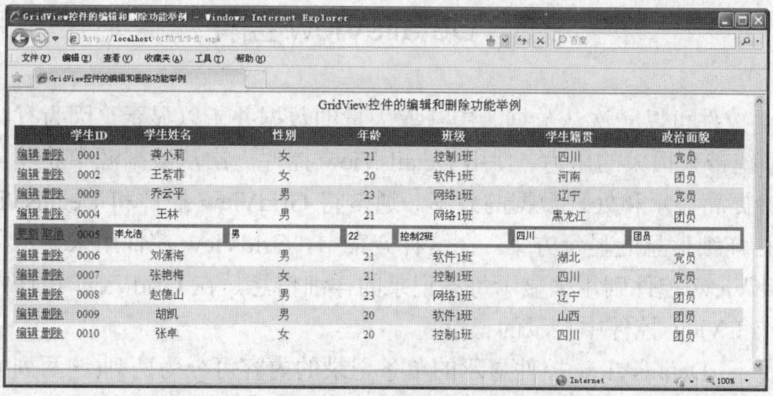

图 9-24 GridView1 控件记录的初始状态

图 9-25 GridView1 控件记录的编辑状态

单击"删除"超链接按钮可以删除一条记录,将"学生 ID"为"0009"("学生姓名"为"胡凯")这条记录删除掉。经过上述编辑和删除操作后,GridView1 控件最终显示数据的情况如图 9-26 所示。

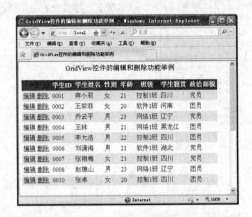

图 9-26　GridView1 控件记录的最终状态

 注意

对 GridView 控件中的数据进行修改和删除，除了上例中介绍的方法外，比较常用的方法还有以下 3 种：

(1) 将 GridView 控件的 AutoGenerateEditButton 属性值设置为 True 以启用编辑功能，将 GridView 控件的 AutoGenerateDeleteButton 属性值设置为 True 以启用删除功能。

(2) 在图 9-15 所示"字段"对话框的"可用字段"列表中，选择"CommandField"节点下的"编辑、更新、取消"项和"删除"项，单击【添加】按钮，将二者分别添加到"选定的字段"列表中。

(3) 通过编写代码，实现 GridView 控件中数据的修改和删除操作，此时需要结合 GridView 控件的 RowEditing、RowUpdating 和 RowDeleting 等事件来完成相应的功能。

9.3　DetailsView 控件

GridView 控件可以一次从数据源中获取大量的数据并予以显示，因为有时显示的数据过多，会给系统带来很大的压力。使用 DetailsView 控件一次从数据源中获取一条记录并予以显示，能够提高显示和处理数据的效率。通常将 GridView 控件和 DetailsView 控件配合使用，实现主/详细信息的显示方案。在这种方案中，GridView 控件用来显示主要的记录信息，而 DetailsView 控件则用来显示每条记录的详细信息，在 GridView 控件中选择的记录决定了在 DetailsView 控件中显示的记录。

默认情况下，DetailsView 控件显示的单条记录的内容可分为两列(这两列显示在同一行中)：一列用于显示字段名称；另一列用于显示与该字段名称对应的字段值。

DetailsView 控件的基本功能如下所示。

(1) 能够绑定到数据源，并且一次显示一条记录数据。

(2) 支持对数据的编辑和删除功能。

(3) 可以实现对数据进行分页并创建分页导航按钮,将 DetailsView 控件的 AllowPaging 属性值设置为 True 即可。

(4) 与 GridView 控件相比,DetailsView 控件提供了插入数据的功能。

(5) 通过外观和样式属性以及自动套用格式功能,可以给用户展示出漂亮的界面外观。

(6) 提供以编程的方式访问 DetailsView 控件对象模型、设置动态属性、处理事件以及完成各种数据操作等。

9.3.1 DetailsView 控件概述

定义 DetailsView 控件的基本语法格式如下:

```
<asp:DetailsView ID="DetailsView1" runat="server" AutoGenerateRows="False"
    DataKeyNames="数据表的主键名称" DataSourceID="SqlDataSource1"
    AutoGenerateDeleteButton="True" AutoGenerateEditButton="True"
    AutoGenerateInsertButton="True" AllowPaging="True" 其他属性>
    <Fields>
        <asp:BoundField DataField="字段名称 1" HeaderText="列标题 1"
                        ReadOnly="True" SortExpression="排序表达式 1" />
        <asp:BoundField DataField="字段名称 2" HeaderText="列标题 2"
                        SortExpression="排序表达式 2" />
        ……
    </Fields>
</asp:DetailsView>
```

DetailsView 控件的常用属性、方法和事件见表 9-12。

表 9-12　DetailsView 控件的常用属性、方法和事件

名　称	类型	说　明
AllowPaging	属性	设置或者获取一个值,该值指示是否启用分页功能
DataItem	属性	获取绑定到 DetailsView 控件的数据项
DataItemIndex	属性	从基础数据源中获取 DetailsView 控件正在显示的项的索引
DataItemCount	属性	获取基础数据源中的项数
CurrentMode	属性	获取 DetailsView 控件的当前数据输入模式
InsertItem	方法	将当前记录插入到数据源中
UpdateItem	方法	更新数据源中的当前记录
DeleteItem	方法	从数据源中删除当前记录
ChangeMode	方法	将 DetailsView 控件切换为指定模式
ItemInserting	事件	在单击 DetailsView 控件中的"插入"按钮时,但在插入操作之前发生
ItemInserted	事件	在单击 DetailsView 控件中的"插入"按钮时,但在插入操作之后发生
ItemUpdating	事件	在单击 DetailsView 控件中的"更新"按钮时,但在更新操作之前发生
ItemUpdated	事件	在单击 DetailsView 控件中的"更新"按钮时,但在更新操作之后发生
ItemDeleting	事件	在单击 DetailsView 控件中的"删除"按钮时,但在删除操作之前发生
ItemDeleted	事件	在单击 DetailsView 控件中的"删除"按钮时,但在删除操作之后发生
ItemCreated	事件	在 DetailsView 控件中创建记录时发生

续表

名　称	类型	说　明
ItemCommand	事件	当单击 DetailsView 控件中的按钮时发生
ModeChanging	事件	当 DetailsView 控件尝试在编辑、插入和只读模式之间更改时，但在更新 CurrentMode 属性之前发生
ModeChanged	事件	当 DetailsView 控件尝试在编辑、插入和只读模式之间更改时，但在更新 CurrentMode 属性之后发生

9.3.2 DetailsView 控件的应用举例

【例 9-9】DetailsView 控件的使用举例。

本例将以 7.1.2 节创建的 SQL Server 数据库 studentInfoDB(包含数据表 studentSqlTB，该数据表的结构和内容见表 7-1)为例，介绍一下 DetailsView 控件的使用方法。为了使 GridView 控件的外观更加漂亮，和【例 9-5】一样，本例中也将 GridView 控件显示的列标题设置为汉字形式。同时为了使 DetailsView 控件的外观更加漂亮，本例中将 DetailsView 控件显示的字段名称也设置为汉字形式。

在网站 "9" 中添加 Web 窗体 9-9.aspx。在页面中添加 3 个 Label 控件、一个 GridView 控件、一个 DetailsView 控件和两个 SqlDataSource 控件。主要控件的属性设置见表 9-13。

表 9-13　主要控件的属性设置及功能

控件名称	属性	属性值	功　能
GridView	ID	GridView1	用于显示数据表 studentSqlTB 中部分字段的数据
DetailsView	ID	DetailsView1	用于显示 GridView1 控件中选择数据的详细信息
SqlDataSource	ID	SqlDataSource1	用于为 GridView1 控件提供数据源连接
	ID	SqlDataSource2	用于为 DetailsView1 控件提供数据源连接

(1) 本例中对 SqlDataSource1 数据源控件的配置方法完全与【例 9-3】中对 SqlDataSource1 数据源控件的配置方法一致。

(2) 在页面 9-9.aspx 中添加 GridView1 控件后，会自动显示图 9-12 所示的 "GridView 任务" 列表。在 "GridView 任务" 列表完成下面几项操作。

① 在 "选择数据源" 下拉列表框中选择 "SqlDataSource1"，使 GridView1 控件绑定到 SqlDataSource1 数据源控件上。

② 选择 "自动套用格式" 命令，在弹出的 "自动套用格式" 对话框中选择 "简明型"。

③ 选择 "编辑列"，会弹出 "字段" 对话框，如图 9-15 所示，在该对话框中完成如下操作。

a. 在 "选定的字段" 列表中，只保留 "StuID"、"Name" 和 "Sex"，通过单击右侧的 ✕ 按钮将 "Age"、"Class"、"NatiPlace" 和 "PoliStatus" 4 个字段移除掉。仿照【例 9-5】的方法，将 "选定的字段" 列表中保留的字段 "StuID"、"Name" 和 "Sex" 的 HeaderText 属性依次设置为 "学生 ID"、"学生姓名" 和 "性别"，如图 9-27 所示。

b. 在 "可用字段" 列表中，选择 "CommandField" 节点下的 "选择" 项，单击【添加】按钮，将其添加到 "选定的字段" 列表中。同时设置该字段的 HeaderText 属性值为 "操作"，设置该字段的 SelecteText 属性值为"显示详细"，如图 9-28 所示。

注意

SelecteText 属性用来设置超链接按钮表面的文本。

图 9-27　GridView1 控件保留的字段及其设置

图 9-28　添加"选择"字段及其设置

（3）仿照【例 9-5】，将 GridView1 控件 SelectedRowStyle 属性的子属性 BackColor 设置为"Yellow"。通过该设置，可以将选中行的背景颜色设置为黄色。

（4）按照【例 9-3】的"配置数据源"向导流程对 SqlDataSource2 控件进行配置。本例对 SqlDataSource2 数据源控件的配置过程和【例 9-3】的配置过程有两点区别。

① 为了支持 GridView 控件和 DetailsView 控件的主/详细信息的显示方案，在 DetailsView 控件中能够显示在 GridView 控件中选择记录的详细信息。在图 9-10 所示的"配置数据源"向导的"配置 Select 语句"对话框中单击【WHERE】按钮，弹出【添加 WHERE 子句】对话框。

在该对话框中，在"列"下拉列表框中选择"StuID"，在"运算符"下拉列表框中选择"="，在"源"下拉列表框中选择"Control"(表示从页面控件中获取查询数据)，在"控件 ID"下拉列表框中选择"GridView1"(页面中的 GridView 控件)，如图 9-29 所示。单击【添加】按钮，最终设置情况将显示在"WHERE 子句"列表中，如图 9-30 所示。

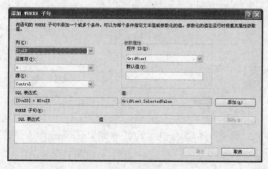

图 9-29　【添加 WHERE 子句】对话框　　　图 9-30　WHERE 子句设置完毕后的状况图

② 为了使 SqlDataSource2 控件支持编辑和删除功能，在图 9-10 所示的"配置数据源"向导的【配置 Select 语句】对话框中单击【高级】按钮，在弹出的"高级 SQL 生成选项"

对话框中将"生成 INSERT、UPDATE 和 DELETE 语句"复选框和"使用开放式并发"复选框同时选中，即可启动 SqlDataSource2 控件的编辑和删除功能。

除了上述两点区别外，对 SqlDataSource2 控件的其余配置步骤完全与【例 9-3】相同。

(5) 在页面 9-9.aspx 中添加 DetailsView1 控件后，会自动显示图 9-31 所示的"DetailsView 任务"列表。如果该任务列表被隐藏，可单击 DetailsView1 控件右上角的按钮 ◁ 将其展开。在"DetailsView 任务"列表完成下面两项操作。

① 在"选择数据源"下拉列表框中选择"SqlDataSource2"，使 DetailsView1 控件绑定到 SqlDataSource2 数据源控件上。

② 选择"自动套用格式"命令，在弹出的【自动套用格式】对话框中选择"简明型"。

③ 选择"编辑字段"命令，会弹出【字段】对话框。在该对话框中，在"选定的字段"列表中选中"学生 ID"字段，在右端的"BoundFreld 属性"列表中，找到 HeaderText 属性并将其值设置为"学生 ID"，如图 9-32 所示。同理，将"选定的字段"列表中的"Name"、"Sex"、"Age"、"Class"、"NatiPlace"和"PoliStatus"字段的 HeaderText 属性依次设置为"学生姓名"、"性别"、"年龄"、"班级"、"学生籍贯"和"政治面貌"。

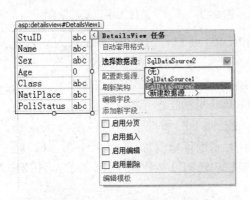

图 9-31 DetailsView1 控件的任务列表

图 9-32 设置选定字段的 HeaderText 属性

④ 将"启用插入"、"启用编辑"和"启用删除"3 个复选框同时选中，启动 DetailsView1 控件的插入功能、编辑功能和删除功能。

(6) 在 9-9.aspx.cs 中编写代码。

① 在 Page_Load 事件中编写代码，当程序启动时，能够实现自动选中 GridView1 控件中的第一条记录，并在 DetailsView1 控件中将该条记录的详细信息显示出来。

```
protected void Page_Load(object sender, EventArgs e)
{
    if (!Page.IsPostBack)                    //只有该页面首次加载时才执行其语句部分
    {
        if (GridView1.Rows.Count > 0)    //在 GridView1 控件中如果存在记录
            GridView1.SelectedIndex = 0; //选中 GridView1 控件中的第一条记录
    }
}
```

② 在 DetailsView1 控件的 ItemInserted、ItemUpdated 和 ItemDeleted 事件中分别编写

代码，实现当 DetailsView1 控件进行插入、修改或者删除操作后，GridView1 控件能够自动实现记录刷新操作。该功能主要通过 GridView1 控件的 DataBind 方法予以实现。

```
protected void DetailsView1_ItemInserted(object sender, DetailsViewInsertedEventArgs e)
{
    GridView1.DataBind();
}
protected void DetailsView1_ItemUpdated(object sender, DetailsViewUpdatedEventArgs e)
{
    GridView1.DataBind();
}
protected void DetailsView1_ItemDeleted(object sender, DetailsViewDeletedEventArgs e)
{
    GridView1.DataBind();
}
```

程序运行时，GridView1 控件和 DetailsView1 控件显示数据的情况如图 9-33 所示，GridView1 中的第一条记录被选中，并在 DetailsView1 控件中显示出了该条记录的详细信息。如果在 GridView1 中单击任意一条记录后面的"显示详细"超链接按钮，就会在 DetailsView1 控件中显示出了该条记录的详细信息。

单击 DetailsView1 控件中的"新建"超链接按钮，DetailsView1 控件将呈现出插入数据状态，如图 9-34 所示。输入一条新纪录信息：在"学生 ID"文本框中输入"0011"；在"学生姓名"文本框中输入"梁博文"；在"性别"文本框中输入"男"；在"年龄"文本框中输入"21"；在"班级"文本框中输入"网络 1 班"；在"学生籍贯"文本框中输入"浙江"；在"政治面貌"文本框中输入"党员"。单击"插入"超链接按钮即可实现新建记录操作，如果想放弃这次新建记录操作，可单击"取消"超链接按钮。

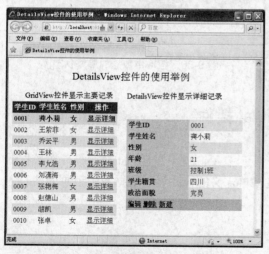

图 9-33 控件中数据的初始状态　　　　图 9-34 DetailsView1 控件插入记录状态

首先在 GridView1 控件中单击任意一条记录后面的"显示详细"超链接按钮选中该条记录(如选中"学生姓名"为"乔云平"的记录)，然后单击 DetailsView1 控件中的"编辑"

超链接按钮，DetailsView1 将呈现出编辑数据状态，如图 9-35 所示。将"学生姓名"为"乔云平"的这条记录的姓名信息由"乔云平"修改为"肖云平"，单击"更新"超链接按钮即可实现修改操作，如果想放弃这次修改，可单击"取消"超链接按钮。

注意

因为"学生 ID"对应数据表的主键 StuID，所以在进行编辑操作时，该字段的值不允许被修改。

首先在 GridView1 控件中单击任意一条记录后面的"显示详细"超链接按钮选中该条记录(如选中"学生姓名"为"王紫菲"的记录)，然后单击 DetailsView1 控件中的"删除"超链接按钮，就可以将"学生姓名"为"王紫菲"的这条记录删除掉。

经过上述新建、编辑和删除操作后，控件中最终显示数据的情况如图 9-36 所示。

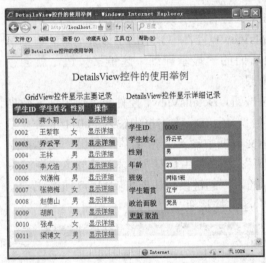

图 9-35　DetailsView1 控件编辑记录状态

图 9-36　控件中数据的最终状态

9.4　DataList 控件

DataList 控件和 GridView 控件一样，用于显示多条记录，并且 DataList 控件在数据的显示格式上有很大的灵活性，它允许开发人员以自定义的格式显示数据表中记录的信息，显示数据的格式在模板中定义。

9.4.1　DataList 控件概述

DataList 控件最大的特点就是要通过模板来定义数据的显示格式，这样开发人员就可以充分发挥想象力，设计出灵活而且漂亮的界面，同时在 DataList 控件中也可以对数据进行选择、编辑和分页等操作。

可以为项、交替项、选定项和编辑项创建模板，也可以使用标题、脚注和分隔符模板自定义 DataList 控件的整体外观。DataList 控件提供了 7 种模板，除了 ItemTemplate 模板是必须的，其余模板都是可选的。DataList 控件的模板及其功能描述如下所示。

(1) ItemTemplate 模板：为 DataList 控件中的项提供内容和布局，对 DataList 控件中的每一个显示项重复应用此模板。

(2) AlternatingItemTemplate 模板：为 DataList 控件中的交替项提供内容和布局，如果未定义，则使用 ItemTemplate 模板。通常开发人员可以使用该模板来为交替行创建不同的外观，例如为交替行指定不同的背景颜色。

(3) SelectedItemTemplate 模板：为 DataList 控件中的当前选定项提供内容和布局，如果未定义，则使用 ItemTemplate 模板。通常开发人员可以使用该模板设置不同的背景颜色或者字体颜色来直观地区分当前选定项，还可以通过显示数据表中的其他字段来展开当前选定项。

(4) EditItemTemplate 模板：为 DataList 控件中的当前编辑项提供内容和布局，如果未定义，则使用 ItemTemplate 模板。该模板通常包含一些用于进行编辑操作的控件，如 TextBox 控件。

(5) HeaderTemplate 模板：如果定义了该模板，则为 DataList 控件的标题部分了提供内容和布局；如果未定义该模板，则不显示标题部分。HeaderTemplate 模板不能进行数据绑定。

(6) FooterTemplate 模板：如果定义了该模板，则为 DataList 控件的脚注部分提供内容和布局；如果未定义该模板，则不显示脚注部分。FooterTemplate 模板不能进行数据绑定。

(7) SeparatorTemplate 模板：如果定义了该模板，则为 DataList 控件中的各项之间的分隔符提供内容和布局。如果未定义该模板，则不显示分隔符。通常使用一条直线作为分隔符，SeparatorTemplate 模板不能进行数据绑定。

DataList 控件的常用属性、方法和事件见表 9-14。

表 9-14　DataList 控件的常用属性和事件

名　称	类型	说　明
RepeatLayout	属性	设置或者获取 DataList 控件是在表布局中显示还是在流布局中显示。取值有两种：Table(默认，表布局)和 Flow(流布局)
RepeatDirection	属性	设置或者获取 DataList 控件中的数据项是垂直显示还是水平显示
RepeatColumns	属性	设置或者获取要在 DataList 控件中显示的列数
CellSpacing	属性	设置或者获取单元格之间的空间量
CellPadding	属性	设置或者获取单元格的内容和单元格边框之间的空间量
ItemStyle	属性	获取 DataList 控件中项的样式属性
AlternatingItemStyle	属性	获取 DataList 控件中交替项的样式属性
SelectedItemStyle	属性	获取 DataList 控件中选定项的样式属性
EditItemStyle	属性	获取 DataList 控件中为进行编辑而选定的项的样式属性
HeaderStyle	属性	获取 DataList 控件的标题部分的样式属性
FooterStyle	属性	获取 DataList 控件的脚注部分的样式属性
SeparatorStyle	属性	获取 DataList 控件中各项间分隔符的样式属性
SelectedIndex	属性	设置或者获取 DataList 控件中的选定项的索引
DataBind	方法	将控件及其所有的子控件绑定到指定的数据源

续表

名　称	类型	说　　明
EditCommand	事件	对 DataList 控件中的某项单击 Edit 按钮时发生
UpdateCommand	事件	对 DataList 控件中的某项单击 Update 按钮时发生
DeleteCommand	事件	对 DataList 控件中的某项单击 Delete 按钮时发生
CancelCommand	事件	对 DataList 控件中的某项单击 Cancel 按钮时发生
ItemCreated	事件	当在 DataList 控件中创建项时在服务器上发生
ItemCommand	事件	当单击 DataList 控件中的任一按钮时发生
ItemDataBound	事件	当项被数据绑定到 DataList 控件时发生
SelectedIndexChanged	事件	在两次服务器发送之间，在 DataList 控件中选择了不同的项时发生

9.4.2　DataList 控件的应用举例

【例 9-10】DataList 控件的使用举例。

本例将以 7.1.2 节创建的 SQL Server 数据库 studentInfoDB(包含数据表 studentSqlTB，该数据表的结构和内容见表 7-1)为例，介绍一下 DataList 控件的使用方法。程序运行时，数据表中的记录以列表的形式予以显示，当单击"详细信息"超链接按钮时，会显示对应记录的详细信息；当单击"返回"超链接按钮时，会重新返回到列表形式的记录状态。

在网站"9"中添加 Web 窗体 9-10.aspx。在页面中添加一个 Label 控件、一个 DataList 控件和一个 SqlDataSource 控件。主要控件的属性设置见表 9-15。

表 9-15　主要控件的属性设置及功能

控件名称	属　性	属性值	功　　能
DataList	ID	DataList1	用于显示数据表 studentSqlTB 中的数据
	RepeatDirection	Horizontal	
	RepeatColumns	5	
	CellSpacing	15	
SqlDataSource	ID	SqlDataSource1	用于为 DataList1 控件提供数据源连接

(1) 本例中对 SqlDataSource1 数据源控件的配置方法完全与【例 9-3】中对 SqlDataSource1 数据源控件的配置方法一致。

(2) 在页面 9-10.aspx 中添加 DataList1 控件后，会自动显示图 9-37 所示的"DataList 任务"列表。如果该任务列表被隐藏，可单击 DataList1 控件右上角的按钮 将其展开。在"DataList 任务"列表完成下面两项操作。

① 在"选择数据源"下拉列表框中选择"SqlDataSource1"，使 DataList1 控件绑定到 SqlDataSource1 数据源控件上。

② 选择"自动套用格式"命令，在弹出的【自动套用格式】对话框中选择"简明型"。

(3) 右击页面上的 DataList1 控件，在弹出的快捷菜单中选择【编辑模板】→【项模板】命令，如图 9-38 所示。会打开 DataList1 控件的模板编辑器，如图 9-39 所示。

在"项模板"中包含 4 种模板类型，它们是：ItemTemplate 模板、EditItemTemplate 模板、AlternatingItemTemplate 模板和 SelectedItemTemplate 模板。

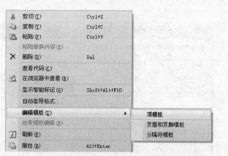

图 9-37　DataList1 控件的任务列表　　　　图 9-38　DataList1 控件的快捷菜单

注意

　　因为 DataList1 控件此时已经绑定到数据源控件 SqlDataSource1 上，所以在模板编辑器中的 ItemTemplate 模板内默认显示数据表 studentSqlTB 的所有字段。

　　(4) 在模板编辑器中的 ItemTemplate 模板内，单击"StuID:"文本右侧的 "[StuIDLabel]"标签并展开其任务列表，如图 9-40 所示。在"Label 任务"列表中选择"编辑 DataBindings"命令，弹出标签的数据绑定对话框，如图 9-41 所示。

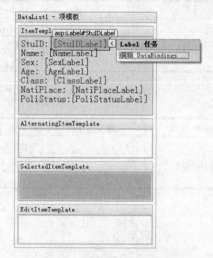

图 9-39　模板编辑器　　　　　　　　　图 9-40　查看 ItemTemplate 模板

　　(5) 从图 9-41 所示可以看到，"[StuIDLabel]"标签已经绑定到数据表 studentSqlTB 的"StuID"字段上。同理，ItemTemplate 模板内的其余标签，如"[NameLabel]"等也都默认绑定到数据表 studentSqlTB 的对应字段上。

　　(6) 在模板编辑器中的 ItemTemplate 模板内，只保留"[StuIDLabel]"和"[NameLabel]"两个标签和它们前面的文本，将其余的标签和它们前面的文本都移除掉。并且将标签"[StuIDLabel]"前面的文本"StuID:"修改为"学生 ID:"，将标签"[NameLabel]"前面的文本"Name:"修改为"学生姓名:"，如图 9-42 所示。

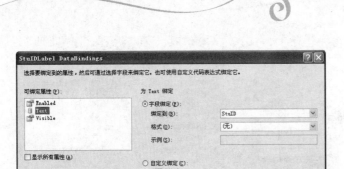

图 9-41　标签的数据绑定对话框　　　　　　图 9-42　编辑 ItemTemplate 模板

（7）在模板编辑器中的 ItemTemplate 模板内，添加一个 LinkButton 按钮，其属性设置见表 9-16。ItemTemplate 模板设置完毕后的模板编辑器如图 9-43 所示。

（8）按照上面设置 ItemTemplate 模板内容的方法设置模板编辑器中 SelectedItemTemplate 模板的内容。并在 SelectedItemTemplate 模板内添加一个 LinkButton 按钮，其属性设置见表 9-17。SelectedItemTemplate 模板设置完毕后的模板编辑器如图 9-44 所示。

表 9-16　主要控件的属性设置及功能

控件名称	属　　性	属性值	功　　能
LinkButton	ID	LinkButton1	单击该超链接按钮，将显示当前记录的详细信息
	Text	详细信息	
	CommandName	outDetail	

表 9-17　主要控件的属性设置及功能

控件名称	属　　性	属性值	功　　能
LinkButton	ID	LinkButton2	单击该超链接按钮，将返回到列表形式的记录状态
	Text	返回	
	CommandName	returnBack	

图 9-43　设置后的 ItemTemplate　　　　　　图 9-44　设置后的 SelectedItemTemplate

(9) 右击模板编辑器，在弹出的快捷菜单中选择【结束模板编辑】命令，完成 DataList1 控件的模板设置任务。

(10) 在 9-10:aspx.cs 中编写代码，实现当单击"详细信息"超链接按钮时，会显示对应记录的详细信息；当单击"返回"超链接按钮时，会重新返回到列表形式的记录状态。该代码放置于 DataList1 控件的 ItemCommand 事件中，具体如下：

```
protected void DataList1_ItemCommand(object source, DataListCommandEventArgs e)
{
    if (e.CommandName == "outDetail")          //单击"详细信息"超链接按钮
    {
        DataList1.SelectedIndex = e.Item.ItemIndex;
        DataList1.DataBind();
    }
    if (e.CommandName == "returnBack")         //单击"返回"超链接按钮
    {
        DataList1.SelectedIndex = -1;
        DataList1.DataBind();
    }
}
```

说明：

(1) 程序根据 e.CommandName 取值是 outDetail 还是 returnBack 来判断用户是单击了【详细信息】按钮还是【返回】按钮。

📠 **注意**

在 DataList 控件的模板内放置按钮控件时，通常会用到按钮的 CommandName 属性、CommandArgument 属性和 Command 事件，它们的含义分别如下所示。

① CommandName 属性：设置或者获取与按钮控件关联的命令名称，该属性与 CommandArgument 属性一起传递到 Command 事件处理程序中。当有多个按钮共享一个事件处理程序时，通过该属性来区分要执行哪个按钮事件。

② CommandArgument 属性：用于指示命令传递的参数，提供有关要执行命令的附加信息，以便在事件处理程序中进行判断。

③ Command 事件：当单击按钮控件并定义关联的命令时激发。

(2) e.Item.ItemIndex 表示用户选择的项，把它赋值给 DataList 控件的 SelectedIndex 属性，用于指定在 DataList 控件中需要详细展开的项。

(3) DataList1.SelectedIndex =-1 表示取消对当前项的选择，在程序中可以结束当前记录的详细展开状态，并返回到列表形式的记录状态。

(4) DataList1.DataBind()表示重新将 DataList1 控件绑定到数据源，相当于刷新 DataList1 控件中的数据显示。

程序运行时，数据表中的记录以列表的形式予以显示，如图 9-45 所示。当单击"详细信息"超链接按钮时，会显示对应记录的详细信息，如图 9-46 所示；当单击"返回"超链接按钮时，会重新返回到列表形式的记录状态，参见图9-45。

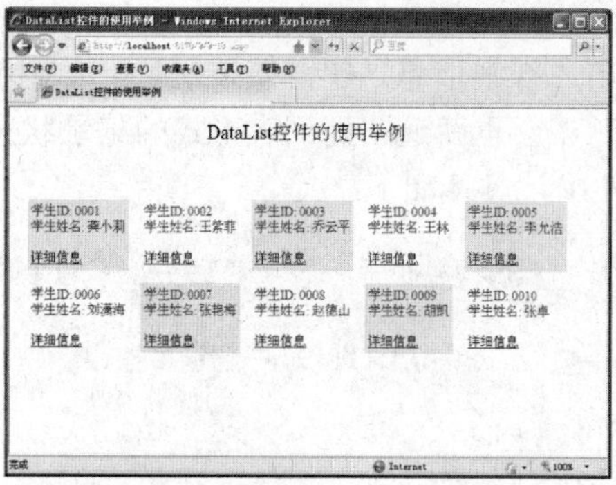

<table>
<tr>
<td align="center">图9-45 列表形式显示记录状态</td>
<td align="center">图9-46 记录的详细展示状态</td>
</tr>
</table>

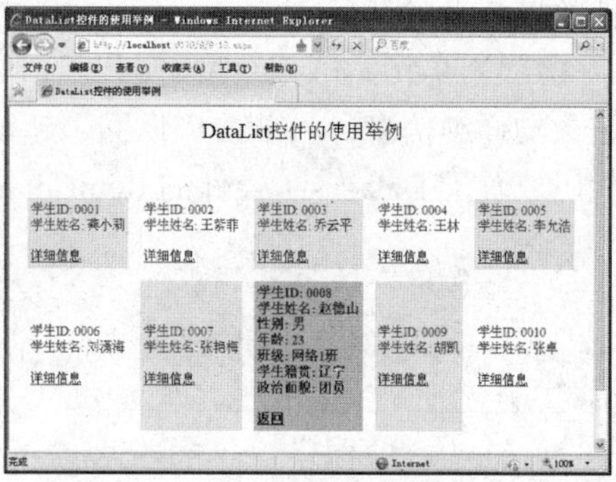

小　　结

本章主要介绍了数据绑定知识、GridView 控件、DetailsView 控件和 DataList 控件的基础知识与使用方法。通过本章的学习，使读者掌握数据绑定控件的使用技巧，使读者运用数据绑定控件进行简单的数据库应用程序开发。

习　　题

一、填空题

1. 根据绑定的控件不同或者所需绑定的属性的不同，ASP.NET 中的数据绑定又可分为简单数据绑定和_____两种。

2. GridView 控件 PagerSettings 属性集合中的子属性 Mode，用于指定 GridView 控件的分页样式，其取值有 4 种：Numeric、_____、_____和 NextPreviousFirstLast。

3. DataList 控件提供了 7 种模板，它们分别是：ItemTemplate 模板、AlternatingItemTemplate 模板、SelectedItemTemplate 模板、_____、HeaderTemplate 模板、_____和 SeparatorTemplate 模板。

二、简答题

1. 简述使用数据绑定控件连接到数据源的两种常用方式。
2. 简述 GridView 控件能够实现的基本功能。
3. 简述常用的 GridView 控件的列类型及其说明。
4. 简述 GridView 控件中选择行的两种常用方法。
5. 简述 GridView 控件的排序功能及其常用属性。
6. 叙述 DetailsView 控件的特点与基本功能。
7. 叙述 DataList 控件的特点与基本功能。

第 10 章

影视 DVD 在线浏览与订购网站

学习目标

- 了解网站的总体结构设计
- 掌握网站各页面的功能和设计过程
- 理解网站各页面的代码原理
- 掌握网站开发的基本规范和操作技巧

知识结构

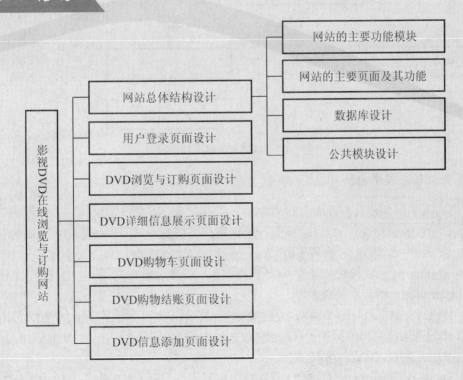

10.1　总体结构设计

影视 DVD 在线浏览与订购网站直接与用户进行交互，网站内容的完整性和合理性是吸引用户的关键因素。所以在进行网站总体结构设计时，在遵守网络购物规则的前提下，应尽量从用户的角度出发来考虑各种功能的实现方案，尽可能地使开发出的网站功能强大、结构清晰、使用便捷、合理美观。

作为一个教学网站示例，本章将提供一个清晰的网站构建框架，能够使读者了解网站开发的整体流程和相关知识。

10.1.1　网站的主要功能模块

影视 DVD 在线浏览与订购网站主要由用户登录模块、DVD 浏览与订购模块、DVD 详细信息展示模块、DVD 购物车模块、购物结账模块和 DVD 信息添加模块(即后台管理模块)组成，如图 10-1 所示。

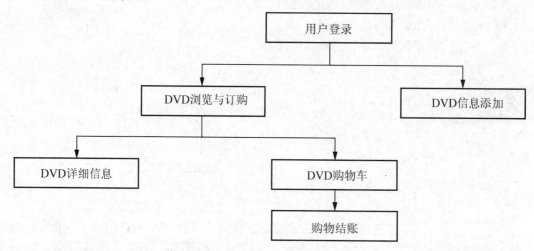

图 10-1　网站总体模块结构图

10.1.2　网站的主要页面及其功能

网站的主要页面及其各页面之间的联系如图 10-2 所示。

(1) UserLogin.aspx：用户登录页面，根据用户类型的不同，系统将转向不同的页面执行。如果用户类型为"普通用户"，则登录后将转向 DVD 浏览与订购页面 DVDShowInfo.aspx；如果用户类型为"管理员"，则登录后将转向 DVD 信息添加页面 DVDManage.aspx，即后台管理页面。

(2) DVDShowInfo.aspx：DVD 浏览与订购页面，用于在页面上展示数据表 DVDItemTB 中 DVD 的记录信息，同时提供了转向到 DVD 详细信息展示页面 ShowDVDDetails.aspx 和 DVD 购物车页面 DVDCart.aspx 的链接。

(3) ShowDVDDetails.aspx：DVD 详细信息展示页面，用于展示每个 DVD 的详细信息，包括 DVD 名称、DVD 类型、DVD 图片以及 DVD 介绍等，同时提供了一个关闭本页面并转向 DVD 浏览与订购页面 DVDShowInfo.aspx 的按钮。

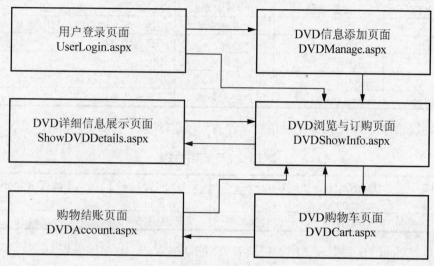

图 10-2　网站主要页面及其联系图

(4) DVDCart.aspx：DVD 购物车页面，用于汇总用户当前已经选择的 DVD 信息并予以显示，主要包括 DVD 名称、DVD 单价、DVD 数量以及总计金额等。同时提供了"更新购物车"和"删除"超链接按钮，可以实现更新和删除数据表 CartItemTB 对应记录的操作。页面还提供了【继续购物】、【清空购物车】和【购物结账】按钮，分别用于完成转向 DVDShowInfo.aspx 页面、清空当前购物车中的内容、转向购物结账页面 DVDAccount.aspx 功能。

(5) DVDAccount.aspx：购物结账页面，当用户购买完 DVD 后，可以在该页面中完成结账操作，即从用户的当前账户余额中扣除掉本次购物总计金额。如果操作过程中发生错误，如用户当前账户余额不足等，系统将显示出错误提示信息。

(6) DVDManage.aspx：DVD 信息添加页面，即后台管理页面，用于完成向数据表 DVDItemTB 中添加 DVD 信息记录的操作，同时提供了一个转向 DVD 浏览与订购页面 DVDShowInfo.aspx 的按钮。当管理员单击页面中【添加 DVD 信息】按钮时，即可完成 DVD 名称、DVD 类型、DVD 单价、DVD 图片以及 DVD 介绍等记录信息的添加。

10.1.3　数据库设计

网站的开发离不开数据库的支持，本章将利用 SQL Server 2008 创建数据库 tradeDVDDB 和 3 个数据表：userInfoTB、DVDItemTB 和 CartItemTB。tradeDVDDB 数据库为影视 DVD 在线浏览与订购网站提供了数据支持。

3 个数据表的基本功能和结构信息如下所示。

(1) userInfoTB 数据表：用于记录登录用户的详细信息，其结构见表 10-1。

表 10-1　userInfoTB 数据表的结构信息

字段名称	数据类型	字段说明	备 注
UserID	int	登录用户编号	主键，不允许为空，自动增 1
UserName	int	用户名称	不允许为空
UserPass	char(10)	用户密码	不允许为空
UserType	char(10)	用户类型	不允许为空，取值：管理员或者普通用户
UserCurrMoney	decimal(18,2)	用户账户余额	不允许为空

根据上表结构，添加两条记录信息，作为程序运行时的登录用户数据，见表 10-2。

表 10-2　登录用户数据

UserID	UserName	UserPass	UserType	UserCurrMoney
1	100000	123456	管理员	5888.99
2	100001	1234	普通用户	581.18

(2) DVDItem TB 数据表：用于记录 DVD 的详细信息，其结构见表 10-3。

表 10-3　DVDItemTB 数据表的结构信息

字段名称	数据类型	字段说明	备 注
DVDID	int	DVD 编号	主键，不允许为空，自动增 1
DVDName	varchar(50)	DVD 名称	不允许为空
DVDType	varchar(30)	DVD 类型	不允许为空
DVDPic	varchar(200)	DVD 图片	不允许为空
DVDPrice	decimal(18,2)	DVD 单价	不允许为空
DVDDescribe	varchar(1000)	DVD 介绍	

(3) CartItemTB 数据表：用于保存用户添加到购物车中 DVD 的详细信息，其结构见表 10-4。

表 10-4　CartItemTB 数据表的结构信息

字段名称	数据类型	字段说明	备 注
TabID	int	数据表的 ID 值	主键，不允许为空，自动增 1
CartID	int	购物车编号	不允许为空，取值为 UserID
DVDID	int	DVD 编号	不允许为空
DVDName	varchar(50)	DVD 名称	不允许为空
DVDPrice	decimal(18,2)	DVD 单价	不允许为空
DVDNum	int	DVD 数量	不允许为空
CartDate	datetime	购物日期	不允许为空

10.1.4　公共模块设计

1. 数据库连接字符串

将连接 SQL Server 数据库 tradeDVDDB 的字符串写入到 web.config 文件中，形式如下：

```
<configuration>
  <connectionStrings>
    <add name="SqlConnStrName"
    connectionString="server=(local);uid=sa;pwd=sa1234;database=tradeDVDDB"
    providerName="System.Data.SqlClient" />
  </connectionStrings>
</configuration>
```

实际应用中，需从配置文件 web.config 中读取该连接字符串并进行数据库的连接操作。

2. 公共类的设计

在本网站中建立了一个公共类 PublicClass.cs，用来执行数据库连接等操作。在该公共类中包含两个方法：ExecuteSQL 和 returnDS。

(1) ExecuteSQL 方法主要利用 SqlCommand 对象的 ExecuteNonQuery 方法对数据库执行插入、修改和删除操作。ExecuteSQL 方法提供了一个 string 类型的参数，用来接收待执行的具体 SQL 语句(如 INSERT 语句、UPDATE 语句、DELETE 语句)。ExecuteSQL 方法执行后返回一个布尔类型的变量，如果该变量的值为 True，表示 ExecuteSQL 方法执行成功；如果该变量的值为 False，表示 ExecuteSQL 方法执行失败。

(2) returnDS 方法主要利用 SqlDataAdapter 对象的 Fill 方法来填充 DataSet 数据集。returnDS 方法提供了一个 string 类型的参数，用来接收待执行的具体 SQL 语句(主要为 SELECT 语句)。ExecuteSQL 方法执行后，将返回一个 DataSet 类型的对象。

公共类 PublicClass.cs 具体代码如下：

```
public class PublicClass
{   //ExecuteSQL 方法定义
    public static bool ExecuteSQL(string SQLState)
    {   //获取连接字符串并创建连接对象
        string    sqlConnStr   =   ConfigurationManager.ConnectionStrings
["SqlConnStrName"]. ConnectionString;
        SqlConnection sqlConn = new SqlConnection();
        sqlConn.ConnectionString = sqlConnStr;
        sqlConn.Open();              //打开与数据库的连接
        //创建命令对象并设置相应属性值
        SqlCommand sqlCmd = new SqlCommand();
        sqlCmd.Connection = sqlConn;
        sqlCmd.CommandType = CommandType.Text;
        //根据参数 SQLState 接收的 SQL 语句来设置 CommandText 属性值
        sqlCmd.CommandText = SQLState;
        try
        {   //执行 ExecuteNonQuery 方法对数据表进行插入、修改和删除操作
            sqlCmd.ExecuteNonQuery();
            return true;            //ExecuteNonQuery 方法执行成功时,返回值为 true
        }
        catch (Exception e)
        {
```

```
        return false;          //ExecuteNonQuery 方法执行失败时，返回值为 false
    }
    finally
    {
        sqlConn.Close();        //关闭数据库连接
    }
}
//returnDS 方法定义
public static DataSet returnDS(string SQLState)
{   //获取连接字符串并创建连接对象
    string sqlConnStr = ConfigurationManager.ConnectionStrings ["SqlConnStrName"].
ConnectionString;
    SqlConnection sqlConn = new SqlConnection();
    sqlConn.ConnectionString = sqlConnStr;
    sqlConn.Open();             //打开与数据库的连接
    //创建命令对象并设置相应属性值
    SqlCommand sqlCmd = new SqlCommand();
    sqlCmd.Connection = sqlConn;
    sqlCmd.CommandType = CommandType.Text;
    //根据参数 SQLState 接收的 SQL 语句来设置 CommandText 属性值
    sqlCmd.CommandText = SQLState;
    //使用上面创建的命令对象创建数据适配器对象
    SqlDataAdapter sqlDA = new SqlDataAdapter();
    sqlDA.SelectCommand = sqlCmd;
    //创建数据集对象
    DataSet sqlDS = new DataSet();
    //利用数据适配器对象的 Fill 方法填充数据集对象中数据
    sqlDA.Fill(sqlDS);
    return sqlDS;              //returnDS 方法返回值为一个 DataSet 对象
    }
}
```

10.2　用户登录页面设计

1. 页面功能

用户登录页面(UserLogin.aspx)用于根据用户类型的不同，转向不同的页面进行执行。如果用户类型为"普通用户"，则登录后将转向 DVD 浏览与订购页面 DVDShowInfo.aspx；如果用户类型为"管理员"，则登录后将转向 DVD 信息添加页面 DVDManage.aspx，即后台管理页面。

2. 界面设计

(1) 启动 Microsoft Visual Studio 2010 程序。选择【文件】→【新建】→【网站】命令，在弹出的【新建网站】对话框中，选择【ASP.NET 空网站】模板，单击【浏览】按钮设置

网站存储路径，网站文件夹命名为"10"，单击【确定】按钮，完成新网站的创建工作。

(2) 然后选择【网站】→【添加新项】命令，在弹出的【添加新项】对话框中，选择
【Web 窗体】项，单击【添加】按钮即可。注意：左侧【已安装的模板】处选择"Visual C#"，
底部【名称】一项命名为"UserLogin.aspx"，选中右下角"将代码放在单独的文件中"复
选框。

(3) 在页面中添加 2 个 RequiredFieldValidator 控件、1 个 Image 控件、1 个 Panel 控件、
1 个 DropDownList 控件、4 个 Label 控件、2 个 Button 控件和 2 个 TextBox 控件。主要控
件的属性设置见表 10-5。

表 10-5　主要控件的属性设置及功能

控件名称	属　性	属性值	功　能
TextBox	ID	UserName_TBox	用于输入"用户名称"
	ID	UserPass_TBox	用于输入"用户密码"
	TextMode	Password	
Button	ID	Login_Button	单击按钮实现用户登录操作
	Text	登录	
	ID	Reset_Button	单击按钮实现登录界面的重置
	Text	重置	
Panel	ID	Panel1	实现界面布局，内部放置一个 Image 控件
	BackColor	#66FFFF	
	BorderWidth	3px	
	BorderStyle	Solid	
	BorderColor	Silver	
Image	ID	Image1	用于显示界面装饰图片
RequiredFieldValidator	ID	RequiredFieldValidator1	对"用户名称"文本框进行非空验证
	Text	请输入用户名称！	
	ControlToValidate	UserName_TBox	
	ID	RequiredFieldValidator2	对"用户密码"文本框进行非空验证
	Text	请输入用户密码！	
	ControlToValidate	UserPass_TBox	
DropDownList	ID	DropDownList1	用于选择"用户类型"
	Items	普通用户	
		管理员	

3. 代码设计

在 UserLogin.aspx.cs 中编写代码，实现用户登录功能。

(1) 在 Page_Load 中编写代码，具体如下：

```
protected void Page_Load(object sender, EventArgs e)
{
    if (!IsPostBack)  //只有该页面首次加载时才执行其语句部分
    {
        Image1.ImageUrl = "~/images/key.ico";  //设置图像的显示文件
        DropDownList1.Items[0].Selected = true;  //选择第一种用户类型
```

```
    }
}
```

(2) 在"登录"按钮的单击事件(即 Login_Button_Click)中编写代码，具体如下：

```
protected void Login_Button_Click(object sender, EventArgs e)
{
    //获取用户名称、用户密码和用户类型
    string userName = UserName_TBox.Text.Trim();
    string userPass = UserPass_TBox.Text.Trim();
    string userType = DropDownList1.Text.Trim();
    //查询数据表 userInfoTB
    DataSet sqlDS = PublicClass.returnDS("select * from userInfoTB where UserName=
                '" + userName + "' and UserPass= '" + userPass + "' and UserType=
                '" + userType + "'");
    if ((sqlDS.Tables[0].Rows.Count != 0))          //数据表中存在用户输入的信息
    {   //将 UserID 存储到 Session 对象中
        Session["UserID"] = sqlDS.Tables[0].Rows[0]["UserID"].ToString();
        if (userType.Equals("管理员"))                //如果当前用户是管理员
        {
            Response.Redirect("DVDManage.aspx"); //转向 DVDManage.aspx 页面
        }
        if (userType.Equals("普通用户"))              //如果当前用户是普通用户
        {
            Response.Redirect("DVDShowInfo.aspx");//转向 DVDShowInfo.aspx 页面
        }
    }
    else                                             //数据表中不存在用户输入的信息
    {
        Response.Write("<script>alert('登录失败，请重新登录！');location=
'UserLogin.aspx'</script>");
    } }
```

(3) 在"重置"按钮的单击事件(即 Reset_Button_Click)中编写代码，具体如下：

```
protected void Reset_Button_Click(object sender, EventArgs e)
    {   //清空(重置)用户名称、用户密码文本框中的内容
    UserName_TBox.Text = "";
    UserPass_TBox.Text = "";
    }
```

图 10-3　用户登录页面运行图

4. 运行效果

程序运行时，用户输入用户名称和用户密码信息(登录数据可参见表 10-2)，并单击"用户类型"下拉列表选择相应的类型，然后单击"登录"按钮实现登录操作。如果登录成功，则转向相应的页面，否则会显示出错信息。单击"重置"按钮可完成登录界面重置操作。运行效果如图 10-3 所示。

10.3　DVD 浏览与订购页面设计

1．页面功能

DVD 浏览与订购页面(DVDShowInfo.aspx)用于在页面上展示数据表 DVDItemTB 中 DVD 的记录信息，同时提供了转向到 DVD 详细信息展示页面 ShowDVDDetails.aspx 和 DVD 购物车页面 DVDCart.aspx 的链接。

2．界面设计

在网站"10"中添加 Web 窗体 DVDShowInfo.aspx。在页面中添加 1 个 Label 控件和 1 个 DataList 控件。控件的属性设置见表 10-6。

表 10-6　控件的属性设置及功能

控件名称	属　　性	属性值	功　　能
Label	ID	Label1	显示页面标题信息
	Text	影视 DVD 在线浏览与订购页面	
DataList	ID	DVDInfoDL	显示影视 DVD 详细信息和操作链接
	RepeatDirection	Vertical	
	RepeatColumns	2	

DataList 控件用于显示影视 DVD 详细信息和操作链接，在该控件的 ItemTemplate 模板 (采用表格布局)中添加 3 个 Label 控件、1 个 Image 控件和 2 个 LinkButton 控件，如图 10-4 所示。ItemTemplate 模板中添加的各控件的属性设置见表 10-7。

图 10-4　ItemTemplate 模板设计图

表 10-7   ItemTemplate 模板控件的属性设置及功能

控件名称	属　　性	属性值	功　　能
Label	ID	DVDName_IT	显示数据表 DVDItemTB 中 DVDName 字段的内容
	Text	Eval("DVDName")	
	ID	DVDType_IT	显示数据表 DVDItemTB 中 DVDType 字段的内容
	Text	Eval("DVDType")	
	ID	DVDPrice_IT	显示数据表 DVDItemTB 中 DVDPrice 字段的内容
	Text	Eval("DVDPrice")	
Image	ID	DVDPic_IT	显示数据表 DVDItemTB 中 DVDPic 字段的内容
	Text	Eval("DVDPic")	
LinkButton	ID	ShowDetails_IT	单击该超链接按钮，将转向到 ShowDVDDetails.aspx 页面，实现显示该 DVD 的详细信息
	CommandName	detail	
	CommandArgument	Eval("DVDID")	
	Text	显示详细	
	ID	BuyOnline_IT	单击该超链接按钮，将转向到 DVDCart.aspx 页面，实现订购该 DVD 的相关操作
	CommandName	buy	
	CommandArgument	Eval("DVDID")	
	Text	在线订购	

3. 代码设计

在 DVDShowInfo.aspx.cs 中编写代码，实现 DVD 在线浏览与订购。

(1) 在 Page_Load 中编写代码，具体如下：

```
protected void Page_Load(object sender, EventArgs e)
{    //获取 DataSet 对象
     DataSet sqlDS = PublicClass.returnDS("select * from DVDItemTB");
     //设置 DataList 控件的数据源属性值
     DVDInfoDL.DataSource = sqlDS;
     //将 DataList 控件绑定到数据源上，实现数据显示
     DVDInfoDL.DataBind();
}
```

(2) 在 DVDInfoDL 控件的 ItemCommand 事件中编写代码，实现当单击"显示详细"超链接按钮时，网站会转向到 DVD 详细信息展示页面 ShowDVDDetails.aspx；当单击"在线订购"超链接按钮时，网站会转向到 DVD 购物车页面 DVDCart.aspx。具体如下：

```
protected void DVDInfoDL_ItemCommand(object source, DataListCommandEventArgs e)
{
    if (e.CommandName == "detail")                    //单击"显示详细"超链接按钮
    {
        //转向页面 ShowDVDDetails.aspx 并传递相应参数
        string DVDID = e.CommandArgument.ToString();

Response.Write("<script>window.open('ShowDVDDetails.aspx?DVDID_Flow=" + DVDID
+ "','','width=898px,height=588px')</script>");
```

```
    }
    if (e.CommandName == "buy")                //单击"在线订购"超链接按钮
    {
        if (Session["UserID"] != null)         //如果用户进行了登录
        {
            //转向页面 DVDCart.aspx 并传递相应参数
            string DVDID = e.CommandArgument.ToString();
            Response.Redirect("~/DVDCart.aspx?DVDID_Flow=" + DVDID);
        }
        else
        {   //提示用户需要首先进行登录
            Response.Write("<script language=javascript>alert('请先登录，然后
再订购 DVD 影视商品，谢谢！');</script>");
        }
    }
}
```

4. 运行效果

程序运行时，会显示图 10-5 所示的界面，可以实现 DVD 信息的在线浏览。在图 10-5 中，当单击"显示详细"超链接按钮时，网站会转向到 DVD 详细信息展示页面 ShowDVDDetails.aspx；当单击"在线订购"超链接按钮时，网站会转向到 DVD 购物车页面 DVDCart.aspx。

图 10-5 DVD 在线浏览与订购页面

10.4 DVD 详细信息展示页面设计

1. 页面功能

DVD 详细信息展示页面(ShowDVDDetails.aspx)
用于展示每个 DVD 的详细信息，包括 DVD 名称、DVD 类型、DVD 图片以及 DVD 介绍等，同时提供了一个关闭本页面并转向 DVD 浏览与订购页面 DVDShowInfo.aspx 的按钮。

2. 界面设计

在网站"10"中添加 Web 窗体 ShowDVDDetails.aspx。在页面中添加 1 个 Image 控件、7 个 Label 控件、1 个 Button 控件和 4 个 TextBox 控件。主要控件的属性设置见表 10-8。

表 10-8 主要控件的属性设置及功能

控件名称	属　　性	属性值	功　　能
TextBox	ID	DVDName_TBox	用于显示"DVD 名称"
	ID	DVDType_TBox	用于显示"DVD 类型"
	ID	DVDPrice_TBox	用于显示"DVD 单价"
	ID	DVDDesc_TBox	用于显示"DVD 介绍"
	TextMode	MultiLine	

续表

控件名称	属 性	属性值	功 能
Button	ID	ReturnShow_Button	单击按钮可以关闭当前页面并返回到 DVDShowInfo.aspx 页面
	Text	返回 DVD 浏览页面	
Image	ID	Image1	用于显示 DVD 图片

3. 代码设计

在 ShowDVDDetails.aspx.cs 中编写代码，实现 DVD 详细信息的展示。

(1) 在 Page_Load 中编写代码，具体如下：

```
protected void Page_Load(object sender, EventArgs e)
{
    //设置 DVD 名称、DVD 类型、DVD 单价、DVD 介绍文本框内容不可用
    DVDName_TBox.Enabled = false;
    DVDType_TBox.Enabled = false;
    DVDPrice_TBox.Enabled = false;
    DVDDesc_TBox.Enabled = false;
    //设置 DVD 图像显示文件为空
    Image1.ImageUrl = "";
    string DVDID = Request["DVDID_Flow"];  //获取传递过来的 DVDID 参数
    //根据 DVDID 值查询数据表 DVDItemTB
    DataSet sqlDS = PublicClass.returnDS("select * from DVDItemTB where
DVDID=" + DVDID);
    //将数据表中查询得到的数据填写到页面的各控件中
    DVDName_TBox.Text = sqlDS.Tables[0].Rows[0]["DVDName"].ToString();
    DVDType_TBox.Text = sqlDS.Tables[0].Rows[0]["DVDType"].ToString();
    Image1.ImageUrl = sqlDS.Tables[0].Rows[0]["DVDPic"].ToString();
    DVDPrice_TBox.Text = sqlDS.Tables[0].Rows[0]["DVDPrice"].ToString();
    DVDDesc_TBox.Text = sqlDS.Tables[0].Rows[0]["DVDDescribe"].ToString();
}
```

(2) 在"返回 DVD 浏览页面"按钮的单击事件(即 ReturnShow_Button_Click)中编写代码，当单击该按钮时，实现关闭本页面并转向 DVD 浏览与订购页面 DVDShowInfo.aspx 的功能。具体如下：

```
protected void ReturnShow_Button_Click(object sender, EventArgs e)
{
    Response.Write("<script>window.opener=null;window.close();</script>");
//关闭当前页面
}
```

📎 注意

上述代码完成关闭 ShowDVDDetails.aspx 页面的操作，但由于 DVDShowInfo.aspx 页面之前并未关闭，相当于又重新转向到 DVDShowInfo.aspx 页面中。

4. 运行效果

程序运行时，会显示图 10-6 所示的界面，可以实现 DVD 详细信息的展示。在图 10-6 中，当单击【返回 DVD 浏览页面】按钮时，网站会关闭本页面并转向 DVD 浏览与订购页面 DVDShowInfo.aspx。

10.5　DVD 购物车页面设计

1. 页面功能

DVD 购物车页面(DVDCart.aspx)用于汇总用户当前已经选择的 DVD 信息并予以显示，主要包括 DVD 名称、DVD 单价、DVD 数量以及总计金额等。同时提供了"更新购物车"和"删除"超链接按钮，可以实现更新和删除数据表 CartItemTB 对应记录的操作。页面还提供了【继续购物】、【清空购物车】和【购物结账】按钮，分别用于完成转向 DVDShowInfo.aspx 页面、清空当前购物车中的内容、转向购物结账页面 DVDAccount.aspx 功能。

图 10-6　DVD 详细信息展示页面

2. 界面设计

1) 界面整体设计

在网站"10"中添加 Web 窗体 DVDCart.aspx。在页面中添加 4 个 Label 控件、3 个 Button 控件和 1 个 DataList 控件。主要控件的属性设置见表 10-9。

表 10-9　主要控件的属性设置及功能

控件名称	属　　性	属性值	功　　能
Label	ID	Label7	用于显示当前购物总计金额
	Text	0	
Button	ID	Continue_Button	单击该按钮返回到 DVDShowInfo.aspx 页面实现继续购物
	Text	继续购物	
	ID	Clear_Button	单击该按钮将实现清空该购物车操作
	Text	清空购物车	
	ID	Account_Button	单击该按钮将跳转到购物结账页面 DVDAccount.aspx
	Text	购物结账	
DataList	ID	DVDCartItemDL	用于显示用户添加到购物车中影视 DVD 的相关信息和操作链接
	CellPadding	4	
	RepeatDirection	Vertical	
	RepeatColumns	0	

2) DataList 控件设计

(1) ItemTemplate 模板设计。DataList 控件用于显示用户添加到购物车中影视 DVD 的相关信息和操作链接,在该控件的 ItemTemplate 模板(采用表格布局)中添加 2 个 Label 控件、1 个 TextBox 控件和 2 个 LinkButton 控件,如图 10-7 所示。ItemTemplate 模板中添加的各控件的属性设置见表 10-10。

(2) AlternatingItemTemplate 模板设计。DataList 控件的 AlternatingItemTemplate 模板用于为 DataList 控件中的交替项提供内容和布局,本例将 BackColor 属性设置为"Silver(灰色)",从而为交替行指定不同的背景颜色,如图 10-7 所示。

表 10-10　ItemTemplate 模板控件的属性设置及功能

控件名称	属　　性	属性值	功　　能
Label	ID	DVDName_IT	显示数据表 CartItemTB 中 DVDName 字段的内容
	Text	Eval("DVDName")	
	ID	DVDPrice_IT	显示数据表 CartItemTB 中 DVDPrice 字段的内容
	Text	Eval("DVDPrice")	
TextBox	ID	DVDNum_IT	显示数据表 CartItemTB 中 DVDNum 字段的内容并可以更改
	Text	Eval("DVDNum")	
LinkButton	ID	Update_IT	单击该超链接按钮,可以根据指定的 CartID 和 DVDID 实现更新数据表 CartItemTB 对应记录的操作
	CommandName	update	
	CommandArgument	Eval("DVDID")	
	Text	更新购物车	
	ID	Delete_IT	单击该超链接按钮,可以根据指定的 CartID 和 DVDID 实现删除数据表 CartItemTB 对应记录的操作
	CommandName	delete	
	CommandArgument	Eval("DVDID")	
	Text	删除	

(3) SelectedItemTemplate 模板设计。DataList 控件的 SelectedItemTemplate 模板用于为 DataList 控件中当前选定项提供内容和布局,本例将 BackColor 属性设置为"Yellow(黄色)",从而为选定行指定相应的背景颜色,如图 10-7 所示。

(4) HeaderTemplate 模板。DataList 控件的 HeaderTemplate 模板用于为 DataList 控件的标题部分提供内容和布局,本例 HeaderTemplate 模板采用表格布局,BackColor 属性设置为"#5D7B9D(深蓝色)",如图 10-8 所示。

图 10-7　项模板设计图

图 10-8　页眉和页脚模板设计图

3. 代码设计

在 DVDCart.aspx.cs 中编写代码，实现 DVD 购物车的相关操作。

(1) 在 Page_Load 中编写代码，首先从 Session 对象中获取 UserID 信息，本例中 UserID 值(用户编号)即为 CartID 值(购物车编号)，同时获取传递过来的 DVDID(DVD 编号)参数。而后根据 CartID 和 DVDID 查询数据表 CartItemTB，如果数据表中存在该记录，则该 DVD 数量加 1；否则，在数据表 CartItemTB 中添加一条新的 DVD 记录信息，并且数量为 1。经过上述操作后，在 DataList 控件中显示该用户当前购物车中的数据信息并显示总计金额。代码具体如下：

```
protected void Page_Load(object sender, EventArgs e)
{
    if (!IsPostBack)   //只有该页面首次加载时才执行其语句部分
    {
        //获取 Session 对象中保存的 UserID 信息，UserID 值即为 CartID 值
        string DVDCartID = Session["UserID"].ToString();
        //获取传递过来的 DVDID 参数
        string DVDID = Request["DVDID_Flow"];
        //根据 CartID 和 DVDID 查询数据表 CartItemTB
        DataSet sqlDS = PublicClass.returnDS("select count(*) from CartItemTB
where CartID='" + DVDCartID + "' and DVDID='" + DVDID+"'");
        if (sqlDS.Tables[0].Rows[0][0].ToString().Equals("0"))   //如果数据表
中不存在相应记录
        {
            //在 DVDItemTB 数据表获取对应该 DVDID 的 DVDName 和 DVDPrice 值
            DataSet sqlDS1 = PublicClass.returnDS("select DVDName,DVDPrice
from DVDItemTB where DVDID='" + DVDID + "'");
            string DVDName = sqlDS1.Tables[0].Rows[0]["DVDName"].ToString();
            string                        DVDPrice                        =
sqlDS1.Tables[0].Rows[0]["DVDPrice"].ToString();
            string DVDNum = "1";   //设置 DVD 数量为 1
            //向数据表 CartItemTB 中添加一条新的 DVD 记录信息，取当前日期
            bool t = PublicClass.ExecuteSQL("insert into CartItemTB values('"
+ DVDCartID + "','" + DVDID + "','" + DVDName + "','" + DVDPrice + "','" + DVDNum
+ "','" + DateTime.Now + "')");
        }
        else   //如果数据表中存在相应记录
        {
            //相应记录 DVD 数量加 1
            PublicClass.ExecuteSQL("update  CartItemTB  set  DVDNum=DVDNum+1
where CartID='" + DVDCartID + "' and DVDID='" + DVDID + "'");
        }
        //查询数据表 CartItemTB 并计算总计金额
        DataSet sqlDS2 = PublicClass.returnDS("select *,DVDPrice*DVDNum As
TotalPrice from CartItemTB where CartID='" + DVDCartID+"'");
        //计算总计金额值并在页面中予以显示
```

```
        float totalPrice = 0;
        foreach (DataRow sqlDR in sqlDS2.Tables[0].Rows)
        {
            totalPrice += Convert.ToSingle(sqlDR["TotalPrice"]);
        }
        Label7.Text = totalPrice.ToString();
        //显示用户当前购物车中的数据信息
        DVDCartItemDL.DataSource = sqlDS2;
        DVDCartItemDL.DataBind();
    }
}
```

(2) 在 DVDCartItemDL 控件中，可以更改 DVDNum_IT 文本框的值，即修改 DVD 的数量值。该文本框中只允许输入数字，不能输入其他字符，在 DVDCartItemDL 控件的 ItemDataBound 事件中编写此设置代码，具体如下：

```
protected void DVDCartItemDL_ItemDataBound(object sender, DataListItemEventArgs e)
    {   //获取 DVDNum_IT 控件
        TextBox DVDNum_IT = (TextBox)e.Item.FindControl("DVDNum_IT");
        //利用正则表达式设置 DVDNum_IT 控件只允许接收数字字符
        if (DVDNum_IT != null)
        {
            DVDNum_IT.Attributes["onkeyup"] = "value=value.replace(/[^\\d]/g,'')";
        }
    }
```

(3) 当用户在 DVDNum_IT 文本框中更改了 DVD 数量后，单击"更新购物车"超链接按钮，可以实现更新数据表 CartItemTB 中的对应记录；并且如果用户想删除购物车中的某条 DVD 信息，可单击对应的"删除"超链接按钮。上述操作需要在 DVDCartItemDL 控件的 ItemCommand 事件中编写代码，具体如下：

```
protected void DVDCartItemDL_ItemCommand(object source, DataListCommandEventArgs e)
    {
        //获取 Session 对象中保存的 UserID 信息，UserID 值即为 CartID 值
        string DVDCartID = Session["UserID"].ToString();
        //获取 DVDID 值
        string DVDID=e.CommandArgument.ToString();
        if (e.CommandName == "update")                //单击"更新购物车"超链接按钮
        {
            //获取 DVDNum_IT 文本框中的 DVD 数量值
            string DVDNum = ((TextBox)e.Item.FindControl("DVDNum_IT")).Text;
            //更新数据表 CartItemTB 中对应记录的 DVD 数量值
            bool returnValue = PublicClass.ExecuteSQL("update CartItemTB set
DVDNum='" + DVDNum + "' where CartID='" + DVDCartID + "' and DVDID='" + DVDID+"'");
            if (returnValue)                //如果更新成功
            {   //查询数据表 CartItemTB 并计算总计金额
                DataSet sqlDS2 = PublicClass.returnDS("select *,DVDPrice*DVDNum
As TotalPrice from CartItemTB where CartID='" + DVDCartID + "'");
```

```
                //计算总计金额值并在页面中予以显示
                float totalPrice = 0;
                foreach (DataRow sqlDR in sqlDS2.Tables[0].Rows)
                {
                    totalPrice += Convert.ToSingle(sqlDR["TotalPrice"]);
                }
                Label7.Text = totalPrice.ToString();
                //显示用户当前购物车中的数据信息
                DVDCartItemDL.DataSource = sqlDS2;
                DVDCartItemDL.DataBind();
            }
        }
        if (e.CommandName == "delete")                  //单击"删除"超链接按钮
        {
            //删除数据表 CartItemTB 中的对应记录
            bool returnValue = PublicClass.ExecuteSQL("Delete from CartItemTB
where CartID='" + DVDCartID + "' and DVDID='" + DVDID+"'");
            if (!returnValue)                           //如果删除失败，显示错误提示信息
                Response.Write("<script>删除 DVD 失败，请重新操作! </script>");
            else  //删除成功
            {   //查询数据表 CartItemTB 并计算总计金额
                DataSet sqlDS2 = PublicClass.returnDS("select *,DVDPrice*DVDNum
As TotalPrice from CartItemTB where CartID='" + DVDCartID + "'");
                //计算总计金额值并在页面中予以显示
                float totalPrice = 0;
                foreach (DataRow sqlDR in sqlDS2.Tables[0].Rows)
                {
                    totalPrice += Convert.ToSingle(sqlDR["TotalPrice"]);
                }
                Label7.Text = totalPrice.ToString();
                //显示用户当前购物车中的数据信息
                DVDCartItemDL.DataSource = sqlDS2;
                DVDCartItemDL.DataBind();
            }
        }
    }
```

（4）在单击"删除"超链接按钮之前，应先显示删除提示信息，以防止用户误操作引发的误删数据情况。当弹出删除提示信息时，单击【确定】按钮可以实现删除操作，单击【取消】按钮将取消这次删除操作。如此设置可进一步增强用户操作的安全性，该功能的实现代码放置在 Delete_IT_Load 中，具体如下：

```
protected void Delete_IT_Load(object sender, EventArgs e)
{   //删除数据之前，先显示删除提示信息
    ((LinkButton)sender).Attributes["onclick"] = "javascript:return confirm
('您确定要进行删除该 DVD 操作吗? ')";
}
```

(5) 单击【清空购物车】按钮，用户可以将当前购物车中的数据信息清空，该功能的实现代码放置在【清空购物车】按钮的单击事件(Clear_Button_Click)中，具体如下：

```
protected void Clear_Button_Click(object sender, EventArgs e)
{   //获取 Session 对象中保存的 UserID 信息，UserID 值即为 CartID 值
    string DVDCartID = Session["UserID"].ToString();
    //清除用户当前 CartItemTB 数据表中的数据，即清空用户的当前购物车
    bool returnValue = PublicClass.ExecuteSQL("Delete from CartItemTB where
CartID='" + DVDCartID+"'");
    if (!returnValue)                //清空购物车失败，显示错误提示信息
        Response.Write("<script>清空 DVD 购物车失败，请重新操作! </script>");
    else                             //清空购物车成功
    {   //查询数据表 CartItemTB 并计算总计金额
        DataSet sqlDS2 = PublicClass.returnDS("select *,DVDPrice*DVDNum As
TotalPrice from CartItemTB where CartID='" + DVDCartID + "'");
        //计算总计金额值并在页面中予以显示
        float totalPrice = 0;
        foreach (DataRow sqlDR in sqlDS2.Tables[0].Rows)
        {
            totalPrice += Convert.ToSingle(sqlDR["TotalPrice"]);
        }
        Label7.Text = totalPrice.ToString();
        //显示用户当前购物车中的数据信息
        DVDCartItemDL.DataSource = sqlDS2;
        DVDCartItemDL.DataBind();
    }}
```

(6) 在单击【清空购物车】按钮之前，应先显示提示信息，以防止用户误操作引发的误清空购物车情况。当弹出清空提示信息时，单击【确定】按钮可以实现清空操作，单击【取消】按钮将取消这次清空购物车操作。如此设置可进一步增强用户操作的安全性，该功能的实现代码放置在 Clear_Button_Load 中，具体如下：

```
protected void Clear_Button_Load(object sender, EventArgs e)
{   //清空购物车之前，先显示清空提示信息
    Clear_Button.Attributes["onclick"] = "javascript:return confirm('您确
定要进行清空 DVD 购物车操作吗? ')";
}
```

(7) 单击【继续购物】按钮，将跳转到 DVDShowInfo.aspx 页面以实现继续购物操作，该功能的实现代码放置在【继续购物】按钮的单击事件(Continue_Button_Click)中，具体如下：

```
protected void Continue_Button_Click(object sender, EventArgs e)
{   //跳转到 DVDShowInfo.aspx 页面以实现继续购物
    Response.Redirect("~/DVDShowInfo.aspx");
}
```

(8) 单击【购物结账】按钮，将跳转到 DVDAccount.aspx 页面以实现购物结账操作，该功能的实现代码放置在【购物结账】按钮的单击事件(Account_Button_Click)中，具体如下：

```
protected void Account_Button_Click(object sender, EventArgs e)
{
    //获取总计金额信息
    string totalPrice = Label7.Text;
    //关闭当前页面
    Response.Write("<script>window.opener=null;window.close();</script>");
    //跳转到 DVDAccount.aspx 页面以实现购物结账并传递相应参数
    Response.Redirect("~/DVDAccount.aspx?totalPrice=" +totalPrice);
}
```

4. 运行效果

程序运行时，会显示图 10-9 所示的界面，可以实现汇总用户当前已经选择的 DVD 信息并予以显示。在图 10-9 中，当单击"更新购物车"和"删除"超链接按钮时，可以实现更新和删除数据表 CartItemTB 对应记录的操作。当单击【继续购物】、【清空购物车】和【购物结账】按钮，分别用于完成转向 DVDShowInfo.aspx 页面、清空当前购物车中的内容、转向购物结账页面 DVDAccount.aspx 功能。

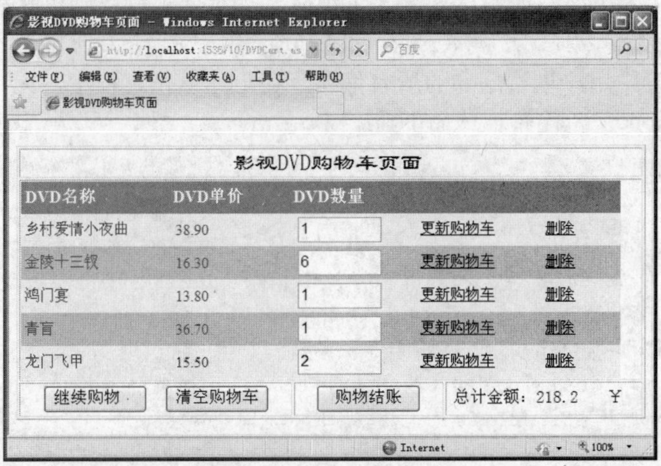

图 10-9 DVD 购物车页面

10.6 购物结账页面设计

1. 页面功能

当用户购买完 DVD 后，可以在购物结账页面(DVDAccount.aspx)中完成结账操作，即从用户的当前账户余额中扣除掉本次购物总计金额。如果操作过程中发生错误，如用户当前账户余额不足等，系统将显示出错误提示信息。

2. 界面设计

在网站"10"中添加 Web 窗体 DVDAccount.aspx。在页面中添加 7 个 Label 控件、1 个 Button 控件和 3 个 TextBox 控件。主要控件的属性设置见表 10-11。

表 10-11　主要控件的属性设置及功能

控件名称	属　　性	属性值	功　　能
TextBox	ID	UserCurrMoney_TBox	用于显示用户当前账户余额
	ID	TotalPrice_TBox	用于显示本次购物总计金额
	ID	MoneyAfterShop_TBox	用于显示购物之后账户余额
Button	ID	Close_Button	单击按钮可以关闭当前页面并返回到 DVDShowInfo.aspx 页面
	Text	关闭	

3. 代码设计

在 DVDAccount.aspx.cs 中编写代码，实现 DVD 购物结账的相关操作。

(1) 在 Page_Load 中编写代码，首先从 Session 对象中获取 UserID 信息，同时获取传递过来的本次购物总计金额参数，而后根据 UserID 查询数据表 userInfoTB，获取用户当前账户余额数据。如果本次购物总计金额参数为 0，则显示错误信息；否则，对用户当前账户余额和本次购物总计金额进行比较，如果用户当前账户余额小于本次购物总计金额，则显示错误信息。如果用户当前账户余额大于本次购物总计金额，则可实现购物结账。购物结账成功完成之后，需要更新数据表 userInfoTB 中用户当前账户余额数据并删除 CartItemTB 数据表中用户本次购物的所有信息。在上述操作过程中，无论成功或者失败，均会有相应的信息提示。代码具体如下：

```
protected void Page_Load(object sender, EventArgs e)
{
    if (!IsPostBack)                    //只有该页面首次加载时才执行其语句部分
    {   //获取 Session 对象中保存的 UserID 信息，UserID 值即为 CartID 值
        string userID = Session["UserID"].ToString();
        //获取传递过来的本次购物总计金额参数
        string totalPrice = Request["totalPrice"];
        //查询数据表 userInfoTB，获取用户的当前账号余额
        DataSet sqlDS = PublicClass.returnDS("select UserCurrMoney from
userInfoTB where UserID='" + userID + "'");
        decimal userCurrMoney = Convert.ToDecimal(sqlDS.Tables[0].Rows[0]
["UserCurrMoney"].ToString());
        //本次购物总计金额参数为 0，说明用户尚未购物
        if (totalPrice.Equals("0"))
        {
            //填充界面文本框的值并显示错误信息
            UserCurrMoney_TBox.Text = userCurrMoney.ToString();
            TotalPrice_TBox.Text = "0";
            MoneyAfterShop_TBox.Text = (userCurrMoney - decimal.Parse
(TotalPrice_TBox.Text)).ToString();
```

```
            Response.Write("<script>alert('您还没有购买任何 DVD 商品，请返回购物！
');</script>");
        }
    else    //本次购物总计金额参数不为 0，说明用户已经购物
    {   //如果用户当前账户余额小于本次购物总计金额
        if (userCurrMoney < Convert.ToDecimal(totalPrice))
        {   //填充界面文本框的值并显示错误信息
            UserCurrMoney_TBox.Text = userCurrMoney.ToString();
            TotalPrice_TBox.Text = totalPrice;
            MoneyAfterShop_TBox.Text = "";
            Response.Write("<script>alert('您的账户当前余额不足，请重新充值后
再进行购物结账！');</script>");
        }
        else    //用户当前账户余额大于本次购物总计金额
        {   //填充界面文本框的值并计算购物之后账户余额
            UserCurrMoney_TBox.Text = userCurrMoney.ToString();
            TotalPrice_TBox.Text = totalPrice;
            decimal moneyAfterShop = userCurrMoney - decimal.Parse
(TotalPrice_TBox.Text);
            //更新数据表 userInfoTB 中用户当前账户余额数据
            bool returnValue1 = PublicClass.ExecuteSQL("update userInfoTB
set UserCurrMoney='" + moneyAfterShop + "' where UserID='" + userID + "'");
            if (returnValue1)    //更新成功
            {   //删除 CartItemTB 数据表中用户本次购物的所有信息
                bool returnValue2 = PublicClass.ExecuteSQL("Delete from
CartItemTB where CartID='" + userID + "'");
                //填充界面"购物之后账户余额"文本框
                MoneyAfterShop_TBox.Text = moneyAfterShop.ToString();
                if (returnValue2)        //如果删除成功，显示购物结账成功提示信息
                {
                    Response.Write("<script>alert('本次 DVD 购物结账成功，欢
迎您的光临，下次再见！');</script>");
                }
                else                //如果删除失败，显示删除失败提示信息
                {
                    Response.Write("<script>alert('本次 DVD 购物结账成功，但
购物车并未清空！');</script>");
                }
            }
            else                        //更新未成功，显示购物结账失败提示信息
            {
                MoneyAfterShop_TBox.Text = "";
                Response.Write("<script>alert('本次 DVD 购物结账未成功，请重
新进行结账！');</script>");

            }
        }
```

```
            }
        }
}
```

(2) 单击【关闭】按钮，将关闭当前页面并跳转到 DVDShowInfo.aspx 页面，该功能的实现代码放置在【关闭】按钮的单击事件(Close_Button_Click)中，具体如下：

```
protected void Close_Button_Click(object sender, EventArgs e)
{   //关闭当前页面
    Response.Write("<script>window.opener=null;window.close();</script>");
    //跳转到 DVDShowInfo.aspx 页面
    Response.Redirect("~/DVDShowInfo.aspx");
}
```

4. 运行效果

程序运行时，会显示图 10-10 所示的界面，可以在文本框中显示出用户当前账户余额、本次购物总计金额以及购物之后账户余额数据信息。在图 10-10 中，单击【关闭】按钮，可以关闭当前页面并转向到 DVDShowInfo.aspx 页面中。

 注意

在购物结账操作过程中，无论成功或者失败，均会有相应的信息提示。

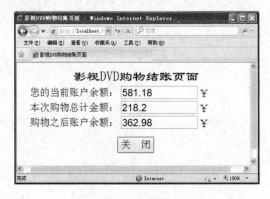

图 10-10　购物结账页面

10.7　DVD 信息添加页面设计

1. 页面功能

DVD 信息添加页面(DVDManage.aspx)，即后台管理页面(必须以管理员身份进入)，用于完成向数据表 DVDItemTB 中添加 DVD 信息记录的操作，同时提供了一个转向 DVD 浏览与订购页面 DVDShowInfo.aspx 的按钮。当管理员单击页面中"添加 DVD 信息"按钮时，即可完成 DVD 名称、DVD 类型、DVD 单价、DVD 图片以及 DVD 介绍等记录信息的添加。

2. 界面设计

在网站"10"中添加 Web 窗体 DVDManage.aspx。在页面中添加 1 个 CompareValidator 控件、2 个 RequiredFieldValidator 控件、1 个 FileUpload 控件、1 个 Image 控件、7 个 Label 控件、3 个 Button 控件和 4 个 TextBox 控件。主要控件的属性设置见表 10-12。

表 10-12　主要控件的属性设置及功能

控件名称	属　性	属性值	功　能
TextBox	ID	DVDName_TBox	用于输入"DVD 名称"
	ID	DVDType_TBox	用于输入"DVD 类型"
	ID	DVDPrice_TBox	用于输入"DVD 单价"
	Text	0	
	ID	DVDDesc_TBox	用于输入"DVD 介绍"
	TextMode	MultiLine	
Button	ID	ShowPic_Button	单击按钮实现 DVD 图片的显示与保存
	Text	显示图片	
	ID	Add_Button	单击按钮实现 DVD 信息的添加
	Text	添加 DVD 信息	
	ID	Return_Button	单击按钮实现返回到 DVDShowInfo.aspx 页面
	Text	浏览 DVD 信息	
FileUpload	ID	FileUpload1	实现 DVD 图片上传
Image	ID	Image1	用于显示 DVD 图片
RequiredFieldValidator	ID	RequiredFieldValidator1	对"DVD 名称"文本框进行非空验证
	Text	请输入 DVD 名称！	
	ControlToValidate	DVDName_TBox	
	ID	RequiredFieldValidator2	对"DVD 类型"文本框进行非空验证
	Text	请输入 DVD 类型！	
	ControlToValidate	DVDType_TBox	
CompareValidator	ID	CompareValidator1	对"DVD 单价"文本框中输入的价格格式进行验证
	Text	请输入正确的价格！	
	ControlToValidate	DVDPrice_TBox	
	Operator	DataTypeCheck	
	Type	Currency	

3. 代码设计

在 DVDManage.aspx.cs 中编写代码，实现 DVD 信息添加操作。

(1) 在【显示图片】按钮的单击事件(ShowPic_Button_Click)中编写代码，实现 DVD 图片文件的上传、显示和保存(相关知识可参见 4.2.5 节)。具体如下：

```
protected void ShowPic_Button_Click(object sender, EventArgs e)
{
    Boolean fileType = false;    //初始化判断上传文件类型合法性的标志
    if (FileUpload1.HasFile)
    {
```

305

```
        try
        {
            //获取客户端上使用FileUpload控件上传的文件的扩展名
            String  fileExten  =  System.IO.Path.GetExtension(FileUpload1.
FileName).ToLower();
            String[] allowedExtens = { ".gif", ".png", ".jpeg", ".jpg", ".bmp" };
            //根据图片文件扩展名检查文件类型
            for (int i = 0; i < allowedExtens.Length; i++)
            {
                //检查待上传的文件是否是允许的图片文件
                if (fileExten == allowedExtens[i])
                {
                    //设置标志，指示上传文件类型符合要求
                    fileType = true;
                }}
            if (fileType)                         //上传文件类型符合要求
            {
                string upFileName = FileUpload1.FileName;  //获取上传文件的名称
                //设置上传图片文件在服务器端的保存路径
                string serPath = Server.MapPath("Images");
                if (!System.IO.Directory.Exists(serPath))  //指定的文件夹不存在
                {
                    System.IO.Directory.CreateDirectory(serPath);  //创建文件夹
                }
                //设置上传图片文件在服务器端的新路径
                string newPath = serPath + "\\" + upFileName;
                FileUpload1.SaveAs(newPath);              //保存上传的图片文件
                //显示上传的图片文件
                Image1.ImageUrl = "~/Images/" + upFileName;
            }
            else       //上传文件的类型不是图片文件
            {
                ClientScript.RegisterStartupScript(this.GetType(), "", "alert
('请选择图片文件！');", true);
            }}
        catch          //上传操作发生异常
        {
            ClientScript.RegisterStartupScript(this.GetType(), "", "alert('
文件上传失败！');", true);
        }}
    else             //没有选择待上传的文件
    {
        ClientScript.RegisterStartupScript(this.GetType(), "", "alert('请选
择要上传的图片文件！');", true);
    }}
```

(2) 在【添加 DVD 信息】按钮的单击事件(Add_Button_Click)中编写代码，实现 DVD
信息的添加。具体如下：

```
protected void Add_Button_Click(object sender, EventArgs e)
{
    if (Image1.ImageUrl != "")  //如果 DVD 图片文件已经上传
    {
        //获取页面上各个控件中输入的信息，向 DVDItemTB 数据表中添加一条 DVD 信息记录
        bool returnVal = PublicClass.ExecuteSQL("insert into DVDItemTB
values('" + DVDName_TBox.Text + "','" + DVDType_TBox.Text + "','" +
Image1.ImageUrl + "','" + DVDPrice_TBox.Text + "','" + DVDDesc_TBox.Text + "')");
        if (!returnVal)  //如果添加记录不成功，则显示失败提示信息
        {
            Response.Write("<script language=javascript>alert('操作失败，请重
试！');</script>");
        }
        else  //如果添加记录成功，则显示成功提示信息
        {
            Response.Write("<script language=javascript>alert('添加影视 DVD
信息成功！');</script>");
            //将页面中各控件初始化，以待添加下一条 DVD 信息记录
            DVDName_TBox.Text = "";
            DVDType_TBox.Text = "";
            DVDPrice_TBox.Text = "0";
            DVDDesc_TBox.Text = "";
            Image1.ImageUrl = "";
        }
    }
    else   // DVD 图片文件尚未上传，显示添加图片提示信息
    {
        Response.Write("<script language=javascript>alert('请添加图片！
');</script>");
    }
}
```

(3) 单击【浏览 DVD 信息】按钮，网站将跳转到 DVDShowInfo.aspx 页面，该功能的
实现代码放置在【浏览 DVD 信息】按钮的单击事件(Return_Button_Click)中，具体如下：

```
protected void Return_Button_Click(object sender, EventArgs e)
{   //跳转到 DVDShowInfo.aspx 页面
    Response.Redirect("~/DVDShowInfo.aspx");
}
```

4. 运行效果

程序运行时，在页面各文本框中分别输入 DVD 名称、DVD 类型、DVD 单价和 DVD
介绍信息，同时上传该 DVD 图片文件，单击【添加 DVD 信息】按钮，便可向 DVDItemTB

数据表中添加一条 DVD 信息记录，如图 10-11 所示。单击【浏览 DVD 信息】按钮，网站将跳转到 DVDShowInfo.aspx 页面。在添加 DVD 信息的过程中，无论成功或者失败，均会有相应的信息提示。

　　读者可以仿照添加 DVD 信息的方法，在后台管理模块中增加编辑 DVD 信息、删除 DVD 信息等功能，以使后台管理模块更加完善。

图 10-11　DVD 信息添加页面

小　　结

　　本章通过创建一个影视 DVD 在线浏览与订购网站来介绍网站开发的具体流程和相关知识。本章融汇了前面各章中讲述的重点知识，能够锻炼读者综合应用能力和实践开发水平，同时也能使读者领略到项目开发的基本规范和操作技巧。

习　　题

一、填空题

1. 本章利用 SQL Server 2008 创建数据库 tradeDVDDB 和 3 个数据表，这 3 个数据表分别是 userInfoTB、＿＿＿＿＿＿＿＿＿和＿＿＿＿＿＿＿＿＿。

2. 在网站中建立了一个公共类 PublicClass.cs，用来执行数据库连接等操作。在该公共类中包含两个方法：＿＿＿＿＿＿＿＿＿和＿＿＿＿＿＿＿＿＿。

二、简答题

1. 叙述影视 DVD 在线浏览与订购网站的主要页面及其功能。

2．简述 DVD 浏览与订购页面 DVDShowInfo.aspx 中，DataList 控件 ItemCommand 事件中的代码所实现的功能。

3．简述 DVD 购物车页面 DVDCart.aspx 的主要功能。

4．简述 DVD 购物车页面 DVDCart.aspx 中，DataList 控件的作用及其各模板的设置方法。

5．在 DVD 购物车页面 DVDCart.aspx 中，如何编写代码才能保证 DVD 数量文本框中只能输入数字，不能输入其他字符？

6．为了进一步增强用户操作的安全性，在单击【清空购物车】按钮之前，应先显示提示信息，如何编写代码实现这项功能的？

7．简述如何完善影视 DVD 在线浏览与订购网站的后台管理模块。

参 考 文 献

[1] 张正礼. ASP.NET 4.0 从入门到精通[M]. 北京：清华大学出版社，2011.

[2] 孙士保. ASP.NET 数据库网站设计教程(C#版)[M]. 北京：电子工业出版社，2011.

[3] 张昌龙. ASP.NET 4.0 从入门到精通[M]. 北京：机械工业出版社，2011.

[4] 杨树林. ASP.NET 程序设计案例教程[M]. 北京：人民邮电出版社，2011.

[5] 房大伟. ASP.NET 编程宝典(C#)[M]. 北京：人民邮电出版社，2011.

[6] 顾宁燕. 21 天学通 ASP.NET[M]. 2 版. 北京：电子工业出版社，2011.

[7] 常倬林. 从零开始学 ASP.NET[M]. 北京：电子工业出版社，2011.

[8] 刘亮亮. 从零开始学 C#[M]. 北京：电子工业出版社，2011.

[9] 国家 863 中部软件孵化器. ASP.NET 从入门到精通[M]. 北京：人民邮电出版社，2010.

[10] 房大伟. ASP.NET 开发典型模块大全(修订版)[M]. 北京：人民邮电出版社，2010.

[11] 李文强. 跟我学 ASP.NET[M]. 北京：清华大学出版社，2010.

[12] 郑阿奇. ASP.NET 3.5 应用实践教程[M]. 北京：电子工业出版社，2010.

[13] 炎士涛. ASP.NET 项目开发案例精粹[M]. 北京：电子工业出版社，2010.

[14] 李宗颜. ASP.NET 3.5 从基础到项目实践[M]. 北京：化学工业出版社，2010.

[15] 郑阿奇. ASP.NET 3.5 实用教程[M]. 北京：电子工业出版社，2009.

[16] 房晓东. ASP.NET 从入门到精通[M]. 北京：化学工业出版社，2009.

[17] 张跃廷. ASP.NET 范例完全自学手册[M]. 北京：人民邮电出版社，2009.

[18] 龙马工作室. 新编 ASP.NET 从入门到精通[M]. 北京：人民邮电出版社，2009.

[19] 张跃廷. ASP.NET 从入门到精通[M]. 北京：清华大学出版社，2008.

[20] 房大伟. ASP.NET 网络开发实例自学手册[M]. 北京：人民邮电出版社，2008.

[21] 刘基林. 精通 ASP.NET 3.5 网络应用系统开发[M]. 北京：人民邮电出版社，2008.

北京大学出版社本科计算机系列实用规划教材

序号	标准书号	书名	主编	定价	序号	标准书号	书名	主编	定价
1	7-301-10511-5	离散数学	段禅伦	28	40	7-301-14259-2	多媒体技术应用案例教程	李建	30
2	7-301-10457-X	线性代数	陈付贵	20	41	7-301-14503-6	ASP .NET 动态网页设计案例教程(Visual Basic .NET 版)	江红	35
3	7-301-10510-X	概率论与数理统计	陈荣江	26	42	7-301-14504-3	C++面向对象与 Visual C++程序设计案例教程	黄贤英	35
4	7-301-10503-0	Visual Basic 程序设计	闵联营	22	43	7-301-14506-7	Photoshop CS3 案例教程	李建芳	34
5	7-301-10456-9	多媒体技术及其应用	张正兰	30	44	7-301-14510-4	C++程序设计基础案例教程	于永彦	33
6	7-301-10466-8	C++程序设计	刘天印	33	45	7-301-14942-3	ASP .NET 网络应用案例教程(C# .NET 版)	张登辉	33
7	7-301-10467-5	C++程序设计实验指导与习题解答	李 兰	20	46	7-301-12377-5	计算机硬件技术基础	石 磊	26
8	7-301-10505-4	Visual C++程序设计教程与上机指导	高志伟	25	47	7-301-15208-9	计算机组成原理	娄国焕	24
9	7-301-10462-0	XML 实用教程	丁跃潮	26	48	7-301-15463-2	网页设计与制作案例教程	房爱莲	36
10	7-301-10463-7	计算机网络系统集成	斯桃枝	22	49	7-301-04852-8	线性代数	姚喜妍	22
11	7-301-10465-1	单片机原理及应用教程	范立南	30	50	7-301-15461-8	计算机网络技术	陈代武	33
12	7-5038-4421-3	ASP .NET 网络编程实用教程(C#版)	崔良海	31	51	7-301-15697-1	计算机辅助设计二次开发案例教程	谢安俊	26
13	7-5038-4427-2	C 语言程序设计	赵建锋	25	52	7-301-15740-4	Visual C# 程序开发案例教程	韩朝阳	30
14	7-5038-4420-5	Delphi 程序设计基础教程	张世明	37	53	7-301-16597-3	Visual C++程序设计实用案例教程	于永彦	32
15	7-5038-4417-5	SQL Server 数据库设计与管理	姜 力	31	54	7-301-16850-9	Java 程序设计案例教程	胡巧多	32
16	7-5038-4424-9	大学计算机基础	贾丽娟	34	55	7-301-16842-4	数据库原理与应用(SQL Server 版)	毛一梅	36
17	7-5038-4430-0	计算机科学与技术导论	王昆仑	30	56	7-301-16910-0	计算机网络技术基础与应用	马秀峰	33
18	7-5038-4418-3	计算机网络应用实例教程	魏 峥	25	57	7-301-15063-4	计算机网络基础与应用	刘远生	32
19	7-5038-4415-9	面向对象程序设计	冷英男	28	58	7-301-15250-8	汇编语言程序设计	张光长	28
20	7-5038-4429-4	软件工程	赵春刚	22	59	7-301-15064-1	网络安全技术	骆耀祖	30
21	7-5038-4431-0	数据结构(C++版)	秦 锋	28	60	7-301-15584-4	数据结构与算法	佟伟光	32
22	7-5038-4423-2	微机应用基础	吕晓燕	33	61	7-301-17087-8	操作系统实用教程	范立南	36
23	7-5038-4426-4	微型计算机原理与接口技术	刘彦文	26	62	7-301-16631-4	Visual Basic 2008 程序设计教程	隋晓红	34
24	7-5038-4425-6	办公自动化教程	钱 俊	30	63	7-301-17537-8	C 语言基础案例教程	汪新民	31
25	7-5038-4419-1	Java 语言程序设计实用教程	董迎红	33	64	7-301-17397-8	C++程序设计基础教程	郜亚辉	30
26	7-5038-4428-0	计算机图形技术	龚声蓉	28	65	7-301-17578-1	图论算法理论、实现及应用	王桂平	54
27	7-301-11501-5	计算机软件技术基础	高 巍	25	66	7-301-17964-2	PHP 动态网页设计与制作案例教程	房爱莲	42
28	7-301-11500-8	计算机组装与维护实用教程	崔明远	33	67	7-301-18514-8	多媒体开发与编程	于永彦	35
29	7-301-12174-0	Visual FoxPro 实用教程	马秀峰	29	68	7-301-18538-4	实用计算方法	徐亚平	24
30	7-301-11500-8	管理信息系统实用教程	杨月江	27	69	7-301-18539-1	Visual FoxPro 数据库设计案例教程	谭红杨	35
31	7-301-11445-2	Photoshop CS 实用教程	张 瑾	28	70	7-301-19313-6	Java 程序设计案例教程与实训	董迎红	45
32	7-301-12378-2	ASP .NET 课程设计指导	潘志红	35	71	7-301-19389-1	Visual FoxPro 实用教程与上机指导（第 2 版）	马秀峰	40
33	7-301-12394-2	C# .NET 课程设计指导	龚自霞	32	72	7-301-19435-5	计算方法	尹景本	28
34	7-301-13259-3	VisualBasic .NET 课程设计指导	潘志红	30	73	7-301-19388-4	Java 程序设计教程	张剑飞	35
35	7-301-12371-3	网络工程实用教程	汪新民	34	74	7-301-19386-0	计算机图形技术(第 2 版)	许承东	44
36	7-301-14132-8	J2EE 课程设计指导	王立丰	32	75	7-301-15689-6	Photoshop CS5 案例教程(第 2 版)	李建芳	39
37	7-301-13585-3	计算机专业英语	张 勇	30	76	7-301-18395-3	概率论与数理统计	姚喜妍	29
38	7-301-13684-3	单片机原理及应用	王新颖	25	77	7-301-19980-0	3ds Max 2011 案例教程	李建芳	44
39	7-301-14505-0	Visual C++程序设计案例教程	张荣梅	30	78	7-301-20523-5	Visual C++程序设计教程与上机指导(第 2 版)	牛江川	40
40	7-301-14259-2	多媒体技术应用案例教程	李 建	30	79	7-301-21052-9	ASP .NET 程序设计与开发	张绍兵	39

北京大学出版社电气信息类教材书目(已出版)
欢迎选订

序号	标准书号	书名	主编	定价	序号	标准书号	书名	主编	定价
1	7-301-10759-1	DSP 技术及应用	吴冬梅	26	38	7-5038-4400-3	工厂供配电	王玉华	34
2	7-301-10760-7	单片机原理与应用技术	魏立峰	25	39	7-5038-4410-2	控制系统仿真	郑恩让	26
3	7-301-10765-2	电工学	蒋中	29	40	7-5038-4398-3	数字电子技术	李元	27
4	7-301-19183-5	电工与电子技术(上册)(第2版)	吴舒辞	30	41	7-5038-4412-6	现代控制理论	刘永信	22
5	7-301-19229-0	电工与电子技术(下册)(第2版)	徐卓农	32	42	7-5038-4401-0	自动化仪表	齐志才	27
6	7-301-10699-0	电子工艺实习	周春阳	19	43	7-5038-4408-9	自动化专业英语	李国厚	32
7	7-301-10744-7	电子工艺学教程	张立毅	32	44	7-5038-4406-5	集散控制系统	刘翠玲	25
8	7-301-10915-6	电子线路 CAD	吕建平	34	45	7-301-19174-3	传感器基础(第2版)	赵玉刚	30
9	7-301-10764-1	数据通信技术教程	吴延海	29	46	7-5038-4396-9	自动控制原理	潘丰	32
10	7-301-18784-5	数字信号处理(第2版)	阎毅	32	47	7-301-10512-2	现代控制理论基础(国家级十一五规划教材)	侯媛彬	20
11	7-301-18889-7	现代交换技术(第2版)	姚军	36	48	7-301-11151-2	电路基础学习指导与典型题解	公茂法	32
12	7-301-10761-4	信号与系统	华容	33	49	7-301-12326-3	过程控制与自动化仪表	张井岗	36
13	7-301-10762-5	信息与通信工程专业英语	韩定定	24	50	7-301-12327-0	计算机控制系统	徐文尚	28
14	7-301-10757-7	自动控制原理	袁德成	29	51	7-5038-4414-0	微机原理及接口技术	赵志诚	38
15	7-301-16520-1	高频电子线路(第2版)	宋树祥	35	52	7-301-10465-1	单片机原理及应用教程	范立南	30
16	7-301-11507-7	微机原理与接口技术	陈光军	34	53	7-5038-4426-4	微型计算机原理与接口技术	刘彦文	26
17	7-301-11442-1	MATLAB 基础及其应用教程	周开利	24	54	7-301-12562-5	嵌入式基础实践教程	杨刚	30
18	7-301-11508-4	计算机网络	郭银景	31	55	7-301-12530-4	嵌入式 ARM 系统原理与实例开发	杨宗德	25
19	7-301-12178-8	通信原理	隋晓红	32	56	7-301-13676-8	单片机原理与应用及 C51 程序设计	唐颖	30
20	7-301-12175-7	电子系统综合设计	郭勇	28	57	7-301-13577-8	电力电子技术及应用	张润和	38
21	7-301-11503-9	EDA 技术基础	赵明富	22	58	7-301-12393-5	电磁场与电磁波	王善进	25
22	7-301-12176-4	数字图像处理	曹茂永	23	59	7-301-12179-5	电路分析	王艳红	38
23	7-301-12177-1	现代通信系统	李白萍	27	60	7-301-12380-5	电子测量与传感技术	杨雷	35
24	7-301-12340-9	模拟电子技术	陆秀令	28	61	7-301-14461-9	高电压技术	马永翔	28
25	7-301-13121-3	模拟电子技术实验教程	谭海曙	24	62	7-301-14472-5	生物医学数据分析及其MATLAB 实现	尚志刚	25
26	7-301-11502-2	移动通信	郭俊强	22	63	7-301-14460-2	电力系统分析	曹娜	35
27	7-301-11504-6	数字电子技术	梅开乡	30	64	7-301-14459-6	DSP 技术与应用基础	俞一彪	34
28	7-301-18860-6	运筹学(第2版)	吴亚丽	28	65	7-301-14994-2	综合布线系统基础教程	吴达金	24
29	7-5038-4407-2	传感器与检测技术	祝诗平	30	66	7-301-15168-6	信号处理 MATLAB 实验教程	李杰	20
30	7-5038-4413-3	单片机原理与应用	刘刚	24	67	7-301-15440-3	电工电子实验教程	魏伟	26
31	7-5038-4409-6	电机与拖动	杨天明	27	68	7-301-15445-8	检测与控制实验教程	魏伟	24
32	7-5038-4411-9	电力电子技术	樊立萍	25	69	7-301-04595-4	电路与模拟电子技术	张绪光	35
33	7-5038-4399-0	电力市场原理与实践	邹斌	24	70	7-301-15458-8	信号、系统与控制理论(上、下册)	邱德润	70
34	7-5038-4405-8	电力系统继电保护	马永翔	27	71	7-301-15786-2	通信网的信令系统	张云麟	24
35	7-5038-4397-6	电力系统自动化	孟祥忠	25	72	7-301-16493-8	发电厂变电所电气部分	马永翔	35
36	7-5038-4404-1	电气控制技术	韩顺杰	22	73	7-301-16076-3	数字信号处理	王震宇	32
37	7-5038-4403-4	电器与 PLC 控制技术	陈志新	38	74	7-301-16931-5	微机原理及接口技术	肖洪兵	32

序号	标准书号	书　名	主　编	定价	序号	标准书号	书　名	主　编	定价
75	7-301-16932-2	数字电子技术	刘金华	30	89	7-301-16739-7	MATLAB 基础及应用	李国朝	39
76	7-301-16933-9	自动控制原理	丁　红	32	90	7-301-18352-6	信息论与编码	隋晓红	24
77	7-301-17540-8	单片机原理及应用教程	周广兴	40	91	7-301-18260-4	控制电机与特种电机及其控制系统	孙冠群	42
78	7-301-17614-6	微机原理及接口技术实验指导书	李干林	22	92	7-301-18493-6	电工技术	张　莉	26
79	7-301-12379-9	光纤通信	卢志茂	28	93	7-301-18496-7	现代电子系统设计教程	宋晓梅	36
80	7-301-17382-4	离散信息论基础	范九伦	25	94	7-301-18672-5	太阳能电池原理与应用	靳瑞敏	25
81	7-301-17677-1	新能源与分布式发电技术	朱永强	32	95	7-301-18314-4	通信电子线路及仿真设计	王鲜芳	29
82	7-301-17683-2	光纤通信	李丽君	26	96	7-301-19175-0	单片机原理与接口技术	李　升	46
83	7-301-17700-6	模拟电子技术	张绪光	36	97	7-301-19320-4	移动通信	刘维超	39
84	7-301-17318-3	ARM 嵌入式系统基础与开发教程	丁文龙	36	98	7-301-19447-8	电气信息类专业英语	缪志农	40
85	7-301-17797-6	PLC 原理及应用	缪志农	26	99	7-301-19451-5	嵌入式系统设计及应用	邢吉生	44
86	7-301-17986-4	数字信号处理	王玉德	32	100	7-301-19452-2	电子信息类专业 MATLAB 实验教程	李明明	42
87	7-301-18131-7	集散控制系统	周荣富	36	101	7-301-16598-0	综合布线系统管理教程	吴达金	39
88	7-301-18285-7	电子线路 CAD	周荣富	41					

请登录 www.pup6.cn 免费下载本系列教材的电子书(PDF 版)、电子课件和相关教学资源。

欢迎免费索取样书，并欢迎到北京大学出版社来出版您的著作，可在 www.pup6.cn 在线申请样书和进行选题登记，也可下载相关表格填写后发到我们的邮箱，我们将及时与您取得联系并做好全方位的服务。

联系方式：010-62750667，pup6_czq@163.com，szheng_pup6@163.com，linzhangbo@126.com，欢迎来电来信咨询。